“十一五”国家重点图书

现代电炉炼钢理论与应用

傅　杰　著

北　京
冶金工业出版社
2009

内 容 提 要

现代电炉炼钢流程由于在节能环保、循环经济等方面所特有的优势，在钢铁生产领域占据着重要地位。我国电炉工作者坚持自主创新，在现代电炉炼钢技术的理论研究及其工程应用等方面取得了许多开拓性的成果，达到国际领先水平。

本书共6章。第1章论述了与我国现代电炉炼钢发展有关的问题，阐明了现代电炉炼钢的“特征”、现代电炉炼钢与现代转炉炼钢的“共性”及电炉炼钢发展历史的“分期”等；第2~5章对现代电炉炼钢的核心问题，即电炉冶炼周期的综合控制理论、钢液中氮的控制、现代电炉冶炼终点动态控制、电炉流程工程问题进行了系统介绍；第6章介绍了建立在钢组织性能的综合控制理论和经济分析基础上的电炉钢高附加值产品。附录汇集了作者撰写的与现代电炉炼钢发展和薄板坯连铸连轧有关的一些论文的目录和几篇未公开发表资料，以便于读者查阅。

本书可供钢铁冶金领域的科研人员、生产技术人员、工程设计人员、管理人员和教学人员阅读。

图书在版编目(CIP)数据

现代电炉炼钢理论与应用/傅杰著．—北京：冶金工业出版社，2009.2

“十一五”国家重点图书

ISBN 978-7-5024-4838-7

Ⅰ．现…　Ⅱ．傅…　Ⅲ．电炉炼钢　Ⅳ．TF741

中国版本图书馆CIP数据核字(2009)第023638号

出 版 人　曹胜利

地　　址　北京北河沿大街嵩祝院北巷39号，邮编100009

电　　话　(010)64027926　电子信箱　postmaster@cnmip.com.cn

责任编辑　刘小峰　张熙莹　美术编辑　李　心　版式设计　葛新霞

责任校对　石　静　责任印制　牛晓波

ISBN 978-7-5024-4838-7

北京盛通印刷股份有限公司印刷；冶金工业出版社发行；各地新华书店经销

2009年2月第1版，2009年2月第1次印刷

169mm×239mm；16.75印张；328千字；251页；1-3000册

46.00元

冶金工业出版社发行部　电话：(010)64044283　传真：(010)64027893

冶金书店　地址：北京东四西大街46号(100711)　电话：(010)65289081

(本书如有印装质量问题，本社发行部负责退换)

序1

电炉炼钢发端于19世纪初叶电弧的发明,用于炼钢并进行工业规模生产则始于20世纪初。现在,电炉炼钢已成为现代钢铁工业的重要组成部分。以再生废钢为主要资源和以电力为主要能源的电炉—精炼—连铸—热轧流程,即所谓“短流程”所生产的粗钢已占全球粗钢产量的三分之一左右。电炉炼钢是社会废弃物循环处理的重要手段,也是发展循环经济的一个环节。

傅杰教授从事电冶金学科的教学和科研工作已将近五十年,是我国电冶金领域资深教授和著名学者。长期以来,傅杰教授一方面从事教育工作并进行理论研究,一方面特别注重深入工厂开展实验研究,取得了卓著的成就。

傅杰教授曾参与过“八五”直流电炉与钢包精炼炉攻关,当时攻关的结果是建成了一台容量为5t和一台容量为30t的直流电弧炉,还建成了几台容量为25~50t的直流钢包炉……从当时的背景和认识水平看,应该说是取得了成功,有所进步。后来,傅杰教授认识到这些小电炉难以解决现代电炉流程的顺行问题,特别是不能适应现代连铸机的多炉连浇问题;由此他对现代电炉炼钢的核心价值、核心技术问题、工艺流程问题等不断进行深入思考、理论研究和实验证明,提出了许多颇有见地的观点,为推动我国电炉钢厂的技术进步做出了贡献,特别是对珠江钢厂电炉—薄板坯连铸—连轧新流程健康发展付出了巨大努力,成就卓著。

鉴于现代电炉流程的技术进步集中地体现在:电炉生产节奏“转炉化”;二次精炼在线化;凝固成型过程全连铸化;建立在连续轧制基础上的产品专业化、系列化。由此就出现了与全连铸工艺相适应的现代电炉炼钢的概念。傅杰教授新著《现代电炉炼钢理论与应用》提到对于未来钢铁工业的发展而言,电炉炼钢的核心价值是:消纳—处理大量的社会废弃物,实现钢铁工业生态化发展和实施循环经济;对发展电炉流程而言,电炉炼钢的核心技术应该是围绕缩短冶炼周期使之与高效率的连铸机、连轧机匹配协同运行;作为电炉炼钢质量问题的核心问题是冶金过程钢中氮的控制;为了增强电炉流程的市场竞争力则应着力开发高附加值的产品,在这过程中应该充分挖掘、利用电炉—薄板坯连铸连轧过程中纳米尺度析出物的特性。这些观点都是重要的、精当的,而且是言而有据的。其中体现了傅杰教授严谨的学风,体现了他对电炉炼钢理论和实践的洞察性理解和勇于实践创新所得的结晶。

《现代电炉炼钢理论与应用》一书,具有重要的学术价值和现实意义。这是一本不同于一般教科书的新著,内容新颖,既重视冶金理论的研究和拓展,又重视实践应用和推广,具有创新性和可读性。本书可作为钢厂和科研、设计院所的重要参考书,可作为冶金院校研究生和本科生的选修课参考书,也可作为产业部门、投资部门在进行决策思考时的参考书。相信此书将有助于推进钢铁工业特别是电炉流程钢厂的健康发展,也有助于未来工业生态化和循环经济社会的建设。

中国工程院院士 殷瑞钰

2008 年 11 月 17 日于北京

序 2

傅杰教授的新著《现代电炉炼钢理论与应用》,以全新的视野概括了国内外电炉炼钢工艺技术的发展趋势,总结了作者本人在电炉炼钢领域多种独创性的研究成果,是富含学术意义和应用价值的著作。

从 20 世纪 90 年代开始,我国电炉炼钢生产面貌有了很大的变化,迈入了现代电炉炼钢的领域。从技术层面上说,三段式操作的小型电炉让位于高速运转的 UHP 大容量电炉;炉外精炼在线化运转;钢的全连铸体制和产品专业化取代了钢锭开坯和万能型产品生产模式;节约资源的低合金钢和微合金钢生产更快的发展。这些现代电炉炼钢的技术特征,傅杰教授在其新著中均作了恰当的介绍和深入的分析。特别是关于控制电炉冶炼周期问题,因为只有当冶炼周期缩短到其临界值,才有可能使高速快节奏的间歇型炼钢作业和连续型的连铸—轧钢作业协调进行,形成稳定的钢材制造生产流程,使电炉炼钢可成为一种新型的、以废钢资源再循环为主要目标的、大规模的钢铁生产方法。

我国现代电炉炼钢的发展是在近年来异乎寻常的年产钢总量增长速度的背景下实现的。电炉钢的绝对产量有较大幅度的增长(约 2000 万~4000 万 t/a 以上),但其相对比例却在逐步下降,直至 10% 左右,和世界电炉炼钢比已达三分之一的局面相差甚远。这是我国冶金工作者都应该注意的。

钢铁生产有两类:一类是提取铁矿石中资源为主的生产,即高炉—转炉流程;一类是以回收废钢资源为主的生产,即电炉流程。

从铁元素循环观点看,前者属于动脉流程,后者属于静脉流程。两者结合构成较完整的循环经济,是钢铁工业的特点和优点。所以,电炉炼钢的比例,不是炼钢方法间的选择问题,而是资源再生和资源提取能否协调发展的问题。

转炉炼钢最合适的主原料是铁水。发达国家,特别在 20 世纪后期,废钢积累大增,转炉全废钢炼钢的研究曾经成为热门。德国 Klöckner 公司的 KS 法在 Georgsmarienhütte 厂有多年生产经验,熔池所缺的碳可用喷吹炭粉补充,但最终还是被电炉炼钢所取代。日本的住友金属法和川崎制铁法均做过工业试验,在炉底加入焦炭层进行复吹,但是都未正式生产而不再研究。实践已经证明,无论转炉或是电炉,冶炼时所用原料会有一定的灵活性,但作为反应器,其基本功能特征不可能随意改变。我国转炉炼钢比已经达到90%以上,虽然可以促成钢产量快速增长,但铁资源消耗也迅速增加,其结果导致国际铁矿石价格猛涨。当废钢积累逐渐多起来后,不少转炉的产能难免过剩。为了保持钢铁工业的可持续发展,增加电炉炼钢的比例是必要的。傅杰教授新著的出版,对推动我国冶金工作者在这一重大问题上的思考,无疑是有意义的。

我和傅杰同志相识于上世纪60年代初。学校办钢厂,我被委派到钢厂工作。恰逢我国第一台150kg工业性电渣炉在钢院钢厂建设投产。出于技术管理的需要,我必须对这个全新冶金技术作必要的了解。傅杰同志当时给我很多帮助,我也逐渐积累了一些资料。后来钢厂停办,我又回到炼钢教研室从事平炉、转炉的教学和研究,于是便把积累的资料转交傅杰,经过他的努力,终于在1965年6月由中国工业出版社出版了《电渣冶金文集》一书。以后由于工作领域不同,我们不再有更多的直接联系,但这次合作使我认识到傅杰同志坦荡的性格、助人为乐的品质、思想敏锐而且孜孜不倦、勇于创新攀登科学高峰的精神,也留下了永恒的友谊。现在傅杰同志以其《现代电炉炼钢理论与应用》书稿示我,并嘱为之序。我读后受益匪浅,看到这本书稿既包括了关于发展电炉生产流程的宏观性的讨论,又包括了一些关键冶金过程的微观性深层次研究(例如氮反应的动力学,纳米析出物的形成与作用)。我相信本书的出版,能对我国电炉炼钢生产的发展有所指导,而且对在学术层面提高我国冶金学科在国际上的地位,起到一定的作用。

北京科技大学冶金与生态工程学院教授

2008年12月28日

前　言

1989 年美国印第安纳州纽柯公司克拉福茨维莱厂电炉—CSP 生产线投产，这是世界上第一条薄板坯连铸连轧生产线，也是现代电炉炼钢技术达到成熟阶段的一个里程碑。

在 20 世纪 80 年代末 90 年代初，世界现代电炉炼钢主要发展直流电炉，在这一段时期，国外没有哪家企业新建大型交流电炉。上海 90 年代中期新建的 4 台大型直流电炉就是在这一背景下引进的。

90 年代初，作者与安阳钢铁公司（安钢）合作，跟踪国外现代电炉炼钢技术发展，并结合我国国情进行了高配碳强化用氧、电炉加部分铁水冶炼（以铁水作原料代替高配碳用生铁，下同）、小型直流钢包炉等技术的研究开发。

1993 年 6 月，冶金部和上海市在上海举办了“当代电炉流程和电炉工程问题研讨会（第一次上海会议）”，当时担任冶金部副部长的殷瑞钰同志和在上海市任副市长的徐匡迪教授在会上介绍了世界电炉炼钢技术的发展趋势。在这次会议上，作者介绍了国外直流电炉工艺的发展情况。这次会议明确了中国电炉钢生产及电炉炼钢技术的发展方向，推动了中国电炉炼钢技术的进步。

1993 年 11 月 ~ 1994 年 5 月，作者以考察国外直流电炉技术为目标在美国卡内奇·梅隆大学钢铁研究中心作了半年访问教授，在此期间对美国的电炉炼钢技术进行了较深入地调查研究，深感中国在电炉钢生产方面，以实现电炉炉子大型化为目标的设备引进势在必行，但外国人不会卖给我们核心的工艺技术，为此，在 1994 年底召开的全国特钢冶炼学术会议上，发表了《加强电炉钢短流程生产工艺研究与产品开发的建议》一文，指出在实现电炉容量大型化的同时应围绕缩短冶炼周期这一核心在我国发展现代电炉炼钢技术，特别要加强电炉加部分铁水冶炼及包括二次燃烧在内的强化用氧技术的研究开发。

1995 年河南省科委对安钢电炉加部分铁水冶炼工艺，包括控制最佳铁水加入比等技术进行了鉴定。

1994~1996年间，作者作为安钢的技术顾问参与了安钢100t电炉工程的调研、引进谈判、出国考察、工艺方案制订等一系列的工作。当安钢电炉工程进入设计、设备制造、安装、调试阶段时，作者工作重点转到珠钢。珠钢电炉—CSP生产线是我国第一条也是迄今我国唯一的一条电炉—薄板坯连铸连轧生产线。

1996年以后，作者在珠钢主要进行薄板坯连铸连轧的工艺研究与产品开发工作，根据我国废钢与电力紧缺、转炉钢比电炉钢成本低的特点，认为现阶段，电炉要生存发展，珠钢要生存发展，必须采取生产高附加值钢的决策，增加企业效益和市场竞争力，提出了以废钢中的残余元素Cu、Ni、Cr代替合金料，生产外国专家认为在该生产线上不能生产的09CuPNiCr集装箱板，特别是薄规格集装箱板产品；以及不添加昂贵的微合金元素V、Nb、Ti，生产性能与400MPa级的低合金高强度钢(HSLA钢)相当的低碳高强度钢(HSLC钢)，并以热轧板代替冷轧板。

在珠钢和北京科技大学的共同努力下，开发了低氮电炉钢生产、以氮代氩底吹、电炉冶炼终点控制等一系列电炉创新技术；并指出HSLC钢和集装箱板中存在纳米铁碳析出物等，提出了钢组织性能的综合控制理论要点。珠钢率先实现了强度为400MPa级铁素体+珠光体类型超级钢的产业化，并成为世界上产量最大的集装箱板生产企业。

1993年“第一次上海会议”以后在各级政府的支持引导下，企业对发展现代电炉炼钢进行了第一轮投资，新建了一批大型现代电炉，现代电炉钢年产量逐渐增加，但由于从1993年至2000年，我国转炉钢产量增长更快，以致电炉钢比例从23.2%下降到15.7%，不少电炉钢生产企业亏损，甚至停产，电炉行业感到压力很大，在学术界也出现了不同观点。据此，2002年3月，中国金属学会炼钢分会电炉学术委员会在广州召开了全国电炉炼钢学术会议，会上作者发表了《现代电炉炼钢技术的发展、问题及对策》一文，肯定了1993年“第一次上海会议”以来我国电炉炼钢技术的进步及存在问题，提出了我国电炉应生产高附加值钢及围绕缩短冶炼周期降低生产成本的两个对策。在肯定了珠钢电炉生产高附加值钢的经验后，又将自己的工作重点转到了安钢，与安钢同志们一道进行电炉高效化生产技术的研究开发，总结、提出了冶炼周期的综合控制理论，并利用这一理论指导生产。安钢的电炉技术经济指标进入了国际领先行列，作为一个降低电炉钢成本的榜样，促进了我国电炉钢生产的发展。2000～2003年我国电炉钢比例回升了2个百分点。

因势利导，在2005年作者积极建议并参与筹备了由中国工程院产业科技委员会发起，中国金属学会承办的“中国电炉流程与工程技术研讨会（第二次上海会议）”。但是这次会议没有收到预期的效果，2005年后中国电炉钢比例未能继续增长，反而开始出现了第二次逐年下降的局面。针对这一情况，在近几年内作者在不同场合反复强调，应重视提高我国电炉钢比例，呼吁国家支持和引导企业对发展我国现代电炉炼钢及时地进行第二轮投资，促进我国现代电炉炼钢的进一步发展。

作者在现代电炉炼钢技术的发展方面，主要贡献有三方面：

（1）提出了电炉钢低氮控制理论。研究结果表明：2600℃时，氧、硫等对钢液的表面活性作用消失，碳氧反应区温度可高达2600℃。为此，电炉、转炉、VOD、AOD等在钢液氧硫高的情况下可通过碳氧反应生成的CO气泡，实现气泡携带法脱氮；在[O]>0.0200%时，[O]可阻碍钢液吸氮，电炉底吹和转炉顶底复吹可以以氮代氩实现全程底吹。全程底吹氮气时，电炉出钢氮含量可低达0.0030%，转炉出钢氮含量达0.0010%，目前电炉钢及转炉钢中氮含量较高，主要是连铸过程中增氮导致的。

（2）提出了电炉冶炼周期综合控制理论。该理论是从原子分子尺度到工厂时空尺度上的电炉炼钢过程理论，内容包括建立在能量平衡基础上的冶炼周期数学表达式、电炉冶炼周期的计算模型、以工序效益最大化为目标的工艺优化模型以及电炉冶炼终点控制技术等。电炉冶炼终点在线动态控制模型是这一理论的一个重要组成部分。

（3）提出了电炉炼钢流程经济分析的概念，把钢厂电炉流程产品的质量与品种、成本与售价、效率与效益、投入与产出通过经济分析有机地结合起来。

作为钢组织性能的综合控制理论和冶炼周期综合控制理论的应用效果，一是指导开发出了高强度集装箱板，创造了显著的经济效益和社会效益，为国家节约了大量外汇开支，并指导开发出了HSLC钢，显著节约了V、Nb、Ti资源。二是指导开发了电炉加部分铁水冶炼的一系列高效化电炉生产技术，使我国电炉钢的废钢回收量达到760kg/t钢。以铁水代替生铁，大大节约了能源，提高了电炉钢产量和电炉钢比例；加30%铁水冶炼时，电炉吨钢比转炉吨钢多回收废钢600kg左右，减少了铁矿石、焦煤的消耗,降低能耗 350kgCE/t,减轻了 CO_2 的排放。三是通过现代电炉炼钢流程的经济分析,明确了我国现代电炉发展的策略。

为了总结我国冶金工作者在电炉炼钢方面所取得的成绩和积累的经验,基于作者半个世纪以来的经历和对电炉技术的认识,特撰写本书以供读者参考。

本书内容安排分为七个部分:第 1 章为概论,论述了与我国现代电炉炼钢发展有关的问题,阐明了现代电炉炼钢的“特征”、现代电炉炼钢与现代转炉炼钢的“共性”及电炉炼钢发展历史的“分期”等;第 2 ~5 章对现代电炉炼钢的核心问题,即电炉冶炼周期的综合控制理论、钢液中氮的控制、现代电炉冶炼终点动态控制、电炉流程工程问题进行了系统介绍;第 6 章介绍了建立在钢组织性能的综合控制理论和经济分析基础上的电炉钢高附加值产品,重点介绍了我国自主创新开发的薄板坯连铸连轧集装箱板和 HSLC 钢,低成本高强度螺纹钢。在这一章中,还简要地介绍了作者在开发高附加值钢的过程中,在发现碳素钢中存在纳米析出物的基础上,特别是存在纳米铁碳析出物的基础上提出的钢的综合强化机理及 TRC 和 F-TMCP 技术。最后在附录 1、2 中分别汇集了作者撰写的与现代电炉炼钢发展和薄板坯连铸连轧有关的一些论文的目录(部分未公开发表、读者难以查找的文献列出了全文)。现代电炉炼钢和薄板坯连铸连轧是我国从一个钢铁大国转变为钢铁强国的两个重要的切入点,在未来的一定时期内,这些论文的观点和内容仍有参考价值,故将其单独汇集在一起,以便于读者查阅,希望能对了解我国现代电炉炼钢及薄板坯连铸连轧技术的发展有所裨益。

这本书是作者与许多工厂的技术人员和作者指导的研究生们坚持科学发展观,自主创新,理论联系实际,产学研结合,长期共同努力工作,互相取长补短所取得成果的结晶,也与各级领导的关心支持分不开,没有他们这本书是不可能写成并出版的。在此作者衷心感谢王中丙、毛新平、史美伦、王新江、柴毅忠、王平、李晶、王开力、徐迎铁、唱鹤鸣、周世祥、迪林、徐卫国、吴华杰、刘阳春、周德光、陈希春、于月光、徐晓达等博士及博士生余健、阿不力克木对本书研究工作及撰写的参与和支持。我和他们既是师生也是朋友,和他们一起工作和讨论的过程也是本书内容充实完善的过程。特别是徐迎铁、吴华杰、刘阳春等博士的卓越工作丰富了本书的理论和实践内容。感谢中国工程院徐匡迪院长、王淀佐副院长、殷瑞钰院士、干勇院士、邱定蕃院士、陈先霖院士、才鸿年院士、胡壮麒院士、中国科学院柯俊资深院士、曲英教授、柳得橹教授、康永林教授、王泰昌先生、李世俊先生以及许多未能一一提名的老师、同事、朋友和学生们的指导、鼓励、支持、帮助与鞭策。殷瑞钰院士是我的老领导,也是我的学长和朋友。我和殷瑞钰院士一道访问过美国、加拿大、巴西、日本、德国和我国台湾。印象最深的是1995年在巴西考察了一个电炉钢厂,看到该厂用一台90t电炉、一台四流小方坯连铸机,年产72万t钢,小方坯连铸机单流年产量18万t,他们用40%的生铁块作电炉原料,全冷料操作。这坚定了我们研究加部分铁水操作的决心和信心。曲英先生是我大学年代的老师,四十多年来我一直和他保持联系、向他请教。1961年我和他在重庆参加了全国第一次电渣炉会议,会后共同编译出版了《电渣冶金文集》,这本文集成为我国早期电渣冶金工作者的一本重要参考书。这次承蒙殷瑞钰院士在百忙之中,曲英先生在年近八旬高龄时,逐字逐句对本书进行审校,提出了许多宝贵的修改意见,并为本书作序。对此,再次表示衷心的感谢!最后作者对妻子、女儿对我的理解、支持和关怀表示深深的谢意。

由于作者水平所限,本书不足之处敬请读者批评指正。

傅　杰

2009年2月18日

目　录

1 概　　论

1.1 炼钢技术发展史

钢铁是人类文明的基础。足够数量的优质钢铁材料是人类社会发展的重要需求，反过来又推动社会的发展，是各国实现工业化的必要条件。

炼钢技术发展历史可以划分为三个时期，即古代、近代、现代，各时期炼钢方法分别为古代炼钢法、近代炼钢法和现代炼钢法。

1.1.1 古代炼钢法

我国是世界上最早使用铁的国家之一。商代中期即公元前十四世纪开始使用陨铁，春秋晚期即公元六世纪左右出现人工冶炼的铁器。最初炼出的铁是用木炭加热和还原铁矿石得到的块铁，以后由于强化鼓风和加高炉炉身又炼出了生铁。生铁在铸锻成器具过程中脱碳成钢是我国古代冶金技术的特点。

我国的炒钢是世界上最早用熔化生铁氧化熔炼的炼钢方法。西汉后期，生铁冶炼已达到较高水平，能够为炼钢提供充足的生铁原料，发展了炒钢技术[1]，文献[2]指出，我国炒钢技术始于西汉中期（公元前二世纪）。

炒钢就是把生铁加入炉膛中，燃烧木炭以提高炉温来使生铁升温，借助空气中的氧和加入铁矿石的氧并通过人工搅拌，使生铁中的碳氧化，得到碳含量较低、可锻的钢或熟铁。由于冶炼温度及金属温度低于金属的熔点，故成品钢不是可供铸造的钢液，而是半熔融状态的团块，在炉膛中成蜂窝状，空隙中含有氧化性渣，与铁或钢液相共存。工人用铁钳将团块夹出，在铁砧子上反复锻打锤击，将蜂窝孔隙中的渣液挤出，得到致密钢坯或成品件。以后也有用铸铁件碎块，甚至铁水作原料，用鼓风设备，例如活塞式风箱向炉膛中鼓入空气并辅以升温剂、熔剂来进行冶炼的。1958 年我国各地出现的“炒钢”就属于这种改进了的炒钢工艺。

用铁碳二元相图，可以解释炒钢的物理化学过程。

由图 1.1 可见：曲线①为铁碳二元相图的一条液相线，曲线②为金属的平均温度值。由于炉膛中温度不均匀，金属各部分温度是不均匀的。但因为 $T=f_1(\tau)$，$[C]=f_2(\tau)$，有 $T=f[C]$。

曲线③为冷装操作时炉膛温度变化曲线，是作者 1958 年参加“炒钢”操作时，用辐射高温计测得的。

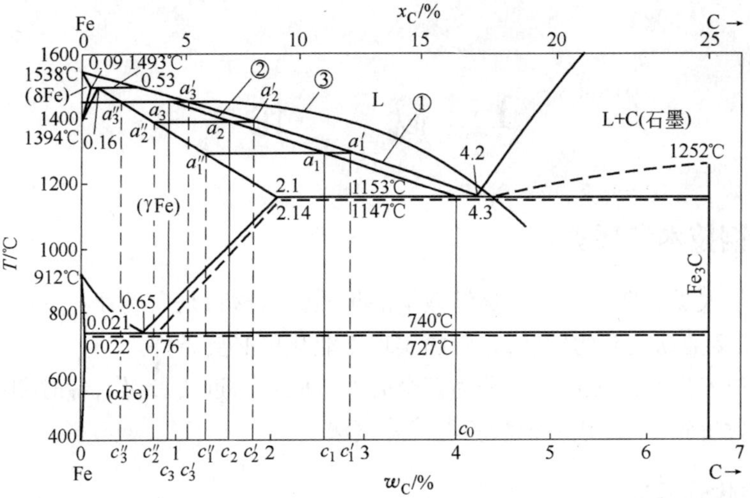

图 1.1　炒钢过程原理图

c_0 为原始金属碳含量,低于 1147℃时,金属中碳含量不变,$\frac{\partial[C]}{\partial T}=0$。燃料燃烧,使炉膛温度上升,如曲线③所示,当金属平均温度超过 1153℃,开始熔化,铁液中的碳被空气中的氧及加入的铁矿石所氧化,金属中碳含量沿曲线②,接近液相线①对应的碳含量变化,当碳含量降至 c_1 时,选分结晶出固态 γFe。固态金属量 W_s^1 = 原始金属量 $W_0\times\frac{a_1a'_1}{a'_1a''_1}$,固相碳含量为 c''_1,剩余液相量 $W_l^1=W_0\times\frac{a_1a''_1}{a'_1a''_1}$,液相碳含量 c'_1,随冶炼过程的进行,金属中的碳含量降至 c_2,$W_s^2=W_0\times\frac{a_2a'_2}{a'_2a''_2}$,固相碳含量为 c''_2,液相量 $W_l^2=W_0\times\frac{a_2a''_2}{a'_2a''_2}$,液相碳含量为 c'_2。$a_2a''_2<a_1a''_1$,固相量增加,液相量减少。实际测量时,冶炼末期,炉温几乎保持不变,当温度达到 $T_{max}\approx1450$℃,$\frac{\partial T}{\partial c}=0$,固相碳含量达到 c''_3,随过程的进行,成分为 c''_3 的 γFe 中的碳含量仍可降低,直至发生 γFe 到 δFe 的转变。

在 T 为 1153℃ ~ T_{max} 范围内,冶炼过程中液固两相共存。在不同时刻取出炉中的固态金属团块,可以得到不同碳含量的钢,但有时部分铁素材料会与熔渣一道留在炉膛内。

工人将取出的金属团块在铁砧子上轮流反复锻打,挤出渣液,使钢的组织致密、成分均匀、夹杂物细小。

1958 年商城用木炭炒出来的钢含 C 0.02% ~0.05%,Si 0.2% ~0.4%,Mn

0.03%左右,P 0.07%~0.20%,S 0.02%~0.05%,显微组织是铁素体加珠光体,冷弯、焊接、可锻性能良好。

郑州用土反射炉熔炼的钢含 C 0.03%~0.04%,Si 0.08%~0.32%,Mn 0.07%~0.10%,P 0.02%~0.18%,S 0.04%~0.075%。

兰州炒钢化学成分也基本符合部颁低碳钢标准。

我国的炒钢比17世纪始于英国的炒钢早1800多年。出土文物三十湅和五十湅以及现存于日本的一百湅属于炒钢产品。

湅的含义是什么?一种观点认为是折叠的层数。因为古代的湅字与纺织有关,煮丝绢以熟软,湅通練(练)。纺织品能多层折叠,故将湅视为折叠的层数。百湅就是折叠成100层,从钢的性能及制造工艺看,似不可能。也许是由于当时还没有鍊和煉(炼)这两个字,故用了湅这个字,鍊和煉(炼)字是后来才有的。炼通鍊,但不通湅。作者在1958年参加"炒钢"实践和在河南参观古代炒钢表演时体会到,湅可能代表锻打锤击次数,锤击次数与钢的质量要求,同时参予轮流反复锤击的工人数量(1~3人)、工人的体力、出炉后金属的温降等因素有关,湅数愈大,质量愈好。

1.1.2 近代炼钢法

我国炼钢技术的发展比欧洲早一千多年,但由于两千多年封建社会体制的影响,以小农经济为基础的儒术独尊,辅之以佛道,炒钢技术在我国没有得到快速的发展与突破。

14~15世纪,北欧掌握了生铁冶炼技术。17世纪初,英国开始用生铁为原料进行炒钢,普德林法就是用反射炉来炒钢的。

19世纪中叶,欧洲爆发的工业革命大大促进了钢生产的发展,使钢铁冶金的发展从古代走向近代。当时已有的普德林法已不能满足社会对钢日益增长的需求。1855年,英国人贝塞麦试验成功将空气吹入铁水以炼成液态钢的方法。1856年获得了专利。贝塞麦试验用的是低硫、磷,含锰较高的生铁作原料,取得初步成功。但改用其他生铁时,炼出的钢液凝固时产生气孔并发生热裂,难以使用。1856年,英国人马希特将镜铁(一种含锰的合金)加入到钢水中,克服了上述困难,促进了贝塞麦法的发展。同一时期,至少雇有4名中国工人的美国人凯利受到冷风吹向炉内生铁会提高其温度的启发,也试验成功了转炉炼钢。

1870年至1908年的30多年间,贝塞麦法成为世界上主要的炼钢方法。

贝塞麦法只能以低硫、磷铁矿石炼出的低硫、低磷生铁为原料。而西欧大陆的阿尔萨斯、洛林地区储有大量的高磷铁矿,炼出的生铁含磷约2%,不能使用,迫使人们寻求能够脱磷的炼钢方法。1878年,英国人托马斯和吉尔克里斯特用碱性耐火材料作炉衬加石灰造渣,发明了碱性底吹转炉炼钢法——托马斯法。20世纪上半叶，托马斯法是西欧诸国的主要炼钢法。

谈及近代转炉炼钢法，值得一提的是侧吹碱性转炉炼钢法。我国于20世纪50年代发明了侧吹碱性转炉。林宗彩、余景生同志做了大量的研究工作。萧泽强与唐钢的技术人员、工人师傅合作，为侧吹转炉发展、为侧吹氧气碱性转炉炼钢做出了重要贡献。

随着贝塞麦和托马斯转炉炼钢的发展，世界废钢积累量不断增加。1864年，法国工程师马丁以生铁和废钢为原料在备有蓄热室的火焰炉中首次成功地炼出了合格的钢液。蓄热室是使炉温达到钢液熔化温度的必要条件，是德籍英国工程师西门子（K. W. Simens）于1856年发明的。这种炼钢方法在德国称为西门子—马丁法，俄国称为马丁法，英美等国称为平炉炼钢。1930年至1960年间，全世界80%以上的钢产量是由平炉生产的。

作为近代炼钢法的另一种方法是电弧炉炼钢（简称电炉炼钢，下同）。

转炉炼钢和平炉炼钢均属于氧化熔炼，钢液呈氧化性，最后出钢时采用沉淀脱氧，脱氧产物不能很好地从钢中排除，成为钢中的非金属夹杂物，钢的纯净度低。此外，难以冶炼含合金元素较多的，特别是难熔元素较多的优质合金钢。

电弧的发现和大型变压器的研制成功，促进了电炉炼钢方法的产生。最初发明的是水平放置的双石墨电极间产生电弧间接加热式电炉。电弧对废钢和金属熔池间接加热，后来发展成三根Y形连接或△形连接的石墨电极垂直插入直接加热式电炉。电弧产生于石墨电极端部与废钢或金属熔池之间，电弧对废钢或熔池进行直接加热。迄今电炉炼钢已有一百多年的历史，有关近代电炉炼钢技术详见1.2节。电炉熔炼具有还原期，可进行白渣下扩散脱氧，钢中非金属夹杂物少，质量高。特别是减少了合金元素的氧化损失，有利于冶炼高合金钢。

综上所述，近代炼钢法包含转炉、平炉、电炉等三种炼钢方法，转炉、平炉通常冶炼普通钢，电炉主要冶炼特殊钢。

在近代三种炼钢法中，平炉已逐渐被淘汰。平炉消亡的原因，除氮气导致的大量热损失以外，再有就是平炉依靠氧在燃烧燃料以后，过剩氧通过渣层进入金属液，脱碳反应速度很慢，炉气间接加热，效率低，导致熔池升温慢，冶炼时间长，热损加大且与连铸不好匹配。

1.1.3　现代炼钢法

现代炼钢法是在近代炼钢法的基础上发展起来的。现代炼钢法与近代炼钢法的区别在于：用连铸坯代替模铸锭；用炉外处理和炉外精炼分担一定的炼钢任务；用真空或惰性气体代替大气；用水冷铜结晶器代替铁铸模；用多工序流程代替单工序冶炼。现代钢生产流程包含现代转炉流程、现代电炉流程与特种熔炼。

1.1.3.1　现代转炉流程[3]

空气底吹转炉和平炉是氧气转炉出现以前的主要炼钢设备。由于空气中4/5

的气体是氮气，热损大，因此把氧气直接吹入熔池炼钢成为许多冶金专家向往的目标。早在19世纪，贝塞麦就有了纯氧转炉炼钢的设想，但因没有可供试验的氧气，没能进行试验。20世纪20年代大型制氧机研制成功，使氧气转炉炼钢成为可能，从1929年至1952年，欧洲许多研究所和公司进行了大量的研究试验，发明了LD氧气转炉炼钢法，1956年获得专利。

美国人没有购买奥地利的专利，于1957年建成了当时世界上最大的氧气顶吹转炉，命名为BOF(Basic Oxygen Furnace)，与LD发生了专利权的纠纷，最后美方胜诉，BOF成为北美对氧气顶吹转炉的习惯称呼。

氧气顶吹转炉炼钢法，熔池上下温差大，渣中氧化铁高，易发生喷溅；存在冶炼超低碳钢困难，过氧化现象严重的缺点。氧气底吹转炉始于改进托马斯转炉，20世纪60年代加拿大空气液化公司研制成功利用燃料裂解吸热的形式冷却氧喷嘴，联邦德国和法国先后用它改进托马斯法，发明了氧气底吹转炉炼钢法。这种方法熔池上下温差小，过氧化程度轻，易冶炼超低碳钢，但不产生泡沫渣，不利于前期脱磷。

20世纪70年代至80年代，在欧洲、美国和日本开发了顶底复吹转炉炼钢法，综合了顶吹转炉和底吹转炉的优点，克服了它们的缺点。

氧气转炉炼钢法问世后，数十年内迅速取代了平炉，成为世界上最主要的炼钢方法。

现代转炉流程除了用氧气吹炼的特征外，第二个特征就是与连铸的匹配。

20世纪40年代钢液连铸试验成功，在钢铁厂迅速推广，特别是北京钢铁学院(现北京科技大学)徐宝升教授与重庆三钢密切合作，早在1957～1958年自行设计制造了中国第一台连铸机并顺利投产，只花了14个月时间和不到20万美金。紧接着又在1960年，在世界上首创研究、设计、制作并成功投产了弧形连铸机(较国外早两年多)。连续铸钢技术是钢铁冶金技术的一次重大革命。特别是炼钢车间实现全连铸体制，可以和热连轧机匹配，它不仅使流程和加工过程连续化、高效化，也提供了对钢的组织性能更有效的控制、改进的创新机会[4]。

转炉比平炉、电炉更易于与连铸有效匹配，大大提高了金属收得率，提高了转炉炼钢流程的经济效益。

现代转炉流程的第三个技术特征是与炉外处理(铁水预处理和炉外精炼)相结合。

19世纪末即开始应用铁水脱硫、脱磷、脱硅技术，20世纪上半世纪人们主要致力于炼钢技术的开拓、完善，直到60年代，铁水预处理技术又活跃起来。

1950年，联邦德国用真空处理脱除钢中的氢，防止钢产生“白点”，1956～1959年研制成功钢液真空提升脱气法(DH)和钢液真空循环脱气法(RH)，日本又有所改进。高炉冶炼、铁水预处理、顶底复吹转炉冶炼、炉外精炼、连铸成为现代转炉炼钢流程的主体，成为现代钢铁冶金的主要流程。现代转炉流程很快淘汰了平炉炼钢。2004 年，根据国际钢铁协会（ISSI）的数据，世界钢的总产量 10548 万 t，转炉钢占 63.0%，电炉钢占 33.8%，平炉钢约占 3.2%，大多数国家平炉已被淘汰，只有俄罗斯、乌克兰和其他独联体国家及印度和其他亚洲国家尚留有部分平炉未熄火。

1.1.3.2 现代电炉炼钢流程

我国在转炉、平炉、电炉等近代炼钢方法方面，落后于国外，基本上是向国外学习，引进国外技术。发展到现阶段，由于电炉炼钢周期较长，与连铸匹配较困难，以及现代电炉炼钢比现代转炉炼钢起步较晚，发展现代电炉炼钢难度较大，但中国冶金工作者花了更大的努力在现代电炉炼钢技术发展方面取得了许多自主创新成果，达到了世界先进水平或处于世界领先地位，有关现代电炉炼钢技术详见 1.2 节。

1.1.3.3 特种熔炼

特种熔炼生产的钢及合金数量虽小，但对国民经济的发展及国防建设具有重大意义。

特种熔炼在第二次世界大战前后的 20 世纪 40 年代至 50 年代获得了迅速的发展。包括真空感应熔炼（含悬浮熔炼与冷坩埚熔炼）、真空电弧重熔（含真空电弧双电极重熔）、等离子熔炼（含等离子电弧重熔）、电渣重熔与电渣熔铸，其中电渣重熔金属的产量占整个特种熔炼金属的大部分[5]。

特种熔炼技术特征，与转炉及电炉比较，主要有两个方面：一方面是以真空或惰性气体代替大气，来控制气相分压；另一方面是用水冷铜结晶器代替铁锭模以控制钢液的凝固过程。有的炼钢方法将这两方面结合在一个反应器中，例如真空电弧重熔，有的炼钢方法则把两方面分成两个工序，分别由两个反应器来实现。一个反应器只包含上述两个方面中的一个，例如电渣重熔，金属是在大气下熔化，但在水冷铜结晶器中重熔。这种电渣重熔可以称为第一代电渣重熔。第一代电渣重熔的产品为锭子，需要经过开坯。

第一代电渣炉是前苏联的乌克兰科学院电焊研究所巴顿、梅多瓦尔院士等在电渣焊的基础上于 20 世纪 50 年代发展起来的，1958 年大断面自耗电极重熔技术已经工业化。我国原冶金部建筑研究院曾乐、钢铁研究总院李正邦等于 1958 年用单相单极有衬电渣炉进行了电渣重熔回收高速钢废料的试验。之后，北京钢铁学院与建筑研究院合作，在朱觉教授的领导下进行了电渣重熔滚珠轴承钢的试验，1960 年在北京钢铁学院建成了我国第一台容量为 150kg 的工业电渣炉，生产出了航空轴承钢，同年在北京钢铁学院召开了全国推广电渣炉现场会议。

中国是世界上第二个发展电渣冶金技术的国家，对第一代电渣炉的发展做出了突出贡献，得到了国际同行的认可：

20 世纪 60 年代初，朱觉、林宗棠、刘海洪等在上海重型机器厂设计、制造了世界上最大的容量为200t的电渣重熔炉，和万吨水压机配合，成功地生产出了大批供核电装置用的大型电渣锭；朱觉、傅杰等发明了单相双极串联和三相有衬电渣炉；在电渣重熔过程去夹杂机理研究方面，傅杰等最早提出电渣重熔过程中，原始氧化物夹杂不是靠金属熔池内夹杂物的浮升，而是基本被渣洗去除，重熔钢中的氧化物夹杂主要是重熔钢液凝固过程中再生成的观点。

1970年，经多次重复实验验证，梅多瓦尔将傅杰等的观点及实验数据引用至其著作《电渣重熔》一书中。

1980年，高良应第四届国际高温合金会议主席邀请，在美国做了有关高温合金电渣重熔的报告。

1986年，傅杰应第十届国际真空会议主席邀请，在美国做了“中国高温合金技术进展”的特邀报告。

1988年，在美国召开的第九届国际真空冶金会议上，北京科技大学、钢铁研究总院、上海重型机器厂等三个单位，傅杰、李正邦、朱觉、刘海洪、林宗棠等五名个人，被国际成果确认与评奖委员会评为“1961～1988年间对特种熔炼做出突出贡献的单位与个人”，获荣誉奖。

1990年，第十届国际真空冶金会议由中国组织，在北京召开。

2001年，在梅多瓦尔逝世一周年时，傅杰应邀参加梅多瓦尔纪念会。

20世纪80年代，梅多瓦尔首次提出了“第二代电渣炉”的概念，他所谓的“第二代电渣炉”与第一代电渣炉不同，其产品不是电渣金属锭子，而是铸坯，即对电渣重熔锭无需开坯，可以直接进行轧制。同时重熔出四根铸坯的第二代电渣炉的设备、工艺较复杂。2001年作者在乌克兰参加梅多瓦尔纪念会时，在巴顿所参观了快速电渣重熔炉，得到了有关资料。这种炉子进行快速电渣重熔生产高速工具钢等，取得了良好的效果，比20世纪80年代的第二代电渣炉设备及技术简单，可以认为是改进了的第二代电渣炉[6,7]。

作者认为第二代电渣炉的另一个技术特征应该是在真空或氩气下电渣重熔。

北京钢铁学院在20世纪60年代初，研制成功了真空（实际上是负压氩气保护）电渣炉，容量为5kg。电渣重熔出了航空轴承钢、高温合金及钛合金，见图1.2，并在抚顺钢厂进行了200kg真空电渣炉重熔钛合金的中试，继之，在该厂又建立了容量为1000kg的真空电渣炉生产性设备。但因种种原因，研究中止，设备被拆除。北京钢铁学院还进行了高压氩气电渣重熔试验。

近年，宝钢特殊钢股份有限公司引进了两台容量分别为5t和20t的真空电渣炉。

作者认为，第二代电渣炉应具备的技术特征：第一个特征是直接熔铸铸坯，无需对重熔锭开坯；第二个特征是在真空（氩气）下进行熔炼，氩气下也包括高压氩气下。基于这两个技术特征。由于快速电渣熔炼速度较快，单位时间熔炼的金属量多，则吨钢电耗少，排放少，有利于节能减排。从这个理解出发，现有第二代电渣炉均尚不够理想，快速电渣炉是在大气下进行熔炼的，真空电渣炉生产的锭子需要开坯。钢铁研究总院自主创新研制成功一台真空快速熔炼电渣炉（见图 1.3），并推广至 905 所。在生产高温合金、铜以及其他有色金属方面取得了很好的效果。真空快速熔炼电渣炉应是比较完善的第二代电渣炉，具有广阔前景。此外，带有完善自动控制的电渣熔铸件应归入第二代电渣重熔产品。

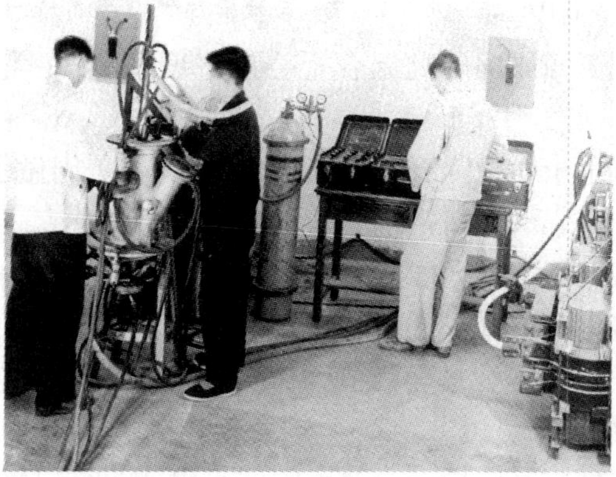

图 1.2 真空电渣炉试验

图 1.3 真空快速熔炼电渣炉

1.2 电炉炼钢技术发展历史的“分期”问题

钢铁企业相对生命科学、IT 产业等高新技术产业，属于传统产业，但本身也可以有传统和现代之分，迄今 100 余年的电炉发展历史大致可分为传统的电炉炼钢和现代的电炉炼钢两个时期，细分为四个时期：传统电炉炼钢技术的发生发展期和成熟期及现代电炉炼钢技术的发生发展期和成熟期。

1.2.1 传统电炉炼钢技术的发生发展期和成熟期

前苏联的奥柯诺柯夫在其专著《黑色冶金冶炼电炉》一书中提到，电弧是1802年由俄国的彼得罗夫院士发明的。1904～1905年米捷维茨院士开始应用电弧[8,9]。

美国人Sims在其《电炉炼钢》一书中写到：电炉是由Pichon于1853年发明的，1906年，纽约的Halcomb Steel成功地建成并投产了美国第一台单相电炉，容量为4t[10]。

尽管不同的作者对近代电炉炼钢技术的发展历史具有不同的看法，但有几点是共识的：

（1）近代电炉炼钢在贝塞麦转炉、托马斯转炉、平炉之后，20世纪初才开始发展；

（2）电弧现象和作用的发现和大型炉用变压器的研制成功，是电炉诞生的技术基础；

（3）近代电炉的冶炼过程分为三个时期：熔化期、氧化期、还原期，还原期是其独有的；

（4）近代电炉主要生产特种钢。

近代电炉炼钢即传统电炉炼钢的发生发展期可以界定为：20世纪初电炉诞生至第二次世界大战以前，电炉的比例很小，电炉钢的产量也很小；传统电炉炼钢技术的成熟期可以界定为第二次世界大战期间至1982年LF精炼炉问世。在这一时期，为满足工农业生产和军事的需要，电炉炼钢得到了较快发展，冶炼工艺不断完善。至20世纪50年代，电炉炼钢技术以“熔氧合并，薄渣吹氧，缩短还原期”为特点的工艺改革，标志着近代电炉技术进入了成熟阶段。我国朱觉、关玉龙、张鉴教授等做了大量工作。

1.2.2 现代电炉炼钢技术的发生发展期和成熟期

1.2.2.1 现代电炉炼钢概念的提出

“现代电炉炼钢”一词最早出现在中国学者徐匡迪和殷瑞钰于1993年发表的论文《现代电炉炼钢的发展趋势》及《当代电炉流程的工程进展评价》中。之后，李士琦、李伟立、傅杰、王中丙等在其专著和论文中采用了“现代电炉炼钢”和“现代电炉”的术语，见表1.1[8~24]。

关于现代电炉炼钢的特征，文献[15]的作者总结为“高效、节能”，在后来的报告中加上了“环保”；文献[14]的作者归结为“电炉生产节奏转炉化，钢的炉外精炼在线化和钢的凝固过程连续化”，“可持续发展”。这些均正确地反映了现代电炉炼钢的一些特征和发展趋势，使我国的电炉炼钢具备这些特征，是我国电炉钢生产发展的方向。

表 1.1　电炉炼钢领域的重要论著

论著名称	作者	年代	刊物或出版者	电炉炼钢技术发展阶段
Элктропавильные Печи Черной Металлургии[8]	П. В. Окороков	1950	Металлуритедат	传统的电炉炼钢
黑色冶金冶炼电炉[9]	朱觉,等译	1955	高等教育出版社	传统的电炉炼钢
Electric Furnace Steelmaking[10]	C. E. Sims	1962	Interscience Publishers	传统的电炉炼钢
电炉炼钢学[11]	马廷温	1988	冶金工业出版社	传统的电炉炼钢
钢铁炼钢技术[12]	关玉龙,等	1990	科学出版社	传统的电炉炼钢
钢铁冶金学(炼钢部分)[13]	陈家祥	1990	冶金工业出版社	传统的电炉炼钢
当代电炉流程的工程评价[14]	殷瑞钰	1993	当代电炉流程与工程问题研讨会文集	现代电炉炼钢
现代电炉炼钢的发展趋势[15]	徐匡迪	1993	当代电炉流程与工程问题研讨会文集	现代电炉炼钢
现代电弧炉炼钢[16]	李士琦,李伟立,刘仁刚,等	1995	原子能出版社	现代电炉炼钢
钢冶金过程动力学[17]	傅杰	2001	冶金工业出版社	现代电炉炼钢
现代电炉炼钢技术的发展、问题及对策[18]	傅杰,等	2002	电炉炼钢学术会议论文集	现代电炉炼钢
现代电炉—薄板坯连铸连轧[19]	王中丙,等	2004	冶金工业出版社	现代电炉炼钢
Advances in Modern EAF Steelmaking Technology in China[20]	Fu Jie, et al	2004	Journal of Iron and Steel Research, 2004, 11(4)	现代电炉炼钢
Development of Modern EAF Steelmaking Technology in China[21]	Fu Jie, et al	2004	The Tenth Japan-China Symposium on Science and Technology of Iron and Steel	现代电炉炼钢
现代电弧炉冶炼周期综合控制理论及应用[22]	傅杰	2004	北京科技大学学报, 2004, 26(6)	现代电炉炼钢
冶金流程工程学[23]	殷瑞钰	2004	冶金工业出版社	现代电炉炼钢
中国电炉炼钢问题[24]	傅杰	2007	钢铁, 2007, 42(12)	现代电炉炼钢

现代电炉炼钢的特征是由现代电炉炼钢的技术特点决定的,对现代电炉炼钢技术特点的认识有一个过程。作者认为现代电炉炼钢的技术特点如表 1.2 所示。

我们把通常说的电炉炼钢称为传统电炉炼钢,其技术特点也列入表 1.2 中。

表 1.2　现代电炉炼钢技术的特点

比较项目	传统电炉炼钢	现代电炉炼钢
能　源	电 能	电能、化学能、物理能
冶金过程	熔化、氧化、还原三期操作;熔毕碳含量大于 0.2%	取消电炉还原期、还原期在炉外精炼过程中进行;高配碳,可停电不停氧操作
主要原料	废钢、10% 生铁	废钢、30% ~40% 生铁/铁水及 DRI/HBI
产　品	钢 锭	连铸坯
环　境	环保意识差	重视环保、绿色制造

由表 1.2 可见,现代电炉炼钢技术具有下述 5 个特点:

(1)现代电炉炼钢的能源有三种,除传统的电能外,还有化学能和物理能,化学能和物理能所占的比例可超过 50%。

(2)现代电炉的冶炼过程主要是熔化氧化过程,取消了传统电炉炼钢的还原期,传统电炉炼钢还原期的任务由在线的炉外精炼完成,现代电炉成为了一个初炼炉;用氧的主要目的由传统电炉的助熔、脱碳去气(熔毕碳含量大于 0.2%)变为提供化学热,增加现代电炉炼钢的一个重要热源。由于化学热和物理热的增加,冶炼过程中当采用加部分铁水冶炼时,可以有一个停电不停氧的操作,这是由于兑入的铁水比例高,有一段时间像转炉一样可以不供电。

(3)现代电炉炼钢的主要原料除废钢外,还有 30% ~40% 的生铁或 DRI/HBI 等。生铁在传统电炉炼钢过程中主要用做增碳剂,在现代电炉炼钢过程中主要用来提高配碳量,以增加化学热和物理热。生铁是最佳的配碳剂。巴西某厂于 1995 年以前在电炉炉料中加 40% 的生铁;珠钢 150t 烟道竖炉电炉和天津钢管公司的 150t 电炉多年来均是采用 30% 的生铁(部分用 HBI 来代替)作为炉料;韶关 90t Consteel 电炉原炉料中也含 30% 生铁。为了增加物理热,采用炉料预热技术的优点是众所周知的。在现代电炉炼钢过程中,炉料预热是包括生铁预热的,考虑到节能降耗,电炉加部分铁水冶炼在理论上是合理的。在实践中,2003 年中国 34 台容量大于 60t 的电炉中已有 22 台采用了电炉加部分铁水操作,将来数量还会增加。用熔融还原的方法生产铁水代替高炉生产铁水有利于环保,是一种技术进步,DRI/HBI 作为生铁的代用品,有利于环境保护,也是一种技术进步。究竟采用何种炉料结构应考虑当地的资源和能源供应特点以及不同炉料的经济性。把铁水(包括熔融还原的铁水)、DRI、HBI 等称为"废钢代用品"是不恰当的,因为它们是有效资源和载能体,用来和废钢配合作原料从技术进步的角度考虑是合理的。

(4)现代电炉冶炼的产品主要是连铸坯,传统电炉冶炼的产品是钢锭。由于某些钢种的特殊需要,在现代电炉炼钢厂中,可以保存部分模铸(尺寸较大的锭子或模块),但是由于经由模铸的钢通常数量较小,为了提高企业的市场竞争力,这些钢厂有必要大量生产连铸坯轧材,所以必须采用现代电炉炼钢技术。

(5)传统的电炉冶炼环保意识差,电炉车间上空往往褐色烟尘滚滚,现代电炉炼钢从末端治理(公害治理)将发展到源头治理,绿色制造,工业生态链,循环经济。

1.2.2.2　现代电炉炼钢技术

传统电炉炼钢的成熟阶段孕育着现代电炉发生发展期的技术,现代电炉炼钢技术发生发展阶段的代表技术主要是"超高功率供电及其相关技术",1982 年 LF 钢包精炼炉的诞生标志着电炉炼钢技术进入现代电炉炼钢技术发生和发展阶段。这一时期,马廷温教授、孔祥茂教授、李士琦教授、武振庭教授等做了不少工作。1989 年,纽柯第一条电炉—CSP 生产线的投产标志着现代电炉炼钢技术开始进入成熟阶段。

超高功率供电及其相关技术包括:超高功率电炉的超高功率供电原理、高的时间利用率和功率利用率、三相功率平衡和设备(主要是大型交流炉用变压器及整流设备)及相关技术包括:水冷炉壁、水冷炉盖、高压长弧操作、泡沫渣、计算机控制、偏心炉底出钢、二次燃烧、氧燃烧嘴等。

图 1.4 为电炉炼钢技术发展历史分期示意图。

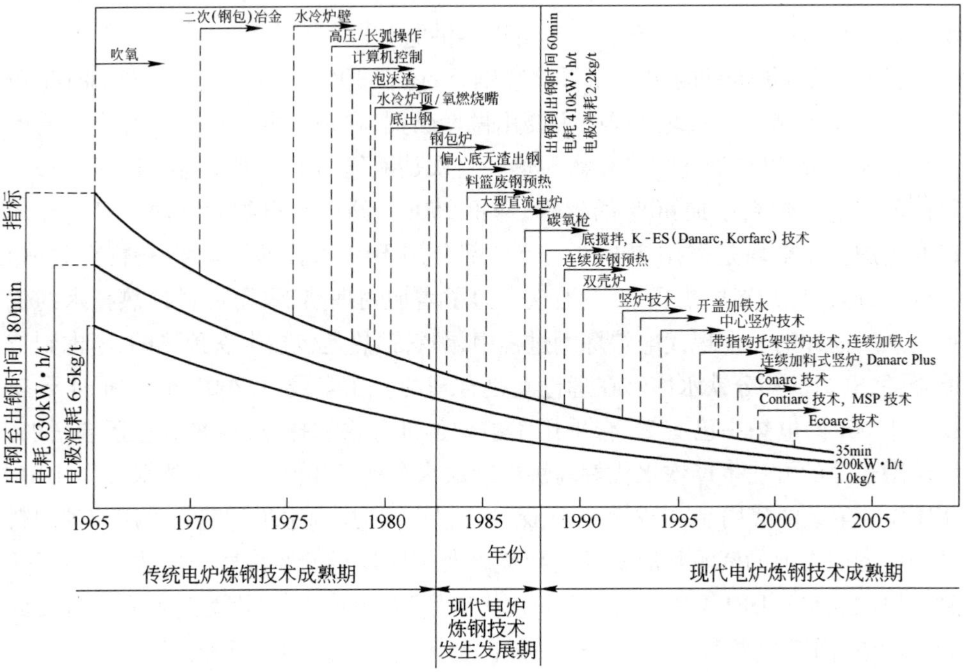

图 1.4　电炉炼钢技术发展历史分期示意图

现代电炉炼钢技术在成熟阶段的主要发展有:

(1)化学热和物理热成为了现代电炉炼钢的三个主要能源中的两个,二者占总能耗的50%以上。

(2)重视电炉炼钢的环境保护问题,并在对环境友好的基础上,开发主要以废钢为原料的新的增加化学热和物理热的技术,这对现阶段不加铁水的电炉冶炼及未来废钢成为唯一炉料的电炉冶炼具有十分重要的意义。

(3)出版了《冶金反应工程学丛书》;通过总结、归纳、综合、比较,殷瑞钰院士创立了“冶金流程工程学”;作者提出了“电炉冶炼周期的综合控制理论”及“钢组织性能的综合控制理论”,并成功地应用于生产。在这里值得特别提一下的是萧泽强教授和曲英教授,他们为我国冶金反应工程学的发展,兢兢业业做了坚苦卓绝的工作。

在这一阶段中国冶金工作者起了重要作用,电炉加部分铁水是中国冶金工作者对电炉炼钢技术发展的一项创造性贡献。有关情况将在本书下面章节中详细论述。

前一时期的技术孕育着下一时期的技术,例如,在传统电炉炼钢技术的成熟期,孕育着现代电炉炼钢发生和发展期的供电技术和供氧技术;在现代电炉炼钢发生和发展期孕育着现代电炉炼钢技术成熟期的炉料预热技术;20世纪80年代我国喷射冶金技术的发展,为90年代《冶金反应工程学丛书》的出版,打下了基础。

现代电炉炼钢技术的成熟期可能经历一个较长的历史阶段。从Ecoarc技术可以预期未来的当代电炉炼钢技术特点,即使由于矿石、焦煤等资源枯竭,现代电炉炼钢技术的五个特点还会存在,这时化学热和物理热的利用,电炉炼钢对环境友好、循环经济会表现得更成熟,过程理论及流程工程科学会更趋于完美:

(1)电炉冶炼过程中仍然是利用三种能源,电能和化学能的利用率会有所提高,电耗占总能耗的比例仍会有所降低,例如降至30%;氧气利用率进一步提高;废钢预热技术进一步发展,像Ecoarc技术一样,从单一的炉气预热废钢外还会增加金属熔池的显热预热废钢;

(2)电炉冶炼过程仍然是高配碳,在线炉外精炼,还原期仍在炉外进行;

(3)在原料方面,仍然是铁素材料加碳素材料,废钢成为唯一的铁素原料,碳素原料不会以生铁的形式加入,而是喷粉;

(4)产品主要仍然是连铸坯,不会回到模铸小钢锭;

(5)电炉炼钢环保技术会更完善。

1.2.2.3 关于电炉消亡问题

正如人和生物具有一个从出生、成长、成熟到死亡的过程一样,电炉也会有一个发生、发展、成熟到消亡的不同阶段。

作者试图用比较的方法从现代炼钢流程的共性问题出发,谈谈对电炉消亡问题的看法。

我国是一个有着十几亿人口的大国,国民经济的发展对钢铁材料有巨大的需求。对发展转炉、电炉的政策导向导致自1993年以来,我国与世界各国不同,电炉钢比例不是不断增长,而是逐年下降。在这种形势下,我国冶金界出现了两种不同的观点,一种是电炉会像平炉一样被转炉淘汰,电炉会像平炉一样消亡。持这种观点的人没有发表书面文章,但想法确实存在,且对钢铁企业起着导向作用;另一种观点是根据世界钢铁工业发展趋势,我国从1993年到2000年电炉钢比例不断下降的情况,认为政府要加强对电炉钢发展的引导,并认为电炉取代转炉是历史发展的必然。对第二种观点,通过“第二次上海会议”,基本上有了共识,即自1993年以来,当时的冶金部领导是重视我国的电炉发展的。正是由于重视,才会有“第一次上海会议”,才会有1993年以后对电炉发展的第一轮投资,才会使2000年在大量小电炉被淘汰的情况下电炉钢产量仍保持在2000万t左右,电炉钢比例还能保持在16%左右。但是“第二次上海会议”以后,并没有解决电炉是否被淘汰的问题,为此作者认为,要进一步宣传转炉、电炉的共性,转炉、电炉不会相互淘汰,要继续通过生产高附加值钢,降低成本来发展现代电炉炼钢,建议政府及企业进行对发展我国现代电炉炼钢的第二轮投资。电炉是利用废钢熔炼最适当的设备,具有铁资源再循环最有利的条件。随着我国社会的经济发展、废钢积累增加,生铁价格的优越性不再显著时,为了一时加速发展而建设的高炉、转炉流程将无法承担铁资源再循环的责任。

目前现代炼钢流程主要是转炉流程和电炉流程,二者之间在功能演变、原料结构、冶炼周期、终点控制、底吹氮、经济性评价及对生产钢种的适应性诸方面越来越多地表现出它们之间具有的共性,而不是像转炉、平炉那样二者有着本质的差异,转炉对平炉具有比较优势。但基于现代转炉炼钢与现代电炉炼钢本质上的共性,决定了二者之间只会在不同历史时期、不同地区,比例有所不同,而不会像平炉被淘汰那样互相淘汰对方,当转炉钢的成本低于电炉钢的成本条件下,电炉可采取生产高附加值钢和加部分铁水冶炼等缩短冶炼周期的措施降低成本,转炉不会淘汰电炉;当铁矿、焦煤资源短缺,废钢资源增长时,高炉会加入部分废钢(在废钢资源丰富国家的高炉生产中,1t铁消耗285kg废钢),转炉可以采取提高入炉铁水温度、降低出钢温度等措施多加废钢,降低成本,电炉也不会淘汰转炉。值得注意的是,这从铁资源考虑是合适的,但从能耗观点看不一定合适。即使出现一种更先进的炉型,只要它的本质不变,基于投资及就业等社会原因,现代转炉与电炉均不会像转炉淘汰平炉那样淘汰对方。只有当钢铁不再是“必选”材料,不再成为推动全球经济发展和社会文明进步的物质基础,或出现一种从本质上与现代炼钢截然不同的、具有比较优势的新方法时,转炉、电炉才会被淘汰,而这目前还难以想象,也许是若干代人以后的事了。我们应该更多地研究当前电炉钢生产的发展问题。

1.2.3 现代炼钢流程的共性

现代炼钢流程主要是转炉流程和电炉流程。这两个流程的精炼、连铸、轧制工序基本相同，精炼工序的配置有一定的差别，但其操作成本在钢的生产成本中所占比例不大，对钢成本起主导作用的是冶炼工序的成本，因为计算时把炼钢原料的成本均计算在冶炼工序的成本中。由于我国废钢、矿石等炼钢原料的价格特征，导致我国转炉、电炉的不同发展特征，不同学者对我国钢铁企业发展前景有不同的观点，本节论述现代炼钢流程冶炼工序即现代转炉炼钢与现代电炉炼钢的共性问题[25]。

1.2.3.1 现代炼钢流程冶炼工序的功能演变

随着技术的进步，传统转炉和电炉的功能在发生转变。

现代转炉的功能逐步演变为[23]：

(1)快速高效脱碳器；

(2)快速升温器；

(3)能量转换器；

(4)优化脱磷器。

现代电炉的功能演变为[23,26]：

(1)废钢快速熔化器。现代电炉冶炼的一个重要特征是冶炼周期大大缩短，已达到35 ~45min，与同容量转炉冶炼周期相当，可满足高效连铸多炉连浇的节奏要求，成为了一个废钢快速熔化器。

(2)快速升温器。电炉原料中的废钢和生铁熔化后，为满足出钢温度要求，快速升温，现代电炉成为了一个快速升温器。

(3)能量转换器。现代电炉的能源结构包括电能、化学能和物理热。为缩短冶炼周期，必须充分利用变压器功率，增加电能输入；增加化学能和物理热，在一定的冶炼周期条件下，三种能量可以互相转换。目前我国部分地区电力紧缺，价格高，可以增加化学热和物理热的比例。采用废气预热炉料技术，可以增加物理热，减少电能的输入。原料中高配碳，生铁成为主要原料之一，加铁水代替加生铁，可以增加化学热和物理热。现代电炉成为了一个很好的能量转换器。

(4)高效脱碳脱磷器。为了缩短冶炼周期，以满足高效连铸节奏的要求，强化供氧，脱碳速度快，在废钢融化和升温过程中，电炉冶炼具有良好的脱磷条件，现代电炉成为了一个高效脱碳脱磷器。

(5)废弃塑料、轮胎等回收器。现代转炉流程的焦炉、高炉工序可以回收部分废弃塑料；现代电炉流程也可能具有废弃塑料、轮胎等的回收功能且成本较低。

如上所述，转炉和电炉的功能已演变为基本相近，只是由于炉型不同，原料成分（主要是碳、磷）不同，在脱碳量、脱碳速度和脱磷要求方面有所不同，从而工艺有所差别。

1.2.3.2 能源结构

转炉炼钢和电炉炼钢,本质上均属于铁煤化工工程。

转炉炼钢的铁素原料主要来自铁水(铁矿石)及冷料(生铁块及废钢),碳素原料也来自铁水及冷料。用于炼钢的能源,主要是吹氧与碳反应生成的化学热以及高炉冶炼的铁水带入的物理热,炼钢过程中能源表现形式有两种,即化学热和物理热。

电炉炼钢过程的铁素原料主要来自废钢及生铁,碳素原料也主要来自废钢及生铁(配入的碳可以用喷粉方式加入)。用于炼钢的能源,主要来自由煤转换出来的电能(火力发电)、吹氧与碳反应生成的化学热(包括废钢预热过程烟气中 CO 二次燃烧热)以及从预热废钢带入的物理热。炼钢过程中能源表现形式有三种,即电能、化学热和物理热,它们比例有所不同,可以互相转换。传统的电炉冶炼以电能为主,现代电炉冶炼过程中化学热和物理热可达到能耗的 50% 以上。物理热可以由废钢显热,加部分铁水代替生铁带来,也可以像 Ecoarc 技术一样,由化学热及电能转变而来。转炉主要是利用铁水的化学热和物理热,传统电炉主要是利用电能,现代电炉炼钢增加了化学热和物理热,电耗只占总能耗的 1/3 左右。

1.2.3.3 现代炼钢生产流程的原料结构

现代转炉钢生产流程的主要原料是铁水和冷料(包括废钢、生铁),铁水主要取决于矿石、焦煤资源。

现代电炉钢生产流程的主要原料是废钢和生铁,加入生铁是为了有效进行高配碳操作,为了进一步缩短冶炼周期,最好是加入部分铁水。

因此现代炼钢流程的主要原料都是铁水和废钢,只是不同流程二者比例不同。废钢由污染环境的废弃物,变为钢生产的有用“资源”。废钢的应用是铁资源再循环的有效方法,电炉炼钢在各类生产中,废钢再循环的比例和效率都是最高的。

1.2.3.4 现代炼钢流程的冶炼周期

从技术上考虑,转炉存在一个合理的冷料(废钢或生铁)加入比,电炉存在一个合理的铁水加入比。目前,现代电炉冶炼周期与转炉的冶炼周期基本相当。用冶炼周期的综合控制理论可以计算出转炉和电炉的最短冶炼周期,最佳冷料加入比和最佳铁水加入比及其影响因素(见本书第 2 章)。

1.2.3.5 现代炼钢流程以氮代氩底吹问题

为均匀成分和温度,现代大型转炉采用顶底复吹,现代大型电炉也采用底吹技术,吹气采用氮氩切换方式,前期吹氮,后期吹氩。根据碳氧反应可以脱氮和在炼钢温度和氧化性条件下氧硫表面活性作用对钢液吸氮具有阻碍作用的原理[17,27,28],采用冶炼过程中全程吹氮,电炉出钢氮含量可低于 0.0030%。顶底复吹转炉全程底吹氮出钢氮含量可在 0.0010% 左右[29]。参阅本书第 3 章。

钢材中的氮含量取决于炼钢流程冶炼工序出钢后的增氮量,应注意加强出钢后钢液的保护，防止钢液直接与大气接触。

1.2.3.6 转炉电炉冶炼工序的终点控制

对转炉的终点成分、温度控制已经做了大量的研究，开发了许多终点控制技术，现代电炉工序冶金过程与转炉相近，也开发了自己的终点控制技术，特别是根据碳氧、铁氧竞争氧化的原理，开发了低碳钢的终点控制技术，并成功地用于生产[30]。

1.2.3.7 经济性评估

傅杰、徐迎铁等[30]开发了以工序效益最大化为目标的现代电炉冶炼工艺优化模型：

$$\varphi = (E - \sum_{i=1}^{n}(P_iC_i))/\tau \tag{1.1}$$

式中 φ——工序效益，元/h；

E——一炉钢水的价格，元；

$\sum_{i=1}^{n}(P_iC_i)$——一炉钢水的成本，元；

P_i——消耗 i 的价格；

C_i——i 的消耗量；

τ——冶炼周期。

$\sum_{i=1}^{n}(P_iC_i)$ 中包括铁水、生铁、废钢、氧耗、电耗、油耗、设备折旧、销售管理等的价格与消耗量。价格不同时，效益不一样。根据式(1.1)可以进行工艺参数的优化，计算不同金属料对工序效益的影响。

转炉和电炉两种炼钢流程可用同一公式计算工序效益。

1.2.3.8 对钢种的适应性

随着转炉炉外精炼技术的发展及电炉冶炼周期的缩短，两种流程对绝大部分钢种冶炼的适应性相当，选择何种冶炼工序已演变为：一取决于工序经济效益，二取决于可持续发展，即取决于资源、能源支撑条件和环保要求。

综上所述，现代转炉冶炼与现代电炉冶炼具有越来越多的共性。可以认为，我国转炉钢与电炉钢产量，在不同时期，不同地区，比例会有所变化，转炉流程与电炉流程在相当长的历史时期内将会共存，电炉钢的比例必然逐步增加。

1.3 我国现代电炉钢生产的发展、问题及对策

1.3.1 世界电炉钢生产的发展

当今世界钢铁生产主要有两种流程，一是以铁矿石为主要原料的高炉转炉长流程，二是以废钢为主要原料的电炉短流程。2006 年，世界转炉钢产量占世界钢总产量的 65.5%，电炉钢产量占世界钢总产量的 32%；不少国家电炉钢比例已超过 50%。

图 1.5 所示为 19 世纪 80 年代至 20 世纪 80 年代末世界主要产钢国家及地区钢产量的变化。图 1.6 所示为 20 世纪 90 年代初至今主要产钢国家及地区粗钢产量及电炉钢比例的变化。表 1.3、表 1.4 则分别列出了 1950～1998 年及 1995～2006 年的世界主要产钢国家的电炉钢比例。表 1.5 为 2004 年世界上电炉钢比例高于 50% 的国家的情况。

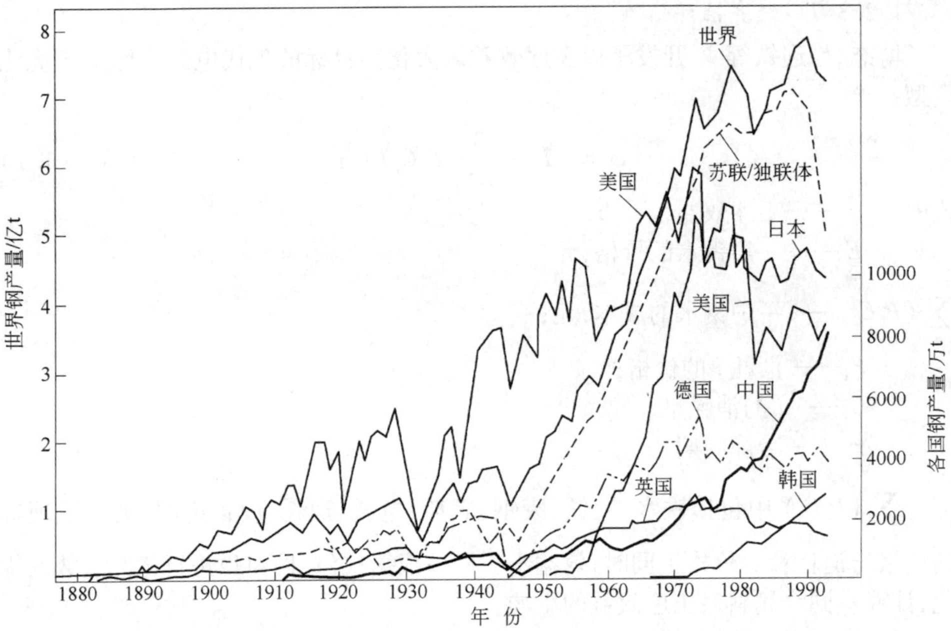

图 1.5　主要国家和地区钢产量(1870～1992 年)[31]

表 1.3　1950～1988 年世界电炉钢生产的发展

年 份	电炉钢比例/%①				美国现代电炉钢产量比/%②
	美 国	日 本	欧共体	世 界	
1950	6.2	15.6	6.4	7.3	0.6
1955	6.9	12.6	8.6	8.0	0.9
1960	8.4	20.2	10.7	10.6	2.0
1965	9.6	20.3	12.0	12.5	2.8
1970	15.3	16.7	13.7	14.4	5.3
1975	19.4	16.4	19.7	16.6	6.7

续表 1.3

年 份	电炉钢比例/%①				美国现代电炉钢产量比/%②
	美 国	日 本	欧共体	世 界	
1980	27.9	24.5	23.8	21.1	12.1
1985	33.9	29.0	25.1	24.8	19.9
1988	36.9	29.7	29.1	26.6	21.5

① 电炉钢比例 = 电炉钢产量/总钢产量,%;

② 现代电炉钢产量比 = 现代电炉钢产量/总钢产量,%。

由图 1.6 可见,2003 年世界电炉钢比例为 33.1%,2002 年和 2003 年由于中国及世界的钢产量增长迅速,世界电炉钢比例有所下降。

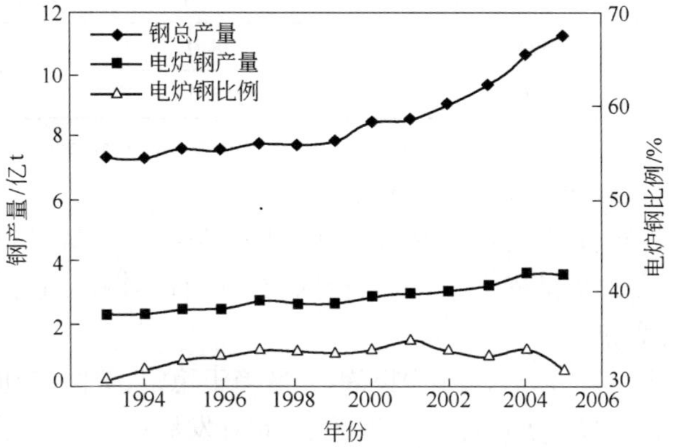

图 1.6 世界粗钢产量及电炉钢比例的变化

世界电炉钢比例尽管近年来受中国钢铁产量飞速增长的影响,但一直保持在占钢总产量的三分之一左右,一些发达国家例如美国、韩国、德国和一些发展中国家(例如国情和我国类似的印度),近年来电炉钢比例逐年增长或保持在一个较高水平上。

表 1.4 世界主要产钢国的电炉钢比例(%)

年 份	世界	日本	美国	韩国	德国	印度	中国①
1995	32.6	32.3	39.4	37.8	24.1	29.7	19.0
1996	32.9	33.3	42.1	39.5	26.0	25.9	18.7
1997	33.7	32.8	43.2	43.1	26.4	31.6	17.6
1998	33.9	31.9	44.6	40.3	27.5	31.8	15.8
1999	33.5	30.5	46.2	41.6	29.2	32.1	15.7
2000	33.7	28.8	46.8	42.8	28.7	32.1	15.9

续表 1.4

年 份	世界	日本	美国	韩国	德国	印度	中国①
2001	35.1	27.6	47.4	43.6	29.3	42.5	15.9
2002	33.9	27.1	50.7	45.2	29.3	42.7	16.7
2003	34.0	26.4	48.9	44.8	30.0	45.6	17.6
2004	33.2	26.4	53.6	43.9	30.7	43.8	14.3
2005	31.7	25.6	55.0	44.1	30.7	44.9	11.7
2006	32.0	26.0	56.9	45.7	33.1	50.5	9.7

① 2004 ~2006 年系我国重点企业统计数据。

表 1.5　2004 年世界上电炉钢比例高于 50% 的国家的情况

项　目	美 国	墨西哥	意大利	西班牙	土耳其
年产钢量/万 t	9890	1670	2840	1770	2050
电炉钢比例/%	53.6	71.5	62.5	76.2	71.5

注：国际钢铁协会（ISSI）资料，2006 年印度产钢 4400 万 t，电炉钢比例为 50.5%。

由图 1.5、图 1.6、表 1.3 ~ 表 1.5 可见：

（1）100 多年来，世界钢产量逐步增加，美国是世界上最早钢产量和电炉钢比例最高的国家。二次世界大战以后，美国、苏联、日本钢产量急剧增加，从而使世界钢产量急剧增加。

（2）20 世纪 70 年代以后，发达国家钢产量趋于稳定，美国波动在 8000 万 t/a，日本 1 亿 t/a，德国 4000 万 t/a，英国 2000 万 t/a；发展中国家（主要包括中国、韩国、印度）处于钢不断增长阶段。

（3）现代电炉炼钢（mini-mill）比例不断增长，从 1995 年到 2005 年，美国电炉钢比例从 39.4% 增加到 55%；韩国从 37.8% 增加到 44.1%；德国从 24.1% 增加到 30.7%；印度从 29.7% 增加到 44.9%；日本在 1999 年以前电炉钢比例保持在 30% 以上，只是近年来有所降低。进入 21 世纪以后，世界电炉钢比例有所下降，但主要产钢国的电炉钢比例一直在上升，仅日本的电炉钢比例下降。日本电炉钢比例下降的原因有待进一步分析，但有两点可以肯定，一是日本废钢不缺，二是日本电炉生产能力不小。图 1.7 显示了近年日本废钢的进出口情况，2001 年、2002 年日本每年出口废钢 600 万 ~700 万 t，日本电炉年生产能力远大于年电炉钢的实际生产能力[32]。日本总钢产量变化不大，不足以导致整个世界电炉钢比例的下降。

（4）21 世纪前几年世界及中国大陆钢产量的变化如表 1.6、图 1.8 所示。图 1.8 示出了 2000 年至 2005 年世界及我国大陆地区钢产量及世界电炉钢比例的变化。由图 1.8 可见，随着中国大陆钢产量的迅速增长，世界钢产量迅速增长，世界电炉钢比例有所下降。

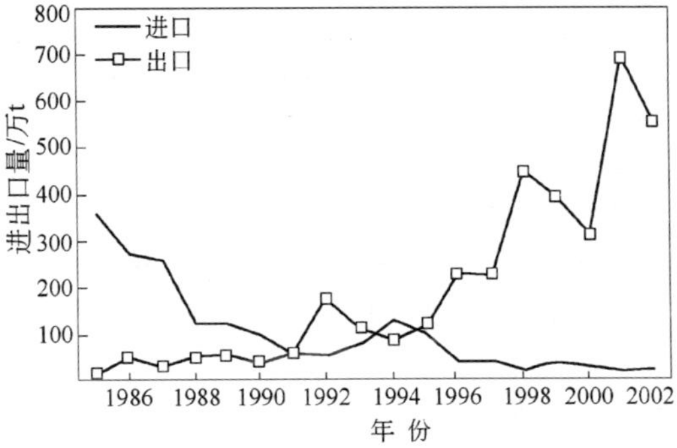

图 1.7　日本废钢进出口量[32]

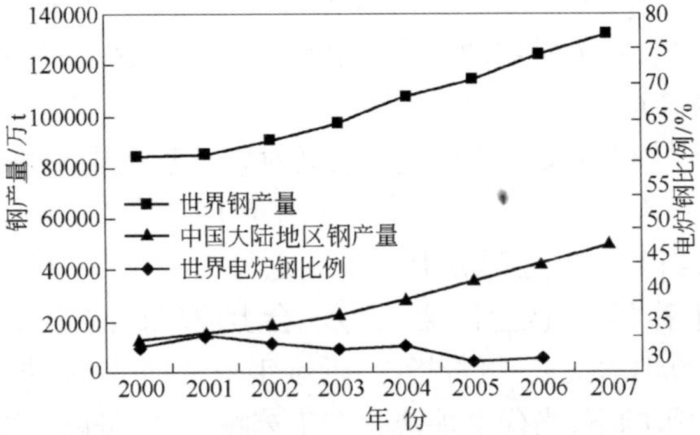

1.8　世界及中国大陆地区钢产量及世界电炉钢比例的变化

表 1.6　2001～2005 年世界钢生产情况

年　份		2001	2002	2003	2004	2005
世 界	钢产量/亿 t	8.453	9.005	9.631	10.548	11.269
	电炉钢比例/%	35	33.9	33.1	33.8	31.7
	钢增长速度/%		6.53	6.95	9.52	6.83
美 国	钢产量/亿 t	0.91	0.922	0.904	0.989	0.949
	电炉钢比例/%	47.4	50.7	48.9	53	55
	钢增长速度/%		2044	-1.95	9.4	-4.04
德 国	钢产量/亿 t	0.448	0.45	0.448	0.464	0.445
	电炉钢比例/%	29.3	29.3	30	30.7	30.7
	钢增长速度/%		0.4	-0.4	3.57	-4.28
日 本	钢产量/亿 t	1.029	1.007	1.105	1.127	1.125
	电炉钢比例/%	27.6	27.1	26.4	26.4	25.6
	钢增长速度/%		4.66	2.6	1.99	-1.77

续表 1.6

年　份		2001	2002	2003	2004	2005
中 国	钢产量/亿 t	1.516	1.823	2.224	2.725	3.494
	电炉钢比例/%	15.8	16.7	17.6	16.5	12.9
	钢增长速度/%		20.2	22	22.5	28.2

注：钢增长速度 = $\frac{\text{当年钢产量} - \text{去年钢产量}}{\text{去年钢产量}} \times 100\%$。

1.3.2　我国电炉钢生产的发展

我国现代电炉炼钢始于 1993 年。

20 世纪 80 年代末 90 年代初，国外大型直流电炉迅猛发展，主要原因是直流电炉与交流电炉相比较，对电网的冲击小、电极消耗低，在这段时间内，世界上没有哪家公司新建大型交流电炉。

1988 年，作者从材料系转到冶金系，根据对国外现代电炉炼钢技术的跟踪，提出了“对我国发展直流电弧炉技术的建议”（附录 I [1]）。

1993 年 6 月，当时的冶金部和上海市在上海举办了“当代电炉流程和电炉工程问题研讨会”（下称“第一次上海会议”）。会上殷瑞钰副部长做了《当代电炉流程的工程进展评价》学术报告，报告指出：近十年来，在世界性的能源、资源、环境和经济等背景因素的影响下，当代电炉流程在工艺技术、设备以及整体工程等诸多方面取得了长足的进步。这些进步集中地体现在：电炉生产节奏的“转炉化”；钢的炉外精炼的在线化；凝固成形过程的全连铸化；建立在连续轧制基础上的产品专业系列化。电炉流程的工艺结构逐渐向着一台大型超高功率电炉、一台与产品特征相应的精炼炉、一台连铸机及一部主力热连轧机的优化工程体制演进。报告从资源、能源、环境和工程经济等背景分析出发，对比了当代电炉流程和高炉—转炉流程的竞争性；讨论了电炉流程现在与未来的产品领域和市场前景；在对当代电炉流程从原料处理、电炉冶炼、钢的二次冶金、凝固成形、轧制形变以及车间布置等综合分析的基础上，提出了不同类型电炉企业结构优化的参考模式。徐匡迪副市长做了《现代电炉炼钢的发展趋势》学术报告。他指出，现代电炉炼钢的主要特征是高效、节能，介绍了几种开发中的新型电炉炼钢技术，即 K-ES 技术、烟道竖炉电炉技术和 Consteel 技术，并预言在几年后，将改变当时直流电炉占主导地位的状况，出现交、直流电炉技术竞争发展的局面。殷瑞钰当时还提出，电炉的生产效率应在 5000t/(t · a)，到 21 世纪有可能达到 40min 一炉钢的水平，实现每天冶炼 36 炉钢的高效目标，电炉一个公称吨的年产量达到 1 万 t。作者在这次会议上做了题为《直流电弧炉炼钢工艺探讨》的发言（附录 I [2]）。这次会议对我国近十年来现代电炉流程的发展起了指导和推动作用。

图 1.9 为 1993 ~ 2006 年我国电炉钢产量及电炉钢比例的变化情况。

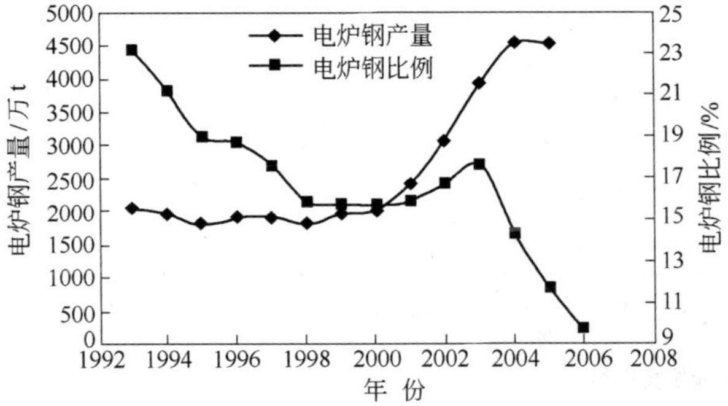

图 1.9 1993~2006 年我国电炉钢产量及电炉钢比例的变化

由图 1.9 可见,从 1993 年至今,我国电炉钢生产的发展可分为三个阶段。

(1)在 1993 年至2000 年这一阶段,我国电炉钢产量在 1800 万~2000 万 t 波动,电炉钢比例逐年下降,从 23.2% 下降至 15.7%。这是由于一方面淘汰了大量落后的小电炉,我国电炉座数 1994 年为 1403 座,到 2000 年降为 179 座,使电炉钢产量下降,另一方面新投产的大电炉产量还是不够高,致使电炉钢产量在 2000 万 t 水平线上波动,另外由于转炉钢产量的迅速增长,电炉钢产量增长比较慢,致使电炉钢比例下降,但这也正好说明“第一次上海会议”的意义及影响,如果不是 1993 年“第一次上海会议”使冶金界在发展现代电炉炼钢方面达成共识,在小电炉大量被淘汰的情况下,2000 年我国电炉钢的比例恐怕还会低得多。

(2)2000~2003 年,在世界电炉钢比例有所下降的同时,我国电炉钢比例却走出了低谷有所回升。从 2000 年的 15.7% 上升到 2003 年的 17.6%。电炉钢比例回升说明在这一阶段,虽然全国钢产量迅速增长,但电炉钢增长的速度比钢总量增长的速度更快,见表 1.7。

由表 1.7 可见,在 2001~2003 年间,我国钢生产迅速发展,年增长速率达 20%~22%,远高于世界同期增长速度。电炉钢增长速度更高,达 27%~28%,电炉钢比例回升了约 2 个百分点。

电炉钢比例有所回升的原因,除了国民经济发展的拉动,钢铁市场较好以外,主要是由于 20 世纪 90 年代钢铁企业在有关政府部门的引导和支持下,对发展我

表 1.7 2001~2003 年我国及世界电炉钢的增长速度

年 份		2001	2002	2003
世 界	钢产量/亿 t	8.453	9.005	9.631
	电炉钢比例/%	35.0	33.9	33.1
	钢增长速度/%		6.53	6.95

续表 1.7

年　份		2001	2002	2003
中　国	钢产量/亿 t	1.509	1.823	2.224
	电炉钢比例/%	15.8	16.7	17.6
	钢增长速度/%	17.4	20.8	22.0
	转炉钢增长速度/%	16.3	20.3	20.1
	电炉钢增长速度/%	18.9	27.0	28.1

注:1. 钢增长速度 = $\frac{\text{当年钢产量} - \text{去年钢产量}}{\text{去年钢产量}} \times 100\%$;

2. 中国钢铁工业协会资料。

国现代电炉钢流程进行了一轮投资,新建了一批现代电炉流程,它们的投产、达产、超产,生产能力的释放以及我国电炉炼钢工作者在消化引进国外先进技术的基础上自主创新,开发具有中国特色的现代电炉炼钢技术方面取得了长足的进步,电炉冶炼周期大大缩短,生产率大大提高,电炉操作成本下降,加上生产高附加值钢,效益较好,这就使得在这一阶段,我国电炉钢的总产量急剧上升,电炉钢增长的速度高于转钢炉增长的速度,电炉钢比例有所回升。

(3)2004 年以后进入第三阶段,在这一阶段,中国电炉钢产量有所增加,但所占比例正面临着 1990 年以来第二次逐年下降的局面。

1.3.3　我国现代电炉炼钢技术及电炉钢生产的发展、问题与对策[33,34]

1.3.3.1　发展

1993 年以来,我国在现代电炉流程与电炉工程技术方面取得了长足进步,主要体现在:

(1)初步实现了炉子容量大型化。我国电炉在 20 世纪 80 年代数量增加极快,但大多数是技术经济指标落后的小炉子,1992 年平均炉容量为 4.6t/台,见表 1.8。

表 1.8　我国电炉炼钢设备总量和电炉炼钢产量

年　份	1993	1994	1995	1996	1997	1998	1999	2000	2001	2002	2003
电炉钢产量/万 t	2027	1966	1811	1893	1912	1814	1948	2020	2401	3049	3906
电炉钢比例/%	23.2	21.2	19	18.7	17.6	15.8	15.7	15.7	15.9	16.7	17.6
电炉数量/座		1403	1561	1606	3380			179			
公称容量/t		6200	8297	8704	21280			4982			

1993 年以后,我国淘汰了大批小炉子,目前我国有容量为 50 ~ 150t 的大电炉 34 台,大于 100t 的 13 台,它们的生产率能够满足连铸要求,形成了电炉冶炼—炉外精炼—连铸或电炉冶炼—炉外精炼—连铸—连轧现代电炉流程群体。电炉钢主要是靠这些大电炉来生产的。2000 年,我国共产电炉钢 2020 万 t,其中由 50t 以上电炉生产的 1241 万 t,占电炉总产钢量的 61%。

实践证明,炉子容量大型化是现代电炉炼钢流程整体优化的基础。

(2)技术经济指标显著提高,缩短了与国外的差距,不少厂已达到国际先进水平。

1993年我国电炉主要技术经济指标为:冶炼周期180~200min,电耗610kW·h/t以上,电极消耗8.77kg/t,低于1965年的国际水平,也就是说,我国比国外落后约30年。2003年,我国部分现代电炉炼钢厂的主要技术经济指标进入了国际领先行列,下面是安钢第一炼轧厂100t烟道竖炉电炉在加25%铁水条件下(铁水现场供应不足)2003年的技术经济指标:

冶炼周期	平均41min,最短30min
电炉送电时间	平均31min,最短27min
竖炉作业率	>92%
热停率	<1.5%
最高班产	13炉
最高日产	37炉,3970t
最高月产	103673t
2003年产钢量	1081278t
电　耗	平均222kW·h/t,最低160 kW·h/t
氧　耗	平均41m^3/t(标态)
电极消耗	平均1.5kg/t,最低1.3kg/t

在现有22座60~150t加部分铁水冶炼的电炉中,已有16座生产率超过了8000t/(t·a),其中有7座超过了10000t/(t·a)。

(3)在消化吸收引进国外先进技术的基础上有所创新。近十年来,我国引进了烟道竖炉电炉、Consteel电炉、Danarc及Danarc Plus电炉、双壳炉及其他超高功率交、直流电炉,这些电炉目前大多已经达产。达产说明我们已经很好地消化吸收了国外先进技术。同时,在消化吸收引进国外先进技术的基础上有所创新,创新技术主要包括:

1) 提出了现代电炉冶炼周期的综合控制理论。

2) 开发了电炉加部分铁水冶炼的新技术,其中主要有:安钢最佳铁水加入比的确定,特别是理论计算与实践一致,韶钢Consteel电炉连续加铁水工艺及沙钢等专建高炉生产铁水做电炉原料等。

3) 电炉以氮代氩全程底吹技术。珠钢引进的150t烟道竖炉电炉及韶钢引进的90t Consteel电炉均设置了底吹氩系统,熔炼过程中底吹氩或先吹氮然后氮氩切换,在研究了不同钢液溶解氧含量条件下吹氮对钢液增氮影响的理论指导下,开发了电炉全程底吹氮技术,用于生产,珠钢在全程底吹氮条件下,电炉出钢氮含量可低于0.0030%。

4) 低氮电炉钢生产技术。我国对钢液脱氮与吸氮理论进行了深入、系统研究,促进了低氮电炉钢的生产。美国电炉钢氮含量一般为0.0080%~0.0120%。日本山阳特殊钢厂150t电炉生产的一般钢材氮含量为0.0100%~0.0150%,轴承钢0.0080%~0.0100%;Ecoarc炉子的氮含量为0.0100%~0.0110%;我国不少同容量电炉生产的钢材氮含量达到0.0040%~0.0060%，最低可低于0.0020%。

5）电炉冶炼终点控制技术。根据电炉冶炼过程的碳氧平衡与铁氧平衡，开发了电炉冶炼终点碳控制技术，在生产含碳量低于0.06%的低碳钢过程中，将电炉出钢碳控制在0.035%~0.045%，一次终点命中率可达90%以上。

6）电炉优化供电技术。开发了在加部分铁水冶炼条件下充分地利用变压器功率，提高有功功率的供电技术以及普通超高功率电炉及高阻抗电炉的非线性电抗模型。

7）开发了电炉炉料结构模型和不延长冶炼周期的HBI加入工艺。针对含Cu、Ni、Cr的集装箱板钢，以废钢中的Cu、Ni、Cr残余元素作合金元素来源；针对要求Cu等杂质元素含量低的深冲钢板，炉料中加HBI进行稀释利用开发的加入工艺，在加入量为30%~35%的条件下，保持冶炼周期不延长，以满足多炉连铸需要。

为了发展我国的现代电炉炼钢，作者在1994~1998年先后提出了“加强电炉钢短流程生产工艺研究与产品开发的建议”（附录Ⅰ[4]），“关于开展降低电弧炉炼钢工序能耗研究的建议”（附录Ⅰ[8]），“关于开展‘电磁技术在连续铸钢生产中应用基础研究’的建议”（附录Ⅰ[6]），“发展我国的钢二次精炼技术的建议”（附录Ⅰ[9]）。这些建议后来成为了相应的国家攻关项目。

1.3.3.2 存在问题及解决对策

A 电炉炼钢与钢铁工业的可持续发展

从1993年至2005年，尽管我国电炉钢总产量有所增加，但电炉钢比例却基本呈逐渐下降趋势，不利于发展我国钢铁工业的循环经济，不利于我国钢铁工业的可持续发展。这是我国电炉钢发展过程中存在的主要问题。

目前我国正大力提倡摒弃粗放的规模扩张道路，依靠自主创新，节能减排，走循环经济科学发展道路。循环经济的最终目的是经济的可持续发展。钢铁工业循环经济的最终目的是钢铁工业的可持续发展。钢铁工业可持续发展最重要的标志一是要尽量减少自然资源，即不可再生资源铁矿石、焦炭的消耗；二是要尽量减少由不可再生资源煤转化而来的能源的消耗；三是要尽量减少钢铁制造过程中CO_2等有害气体和固态废弃物向大气、水、土壤中的排放与污染。

基于此，转炉流程循环经济不能代表整个钢铁工业的循环经济，尽管目前我国转炉钢占总钢产量比例的90%左右。

1999年美国对转炉流程钢厂和电炉流程钢厂总排放量对比表明：电炉流程的排放量约为转炉流程的40%，如表1.9所示。

表1.9 不同钢生产流程总排放量对比

钢生产流程	固体废弃物/%	废水/%	废气体/%	总排放量/$kg \cdot t^{-1}$
转炉流程	9.9	50.7	39.4	3921.6
电炉流程	8.8	85.9	5.3	2327.6

文献[35]给出了高炉—转炉炼钢和电炉炼钢两种流程的比较,见表1.10。

表1.10 高炉—转炉炼钢和电炉炼钢两种流程的比较

类别	高炉—转炉流程	电炉流程
投资/美元·t^{-1}(钢)	1000~1500	500~800
劳动生产率/t·(人·a)$^{-1}$(钢)	600~800	1000~3000
建设周期/a	4	1~1.5
从原料到钢水的能耗(标煤)/kg·t^{-1}(钢)	703.17	213.73
从原料到成品材的运输力需求/t·t^{-1}(钢)	15.8	9.48
二氧化碳排放/kg·t^{-1}(钢)	2000~3000	800

文献[36]指出,高炉—转炉流程消耗能源量为670~730kgCE/t,排放固态物质量为0.6t/t,排放CO_2等废气量为2.1t/t,电炉流程分别为340~400kgCE/t,0.2t/t,0.52t/t。

考虑到中国大陆现代电炉炼钢采用加部分铁水冶炼,文献[37]计算了转炉流程与电炉流程对钢铁工业可持续发展的影响,指出:在一定的年产量条件下,当电炉铁水比为30%,转炉废钢比为8%~20%、平均15%时,生产1t电炉钢比生产1t转炉钢将多利用废钢500~600kg,少消耗铁矿石1.3t,节约可比能耗350kgCE,少排放CO_2 1589kg,少排放废渣600kg。

以我国大陆地区年产钢5亿t计,若电炉钢比例从10%提高到专家预测2020年可达到的25%,即从5000万t/a提高到1.25亿t/a,则每年可以节约铁矿石0.975亿t,降低能耗0.2625亿tCE,减少CO_2排放1.192亿t。如能使我国电炉钢的比例接近世界平均水平,即从10%增加到30%左右,则每年可减少铁矿石消耗1.3亿t以上,减少CO_2排放约1.6亿t,节约能耗标煤0.35亿t。

从整个钢铁工业系统看,对于一定的年产钢量,提高电炉钢比例,显然大大有利于循环经济、有利于钢铁工业的可持续发展。单独考虑转炉流程或电炉流程,节约自然资源,节能减排的量较小而提高电炉钢比例的效果较大。

转炉钢产量的扩张不利于整体节能减排,提高电炉钢比例是有效节能减排措施。我国大陆地区钢产量、吨钢综合能耗及高炉工序能耗的变化见表1.11。

表1.11 我国大陆地区钢产量、吨钢综合能耗及高炉工序能耗的变化[36]

年份	2000	2001	2002	2003	2004	2005	2006	2007	备注
钢产量/万t	12850	15113	18225	22234	28291	35579	42102	48924	
吨钢综合能耗/tCE·t^{-1}	0.885	0.876	0.803	0.792	0.761	0.747	0.694	0.680	2006~2007年为折算值
炼铁工序能耗/tCE·t^{-1}	0.466	0.460	0.455	0.465	0.466	0.457	0.433	0.427	

由表1.11可见：

(1)2006～2007年，吨钢综合能耗降低0.014tCE/t，总能耗降低(48924～42102)万t×0.014tCE/t=95.508万tCE；2006～2007年因总产能增加而增加的总能耗为(48924～42102)万t×0.680tCE/t=4638.96万tCE，约为降低能耗的50倍。

(2)2000～2007年，炼铁工序能耗平均降低约为0.006tCE/t。因总产能的增加而增加的总能耗比降低能耗高得更多。

用最新数据计算结果表明[38]，100万t电炉钢与100万t转炉钢相比较：

(1)节约铁矿石=100万t×1.3t矿石/t=130万t矿石；

(2)降低能耗=100万t×(699.13－434.90)kgCE/t=35.523万t；

(3)减少CO_2污染存量=100万t×(1756.4－630.4)kgCO_2/t=112.63万tCO_2。

一台100t电炉年生产钢的综合能耗降低总量占全国年增产钢的综合能耗降低总量的35.523/90.508=37.19%；一台100t电炉年生产钢的综合能耗降低总量占全国年增产钢的高炉工序能耗降低总量的35.523/40.932=86.79%。新建两台100t电炉年生产200万t电炉钢替换200万t/a转炉钢生产能力，节能降耗总量分别占全国年增产钢的综合能耗降低总量的74.38%和占全国年增产钢的高炉工序能耗降低总量的173.58%。

从以上数据可以看出，电炉钢比例的下降，从全球的钢铁工业可持续发展观点出发，意味着铁矿石、焦煤、水等资源的消耗和能耗增加，吨钢土地用量相对增加，CO_2、废渣等排放量增加，影响可持续发展战略，不利于子孙后代。现在环境影响迫切要求，考虑地球生态环境的保护。提高电炉钢比例是促进我国钢铁工业可持续发展的一个值得注意的重要问题。

B 解决对策

发展电炉炼钢本身就是发展循环经济，对促进钢铁工业可持续发展的作用是显而易见的。但是我国电炉钢的比例为什么基本上逐年下降，从客观上说主要是因为我国目前废钢供给相对短缺，价格较高，电费较贵，以致电炉钢生产成本比转炉钢的生产成本高，从而使发展现代电炉炼钢难度较大。

在我国目前废钢及电力紧缺的困难条件下，如何发展我国的现代电炉炼钢？中国电冶金工作者采取了一系列对策，其中最重要的是两条，一是以缩短冶炼周期为核心降低操作成本，二是生产高附加值钢。在降低电炉钢操作成本方面，安钢开发了包括电炉加部分铁水冶炼的一系列高效化生产技术，大大缩短了电炉冶炼周期，提高了生产率，降低了操作成本；在生产高附加值产品方向，珠钢成功地开发出了国外专家认为在电炉CSP生产线上不能生产的集装箱板和不添加微合金元素钒、铌、钛的低碳高强度(HSLC)钢，实现了产业化。

为了促进我国现代电炉炼钢的发展，中国金属学会炼钢分会成立了电炉炼钢学术委员会，于2002年3月召开了全国电炉炼钢学术会议，由珠钢承办在广州召开的这次电炉炼钢会议肯定了自1993年“第一次上海会议”以来，我国依靠自主创新在发展现代电炉炼钢方面所取得的技术进步，指出了由于废钢及电力紧缺给我国发展现代电炉炼钢带来的问题；提出了降低操作成本、生产高附加值钢的两个对策，展望了我国发展现代电炉炼钢的光明前景，特别是肯定了电炉加部分铁水冶炼技术是中国电冶金工作者的一项重要创新成果，提出把电炉生产效率1万t/(t·a)以上作为各厂奋斗目标，加上安钢和珠钢的实践，给与会者以很大的启示与鼓舞。这次会议推动了全国现代电炉炼钢的发展，对当年和2003年我国电炉钢生产飞速发展起了促进作用。

2003年，我国电炉钢比例达到17.6%，与2000年相比增加了两个百分点。电炉钢发展形势很好，因势利导，2005年由中国工程院发起，中国金属学会和中国钢铁工业协会组织，在上海召开了“中国电炉流程与工程技术研讨会”(下称“第二次上海会议”)，2006年出版了会议文集，文集中重印了“第一次上海会议”上徐匡迪教授和殷瑞钰同志关于在我国发展现代电炉炼钢的两篇重要文章。在“第二次上海会议”上，徐匡迪院长从可持续发展的高度，对比了高炉转炉流程和电炉流程，指出了我国电炉钢发展中的一些问题，提出应以循环经济的要求逐步完善炼钢短流程。殷瑞钰院士论述了中国现代电炉钢的进展、成绩与问题，预测至2020年我国电炉钢比例可望达到25%，并指出如采用电炉兑30%铁水技术，电炉钢比例可超过30%，接近世界平均水平。但是“第二次上海会议”以后，我国电炉钢比例却出现了第二次逐年下降。这是由于前一阶段我国转炉流程大量投资导致的转炉钢生产能力的释放，使我国转炉钢产量大幅度增长，增长速度达27%，而电炉钢第一轮投资导致的潜能挖掘释放已近饱和，年增长速度大大降低到6.7%，转炉钢增长速度高于电炉钢，从而使电炉钢比例有所下降。估计这次电炉钢比例下降的势头比1993~2000年那次更猛，1993~2000年每年平均约降低了1个百分点，而这次在2003~2005年间，两年内就下降了约4个百分点多，从17.6%下降到12.9%。今后几年如不抑制全国钢的总产量和转炉钢产量的无序增长，防止粗放扩张的转炉流程与作为循环经济的产物电炉流程争夺社会废钢，导致废钢价格上涨；如不较大幅度增加电炉钢产量，则电炉钢的比例还会迅速下降，不利于我国钢铁工业的可持续发展。

1993年“第一次上海会议”以后，在发展转炉炼钢的同时，各级政府支持和引导钢铁企业对发展现代电炉炼钢进行了第一轮投资。新建了约30多座容量为50~150t的现代电炉，这批炉子的投产、达产、超产，使我国大陆地区电炉钢的产量逐步增长，达到目前的4000万t以上。但是这批炉子的潜能目前已经接近饱和，见表1.12。

表1.12 2004~2007年我国电炉钢产量及比例的变化

项　目	2004年	2005年	2006年	2007年
钢总产量/万t	23354	28393	34944	37569
转炉钢产量/万t	20018	25062	31560	33684
电炉钢产量/万t	3333	3327	3384	3882
电炉钢比例/%	14.27	11.72	9.68	10.34

注:2004~2006年系我国重点企业统计数据。

发展钢铁工业循环经济要依靠四个支撑：管理创新、技术创新、工艺优化、政策支持。为提高我国电炉钢比例，政策支持十分重要，国家决定2010年以前淘汰落后产能1亿t（包括其落后工艺与产品），是使我国钢铁工业可持续发展的重大举措，落后产能淘汰后为保证一定量的年钢产量以满足国民经济发展的需求，是新增现代转炉生产能力还是新增现代电炉生产能力？建议国家出台有关新的钢质量标准和有害气体CO_2等的排放税收政策和排放超标的罚款政策，以减少甚至消除电炉钢和转炉钢的成本差距，引导支持企业从整体利益考虑，从长远考虑，对发展现代电炉炼钢进行第二轮投资。实践表明，如果没有1993年以后各级政府引导支持企业对发展现代电炉的第一轮投资，尽管有广大电炉工作者的不懈努力、技术创新、管理创新和工艺优化也不可能有2000～2003年现代电炉炼钢的飞速发展和电炉钢比例的回升。

为提高现代电炉钢产量，必须新建较大容量的现代电炉，进行第二次投资，我国现在电炉生产能力有限。

为什么建议国家出台有关新的钢质量标准呢？国家决定2010年以前要淘汰1亿t落后产能，但落实起来遇到不少阻力，作者认为原因之一是我国某些钢种的现行技术条件仍是几十年前的水平。例如，对钢中氧、氮不做要求，硫含量仍为0.025%～0.045%，这就使得一些企业用落后产能也能生产出满足国家标准的钢材来，卖得出去，且具有成本优势，使一些落后产能的利润更大。事实上，从“新一代钢铁材料的重大基础研究”（“973”项目）结果看，钢中氧、硫、氮对钢材性能影响很大，洁净度高的钢有利于钢强度的提高，在相同的国民经济发展需求下，钢的总产量可以减少，资源、能源消耗和排放减少。而不论是现代转炉流程还是现代电炉流程，要生产氧含量小于0.005%、硫含量小于0.01%的钢材是没有困难的（实际上我国薄板坯连铸连轧钢中氧硫含量均控制在这一范围）。如果在钢材的技术条件中，与时俱进，要求氧含量小于0.005%、硫含量小于0.02%，则可以较顺利地淘汰落后产能，减少我国钢的年总产量，提高电炉钢比例，有利于我国钢铁工业的可持续发展。

为什么建议国家出台有关环保方面的政策？因为CO_2等的排放导致温室效应，对全球的环保不利，如果我国能像发达国家那样，通过实施关于CO_2等排放的环保政策（据悉德国政府规定钢铁企业年产钢量须经政府允许，持有政府颁发的许可证。又规定，吨钢CO_2排放量超过1t/t钢时，政府原则上不允许生产，企业要生产时，须要买生产许可证，价格为20欧元/t钢，相当于人民币200元/t钢，即增加环保成本人民币200元/t钢）。通过改变环保成本使转炉钢的成本与电炉钢的成本差距缩小或消除，则电炉钢的比例一定会增加，目前我国电炉钢的成本比转炉钢的成本只高200～300元/t，但电炉钢CO_2排放量只有0.8t/t钢，考虑环保成本，二者成本差距就很小了。

此外，应抑制高消耗、高污染行业和项目的投资增长。严格控制固定资产投资新开工项目，限制这类项目的银行贷款。钢产量以满足内需为主，限制低端钢产品出口,控制年总钢产量。

钢铁工业的发展受消费、出口、投资等方面的拉动。当表观消费量高于钢产量的时候,钢生产能力尚有一定的发展空间。当表观消费量低于钢产量的时候,情况比较复杂,如何进一步发展钢生产,就值得慎重考虑。

关于如何处理钢材表观消费量与钢产量的关系,有三种典型的模式,分别以美国、日本、中国大陆作为代表。表1.13为钢材表观消费量与钢产量的关系。

表1.13 钢材表观消费量与钢产量的关系(Mt)

年份		2000	2001	2002	2003	2004	2005	2006	2007
美国	钢产量	90.1	101.8	91.6	93.7	98.9	94.9	98.6	
	进出口量	+28.6	+22.1	+24.7	+15.8	+25.7	+20.8		
	表观消费量	114.7	103.8	102.7	100.4	115.6	107.1	119.6	
日本	钢产量	106.4	102.9	107.7	110.5	112.7	112.5	116.2	
	进出口量	-23.4	-25.4	-35.2	-33.7	-34.8	-32.0		
	表观消费量	76.1	73.2	71.7	73.4	76.8	78.0	79.0	
中国大陆	钢产量	128.5	151.1	182.3	222.3	282.9	355.8	421.0	489.0
	进出口量	+10.0	+18.1	+22.7	+34.7	+10.1	-0.1	-430.0	-62.6
	表观消费量	124.3	153.6	186.3	247.0	272.0	326.8	356.2	420.0

注:"+"表示进口,"-"表示出口。

由表1.13可见:

(1)以美国为代表的第一种类型,维持国内钢产量基本稳定,靠每年进口一定数量的钢材(美国年进口2000万t以上),来满足国民经济对钢材日益增长的需求,表观消费量不断增长,减少本国内钢产量过快增长导致的对资源、能源和环保的压力。

(2)以日本为代表的第二种类型,维持一定的表观消费量以满足国内对钢材的需求,通过技术进步和适当投资,使钢产量不断增长,出口量不断增长,用较小的代价,以获取不断增长的利润。

(3)以中国大陆为代表的第三种类型,近年来表现较突出。钢产量超过表观消费量,靠出口维持平衡。从经济全球化的视野和提高钢铁工业钢国际竞争力的高度,保持适度的钢材的出口有利于提高我国作为钢铁大国在国际上的战略地位。高附加值高质量钢材的出口,也是我国由钢铁大国走向钢铁强国的一个标志。但是,目前我国大陆地区出口的钢材多数不是高技术含量、高附加值的钢材,用高价从国外进口矿石、废钢生产低附加值的钢材出口,是很不合算的,等于消耗国家的能源,增加国家的环境负担。2007年我国大陆出口钢坯643万t,平均单价只有454.0美元/t,进口钢坯24万t,平均单价达到1808美元/t,出口钢材6265万t,平均单价704.43美元/t,进口钢材1687万t,平均到岸价1218.28美元/t。

在淘汰落后产能的过程中,要区别对待小转炉和小电炉的淘汰速度。1993~2000 年间,大陆地区淘汰了一大批小电炉。剩下的 197 台炉子,大多数容量大于 20t。除新建的容量为 50~100t 的现代电炉外,100 多台为容量 20t 左右的炉子,这些炉子担负着目前很大一部分电炉钢的生产任务。它们在资源及能源消耗,排放指标方面,虽落后于现代大型电炉流程,但优于小转炉流程,也优于大转炉流程,建议对它们减缓淘汰的过程,在一定的时间内,允许它们扩大容量,调整产品结构。以保证电炉钢产量的稳定增长和电炉钢比例的回升。

随着我国市场保有钢铁产品数量和废钢回收量增加(2015 年将回收部分 2006 年生产钢形成的可供炼钢用的废钢,而我国该年生产的钢已超过 4 亿 t),以及年发电量的增长和国家政策的支持,我国现代电炉炼钢一定会有一个较快的新发展,但是新建电炉从调研、立项、签定合同到建设、投产、达产、超产有一个过程,这是从 1993 年即开始考虑第一轮投资到 2003 年才使新增电炉潜力充分发挥的原因,也是我们为什么建议国家从现在开始就应引导、支持企业对发展现代电炉进行第二轮投资的原因。事实上,我国已经有一些厂家例如宝钢、沙钢、舞阳钢厂、天津钢管公司、衡阳钢管公司等正在或已经对发展现代电炉进行第二轮投资了。

由上可见,世界电炉钢比例逐年上升,现为钢总产量的 1/3 左右,而我国电炉钢比例基本上逐年下降,目前仅为 10% 左右,主要原因是对转炉钢的投资过大,转炉炼钢规模过于扩张。从对电炉转炉吨钢自然资源消耗、能源消耗以及各类排放量的对比分析可知:转炉流程循环经济不能代表整个钢铁工业的循环经济,尽管我国目前的转炉钢比例达到 90% 左右。提高电炉钢比例是促进我国钢铁工业可持续发展的一个值得注意的重要问题,建议国家制定相关政策,及时引导支持对发展我国现代电炉炼钢进行第二轮投资。

1.4 现代电炉和转炉钢的制造成本分析

我国现代电炉的发展与现代电炉和转炉钢的成本有着密切的关系。根据以工序效益最大化为目标的工艺优化模型(式 1.1),为提高经济效益,必须生产高附加值钢(增大 E)和缩短冶炼周期,降低消耗(减少 τ, $\sum_{i=1}^{n}(P_iC_i)$)。企业的竞争力主要反应在价格优势上,价格受供需关系及可持续发展要求影响,高附加值产品因时因地而变,成本是价格竞争的基础。成本是竞争中最关键的,具有决定意义的因素,成本优先战略应是企业的首选经营战略,为此,本节对现代电炉和转炉炼钢流程的制造成本进行了较系统科学的分析[39]。

1.4.1 研究对象及研究内容

炼钢流程金属原料是影响制造成本的主要因素,根据我国及世界钢铁制造流程的发展现状，在进行成本分析时，选择具有代表意义的四种原料结构作为研究对象：

(1)全废钢(电炉流程)，我国目前这种原料结构基本不存在，但可作为比较基础。

(2)30%生铁块+70%废钢(电炉流程)，为了有效地配碳，传统电炉采用加10%~15%生铁块，现代电炉采用了加30%~40%生铁，研究时选择30%生铁块+70%废钢作为冷料冶炼的代表。

(3)35%铁水+65%废钢(电炉流程)，加部分铁水冶炼时，有一个最佳铁水比，在现有装备及工艺条件下，这个最佳铁水比为30%~40%，研究时选择35%铁水+65%废钢作为供比较的原料结构。

(4)转炉流程有一个合适的冷料比，加部分冷却料操作可以充分利用铁水所含化学热和物理热，为比较起见选用84%铁水+8%生铁块+8%废钢作为代表转炉流程的炉料结构模式，用生铁块是为了降低某些钢种要求的低金属杂质含量或接近终点增碳、通常冷料为15%左右废钢。

通过上述四种原料结构条件下制造成本分析，重点要了解：

(1)全废钢电炉流程与转炉流程的成本差异；

(2)电炉加铁水(生铁块)炉料结构变化引起的电炉流程的主要技术经济指标的变化及成本差别；

(3)废钢价格、生铁价格和电价的不确定性对两种流程及各种模式下成本的影响。

1.4.2 关于废钢和生铁价格的分析和确定

废钢和生铁价格对电炉和转炉两种流程成本是最敏感、影响最大的因素。

2002年以来，世界废钢和生铁价格，逐年上升。以韩国进口废钢和生铁为例，废钢由2002年的124美元/t增长到2004年的274美元/t，生铁由2002年的129美元/t增长到2004年的322美元/t。废钢价格两年增长1.1倍，生铁价格两年增长1.4倍。

中国出口生铁价略低于韩国进口生铁价。2004~2005年按月统计的废钢和生铁价格见表1.14。

表1.14 韩国和中国进出口生铁和废钢价格

时 间	韩国进口废钢 /美元·t^{-1}	韩国进口生铁 /美元·t^{-1}	中国出口生铁 /美元·t^{-1}
2002年	124	129	118
2003年	174	189	165
2004年	272	322	302
2004年8月	303	322	310

续表 1.14

时　间	韩国进口废钢 /美元·t^{-1}	韩国进口生铁 /美元·t^{-1}	中国出口生铁 /美元·t^{-1}
2004 年 9 月	270	323	305
2004 年 10 月	295	340	320
2004 年 11 月	300	340	320
2004 年 12 月	282	330	325
2005 年 1 月	280	319	310
2005 年 2 月	275	345	328
2005 年 3 月	284	340	333

国际市场废钢价格低于生铁价格,还表现在其他国家和地区的相关价格上,图 1.10 所示为美国东海岸废钢和独联体生铁出口离岸价。2004 ~ 2005 年按月统计的废钢价格比生铁价格每吨低 50 ~ 80 美元。

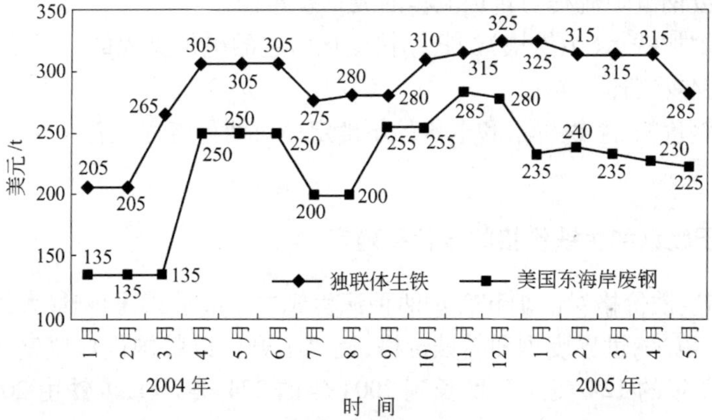

图 1.10　2004 ~ 2005 年国际废钢、生铁出口离岸价格

近年来,国内废钢和生铁价格随钢材价格变动,起伏很大。图 1.11 是我国重点企业 2004 ~ 2005 年各月生铁和废钢平均采购价(含税)。由图 1.11 可见,国内废钢和生铁价格相差不大。

对代表企业废钢和生铁采购价格的分析表明,进入 2005 年 4 月以来,生铁价格比优质废钢价格高 50 ~ 100 元/t(含税),5 月废钢价格又下降了 290 元/t。

1.4.3　测算条件

(1)规模与投资。所选流程炼钢主体设备分别为同一企业 1 座 100t 烟道竖炉电炉和 1 座 100t 顶底复吹转炉,精炼和连铸设备相同。不同模式规模、折旧和工资等见表 1.15。

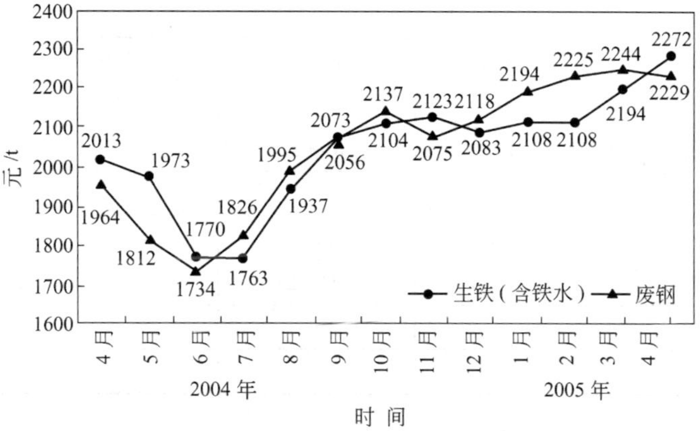

图 1.11　2004～2005 年我国生铁和废钢实际采购价格

表 1.15　不同模式规模与投资

项　目	全废钢	30% 铁块	35% 铁水	转　炉
规模/万 t·a^{-1}	79	99	116	119
规模系数	1	1.25	1.47	1.51
投资/亿元	9	9	9	8
吨坯折旧/元	114	91	78	67
职工/人	400	400	400	410
吨坯工资/元	14.18	11.31	9.66	9.65

(2)各种模式的主要物料单位消耗和回收量见表 1.16，对于两种流程全都生产碳素结构钢板。

表 1.16　各种模式的主要单位消耗和回收量

项　目	全废钢	30% 生铁块	35% 铁水	转　炉
1. 消耗				
铁水/kg			397.73	943.82
生铁块/kg		340.91		89.89
外购废钢/kg	1136.36	795.46	738.64	89.89
白灰/kg	35	35	53	73
氧气/m^3	30	50	50	62
冶炼耐火材料/kg	0.02	0.02	0.02	0.025
氩气/m^3	1.544	1.544	1.544	1.23
冶炼电极/kg	1.5	1.5	1.1	

续表 1.16

项　目	全废钢	30%生铁块	35%铁水	转　炉
电/kW·h	380	340	250	80
焦炭/kg	0.006	0.003		
2. 回收				
废钢/kg	-22.73	-22.73	-22.73	-22.47
炉渣/kg	-116.23	-116.23	-116.23	-115.6
煤气/m^3				-80
蒸汽/kg				-80

(3)测算的主要价格(不含税):

生铁块	1942 元/t	
铁　水	1942 元/t	
废　钢	1905 元/t	(基本测算价格)
企业内部回收废钢	1905 元/t	(基本测算价格)
电　价	0.4 元/(kW·h)	(基本测算价格)
焦炉煤气	0.48 元/m^3	
混合煤气	0.25 元/m^3	

基本测算废钢价格比生铁(生铁块)低 37 元/t,相当于生铁价的 98%。

1.4.4 基本测算的计算结果

1.4.4.1 计算结果

按设定的基本测算条件计算的不同模式制造成本如表 1.17 和图 1.12 所示。由于采用了生铁、铁水价格,就不需考虑炼焦、球团及高炉炼铁的投资及成本、利润。

表 1.17 计算的不同模式制造成本

模　式	全废钢	30%生铁块	35%铁水	转　炉
钢铁料/元	2076	2089	2091	2114
冶炼费/元	606	536	488	387
制造成本/元	2682	2625	2579	2501

1.4.4.2 分析

由于选择的废钢价格每吨低于生铁价格 37 元/t。转炉模式钢铁料高于全废钢模式 38 元/t、高于 30%生铁块模式 25 元/t、高于 35%铁水模式 23 元/t。

包括合金料和精炼、连铸费用在内的冶炼费:最高是全废钢模式 606 元/t,其

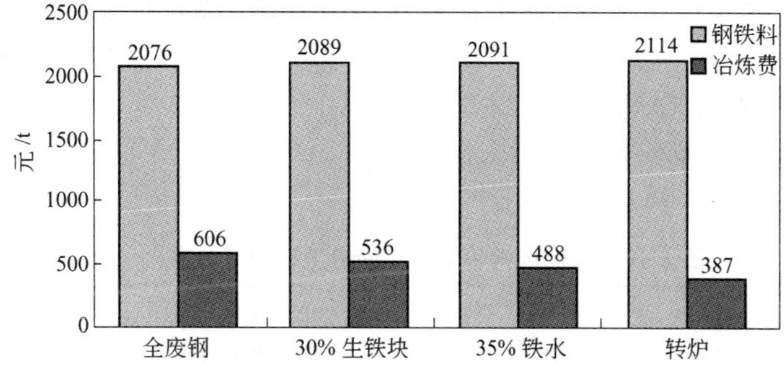

图 1.12　不同模式制造成本(生铁 1942 元/t,废钢 1905 元/t,电 0.4 元/(kW·h))

次是 30% 生铁块模式 536 元/t,再次是 35% 铁水模式 488 元/t,最低是转炉模式 387 元/t。

转炉流程的低冶炼费,大大降低了转炉流程的制造成本。

各模式的制造成本由高到低,依次分别为:全废钢模式 2682 元/t、30% 生铁块模式 2625 元/t、35% 铁水模式 2579 元/t 和转炉模式 2501 元/t。

转炉模式的制造成本,比全废钢模式低 181 元/t,比 30% 生铁块模式低 124 元/t,比 35% 铁水模式低 78 元/t。

电炉流程加铁水(含生铁块),使电耗降低、生产率提高,大大降低了制造成本。

30% 生铁块模式冶炼费与全废钢模式比较,电耗降低 40kW·h/t,炭粉用量降低 3kg/t,生产率提高 25%,虽然多吹了氧,但氧气费用增加带来的成本提高,远低于前者的成本降低。

35% 铁水模式与全废钢模式比较,电耗下降 130kW·h/t,电极消耗下降 0.4kg/t,生产率提高 47%,降低成本费远高于吹氧增加带来的费用的提高。

上述各种电炉模式的冶炼费用的降低,对转炉模式来说,仅是改善和逐渐接近。

所有的电炉模式的冶炼费,都高于转炉模式,主要是电耗、电极消耗高,生产率低。综合到冶炼费:全废钢模式、30% 生铁块模式和 35% 铁水模式分别比转炉模式高 219 元/t、149 元/t 和 101 元/t。到目前为止,电炉流程制造成本仍高于转炉流程。电炉流程降低制造成本主要依靠钢铁料成本降低,确切地说,需依靠废钢价格降低。

由于两种流程均生产高附加值碳素钢中板,板材售价高,两种流程均能赢利。

1.4.5　废钢价格对各种模式制造成本的影响

从长远分析,我国的废钢价格与生铁价格比还有降低的因素。一是国外废钢价格一直低于生铁,二是我国废钢积累量将越来越多。

很长一段时间,认为我国焦炭丰富,生铁成本和价格都可能低,转炉流程占绝对优势,现在看由于资源和环保的制约,电炉流程在金属成本上也可能具有优势,做些价格的不确定性分析还是必要的。

根据废钢和生铁价格的不确定性,分析了五种不同废钢价格对各种模式的制造成本影响,见表1.18和图1.13。

表1.18　不同废钢价格模式的电炉钢制造成本(元/t)

废钢价格	比价(以生铁1948元/t为1)	电炉全废钢	电炉加30%生铁块	电炉加35%铁水	转炉冶炼
2000	1.03	2786	2696	2645	2508
1905	0.98	2683	2624	2579	2501
1810	0.93	2578	2552	2512	2495
1715	0.88	2476	2481	2445	2589
1616	0.83	2371	2429	2379	2482

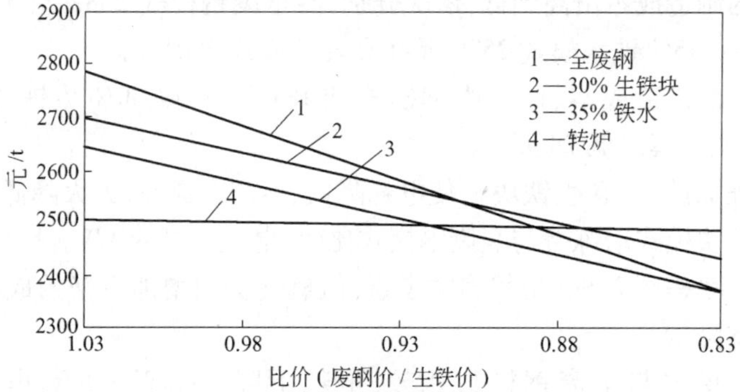

图1.13　废钢价对各模式制造成本的影响(电0.4元/(kW·h))

由图可见,在生铁价格不变的情况下,随废钢价格变化,各模式的成本平衡点(等成本点)如下:

(1)废钢价相当生铁价的92%(1792元/t)时,35%铁水模式与转炉模式成本相同。

(2)废钢价相当生铁价的88%(1708元/t)时,电炉全废钢、废钢+30%生铁块及转炉三种模式成本基本相同。

(3)废钢价相当生铁价的85%(1650元/t)时,电炉全废钢模式与加35%铁水模式成本相同。

1.4.6　电价对不同模式成本的影响

电价对不同模式成本的敏感程度,仅次于废钢价。其影响主要反映在冶炼费上。

图 1. 14 为电价提高 10%(由 0. 4 元/(kW · h)提高到 0. 44 元/(kW · h))时，冶炼费的比较。

由于电价提高，电炉全废钢模式冶炼费增加 17 元/t，加 30% 生铁块模式冶炼费增加 15 元/t，加 35% 铁水模式冶炼费增加 12 元/t，转炉模式冶炼费增加 7 元/t。

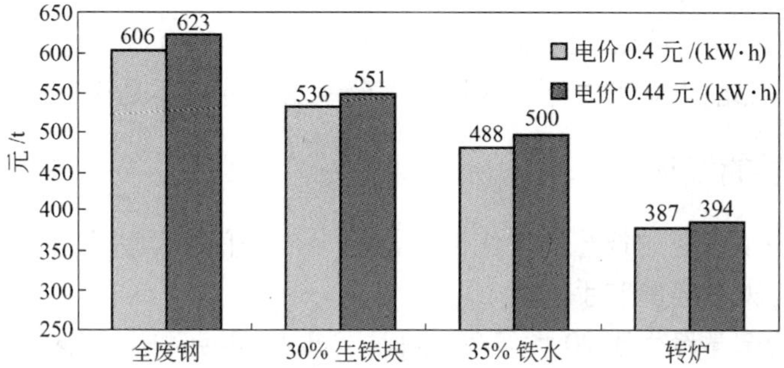

图 1. 14 电价对不同模式冶炼费的影响

1. 4. 7 分析结论

(1)全废钢电炉流程因吃废钢冷料而消耗较多的电和电极，使冶炼费用和制造成本均高于转炉流程。一般情况下，全废钢电炉流程包括铁合金消耗在内，自钢铁料到钢坯的冶炼费，约 606 多元/t。而相应的转炉流程的冶炼费，约 387 元/t，全废钢电炉流程的冶炼费比转炉高 219 元/t。

(2)电炉流程加 30% 生铁块，与全废钢模式比较：节电、节炭，提高产量、降低单位固定费用，因而降低冶炼费约 70 元/t，使冶炼费由 606 元/t，降到 536 元/t。

(3)电炉流程加 35% 铁水，比全废钢模式节电、节约电极，提高产量、降低单位固定费用，因而降低冶炼费 128 元/t，使冶炼费由 606 元/t，降到 488 元/t。

(4)在计算条件下，电炉流程加 35% 铁水的冶炼费，仍高于转炉流程 101 元/t。

(5)废钢与生铁的价格，通过钢铁料费用影响电炉和转炉流程成本。当废钢价格降到生铁价格的 98%(比生铁价低 37 元/t)时，转炉流程钢铁料费用，比电炉全废钢模式高 38 元/t，比 30% 生铁块模式高 25 元/t，比 35% 铁水模式高 23 元/t。

(6)在其他价格不变，仅废钢价格变化的情况下，当废钢价相当生铁价 92% 的时，35% 铁水模式的制造成本与转炉流程相同；当废钢价相当于生铁价的 88% 时，全废钢、30% 生铁块与转炉三种模式的制造成本相同；当废钢价降到生铁价的 85% 时，全废钢模式与 35% 铁水模式成本水平相当。当废钢价格低于生铁价格的 85% 时，全废钢模式的制造成本比加 35% 铁水模式和加 30% 生铁模式低。这是一些废钢资源丰富的国家，用全废钢电炉模式的原因。值得注意的是，一些企业计算生铁价格是按企业内铁水价格计算，就很容易得出转炉钢成本低于电炉钢成本的结论。

(7)电价是另一个影响两种流程制造成本的因素，影响程度因流程模式耗电（含与电相关的能源介质）的大小而异。如果废钢与生铁价格不变，电价对电炉全废钢模式的冶炼费最敏感，其次是30%生铁块模式，再次是35%铁水模式，对转炉流程的敏感程度较小。

(8)在我国，相当长的时间内，例如至2020年，废钢资源及电力紧缺的局面基本不会改变，因此，电炉冶炼原料采用加部分铁水冶炼也不是权宜之计。

1.5 冶金学的发展

冶金是一项古老的技艺。古代冶金没有形成一门科学。几千年的古代炼铁、炼钢靠的是匠人的经验和手艺。

现代的冶金学诞生于20世纪20年代。当时以申克和启普曼等人为代表的学者用物理化学的概念和方法用来解释冶金过程，研究冶金反应进行的可能性和限度，这就是冶金反应热力学。

用化学反应动力学来研究冶金过程时，发现工程应用中较少遇到纯粹的化学反应速率占绝对统治地位的冶金过程，钢铁冶金过程中发生的反应多为高温多相反应，在绝大多数条件下化学反应速率是很快的，与之相比传质速率较慢，常是限制性环节，引入冶金反应工程动力学或宏观反应动力学，即不仅考虑冶金反应本身，还要考虑反应进行的过程，考虑质量在空间的传输。

近几十年来，钢铁生产技术及钢铁冶金学科取得了长足的进步。计算机技术的发展与广泛应用使冶金生产及其控制技术、冶金学理论和工程研究方法发生了巨大的变革。钢铁冶金的研究对象已由单一工序、设备（例如高炉、转炉或电炉），发展到制造流程的多个工序、多种设备（例如高炉、铁水预处理、转炉、电炉、炉外精炼、连铸、连轧）。研究内容已由研究一个工序、一种设备的设计与运行、工艺控制、过程原理发展到研究多个工序、多种设备的设计与运行、工艺控制、过程原理，还要研究各个工序的匹配、参数优化、流程顺行、车间及工厂的平面布置，整体效益，研究过程进行的时间轴上物流管制与能量传输（温度控制）。20世纪70年代日本鞭岩、濑川清等在化学工程学、计算流体力学、传输理论的基础上提出了冶金反应工程学的概念，建立了“冶金反应工程学”。2004年，中国殷瑞钰院士出版了《冶金流程工程学》一书[23]。

钢铁冶金工程问题，大体上可以分为两类，一类是带全局性的，一类是局部性的。作为一个钢铁企业的总体发展规划（包括规模、产品结构、生产工艺流程及其相应的内部条件和配套设施投资强度及方向），一种产品的生产过程等，属于第一类；一项专门技术，例如电炉的二次燃烧技术，或一个冶金质量问题，例如不锈钢连铸坯表面质量问题,属于第二类。要解决第一类冶金工程问题,首先必须掌握整个钢铁工业发展的动向、市场需求、生产工艺流程(长流程或短流程或长短结合的流程)的特点,这样才能保证企业的装备及工艺技术不致落后,产品具有高的市场竞争能力。要解决第二类冶金工程问题,必须了解有关专门技术的原理、设备及操作,例如电炉二次燃烧技术的原理——产生的CO与专门供给的氧作用产生化学热、氧枪的结构及布置、炉气成分的取样和在线分析及氧流量控制;或有关冶金质量问题产生背景、原因及解决办法,例如不锈钢连铸坯表面质量问题的产生背景——熔炼炉及精炼炉中氮的控制、钢液成分特点、连铸过程中钢液的二次氧化及吸氮、中间包及结晶器用保护渣的特性等影响表面质量的主要因素及解决办法。这两种工程技术问题是密切联系和相互促进的。

钢铁冶金过程是一个具有从微观到宏观,从分子、原子的时空尺度到工厂范围时空尺度,从纳米到千米范围多时空尺度的复杂过程。既涉及一些冶金反应的微观规律,又涉及一些冶金过程的宏观控制。本书涉及的钢液中氮的控制属于钢液吸氮脱氮的基本规律,碳终点控制也属于微观碳氧反应的控制,电炉冶炼周期的综合控制理论属于电炉炼钢过程参数宏观控制。对于冶金过程原理的深入研究有利于冶金流程工程学的进一步发展。

北京科技大学为了培养高等学校师生独立分析和解决冶金工程问题的能力,率先在国内把“钢铁冶金学”课程改造成“钢铁冶金工程”课程(附录Ⅰ[7])

参考文献

[1] 北京钢铁学院《中国古代冶金》编写组. 中国古代冶金[M]. 北京: 文物出版社, 1978.
[2] 孙淑云, 李延祥. 中国古代冶金技术专论[M]. 北京: 中国科学文化出版社, 2003.
[3] 马积棠. 叶渚沛选集[M]. 北京: 冶金工业出版社, 1988.
[4] 柯俊.《薄板坯连铸连轧钢的组织性能控制》序[M]. 北京: 冶金工业出版社, 2006.
[5] 傅杰, 陈恩普, 谢继莹, 等. 特种冶炼[M]. 北京: 冶金工业出版社, 1982.
[6] МЕДОВАР Б И, ПАТОН Б Е. ЭПЕКТРОШПАКВЫЕ МЕТАЛЛ[M]. КИЕВ: НАУКОВА ДУМКА, 1981.
[7] E. O. Paton Electric Welding Institute. Medovar Memorial Symposium[C]. Kyiv: A Publication of Elmet-Roll, 2001.
[8] П. В. Окороков П В. Элктропавильные Печи Черной Металлургии[M]. Металлуритедат, 1950.
[9] 朱觉, 等译. 黑色冶金冶炼电炉[M]. 北京: 高等教育出版社, 1955.
[10] Sims C E. Electric Furnace Steelmaking[M]. Interscience Publishers, 1962.
[11] 马廷温. 电炉炼钢学[M]. 北京: 冶金工业出版社, 1988.
[12] 关玉龙, 等. 电炉炼钢技术[M]. 北京: 科学出版社, 1990.
[13] 陈家祥. 钢铁冶金学(炼钢部分)[M]. 北京: 冶金工业出版社, 1990.
[14] 殷瑞钰. 当代电炉流程的工程评价[A]. 上海工艺——当代电炉流程与工程问题研讨会

专集，上海，1993.
[15] 徐匡迪 现代电炉炼钢的发展趋势[A]. 上海工艺——当代电炉流程与工程问题研讨会专集，上海，1993.
[16] 李士琦，李伟立，刘仁刚，等. 现代电炉炼钢[M]. 北京：原子能出版社，1995.
[17] 傅杰. 钢冶金过程动力学[M]. 北京：冶金工业出版社，2001.(冶金反应工程学丛书)
[18] 傅杰，等. 现代电炉炼钢技术的发展、问题及对策[A]. 电炉炼钢学术会议论文集[C]. 2002.
[19] 王中丙，等. 现代电炉—薄板坯连铸连轧[M]. 北京：冶金工业出版社，2004.
[20] Fu Jie, et al. Advances in modern EAF steelmaking technology of China[J]. Journal of Iron and Steel Research, 2004, 11(4).
[21] Fu Jie, et al. Development of modern EAF steelmaking technology in China[A]. The Tenth Japan-China Symposium on Science and Technology of Iron and Steel,2004.
[22] 傅杰. 现代电炉冶炼周期综合控制理论及应用[J]. 北京科技大学学报,2004,26(6).
[23] 殷瑞钰. 冶金流程工程学[M]. 北京：冶金工业出版社，2004.
[24] 傅杰. 中国电炉炼钢问题[J]. 钢铁，2007，42(12)：1 -6.
[25] 傅杰，史美伦. 现代炼钢流程冶炼工序的共性问题[J]. 中国冶金，2005,(12).
[26] 王新江，傅杰，李晶. 现代电弧炉高效化生产与流程工程学问题[A]. 现代电炉炼钢流程与工程论文集[C]. 北京:冶金工业出版社,2005：142 -146.
[27] 奥特斯 F，著. 钢冶金学[M]. 倪瑞明，等译. 北京：冶金工业出版社，1997.(冶金反应工程学丛书)
[28] 傅杰. 钢液中氮的控制理论及其应用[A]. 魏寿昆院士百岁寿辰纪念文集[C]. 北京：科学出版社，2008：107 -112.
[29] 傅杰. 电炉冶炼周期及钢中氮含量综合控制理论与应用[A]. 2008年两岸冶金学术研讨会论文集[C]，高雄：中国台湾中钢公司，2008：79 -93.
[30] 徐迎铁. 烟道竖炉电弧炉冶炼工艺优化与动态模拟研究[D]. 北京：北京科技大学，2006.
[31] Isao Kazasu. 美日双边钢铁工业发展战略研讨会资料[R]. 美国卡耐基·梅隆大学钢铁研究中心，1994.
[32] 木村隆已. 近10年日本电弧炉炼钢的发展[A]. 见：中日电弧炉技术交流会文集[C]. 南京，2004.
[33] 傅杰，王中丙，兰德年，等. 现代电炉炼钢技术的发展、问题及对策[A]. 电炉炼钢学术会议论文集[C]. 广州：2002：1 -19.
[34] 傅杰，兰德年. 现代电弧炉炼钢技术的发展及我国电炉钢生产的前景[A]. 中国电炉流程与工程技术[C]. 北京:冶金工业出版社,2005：21 -41.
[35] 徐匡迪，洪新. 电炉短流程回顾和发展中的若干问题[A]. 中国电炉流程与工程技术[C]. 北京:冶金工业出版社,2005：1 -11.
[36] 兰德年. 钢铁行业节能减排方向及措施[J]. 冶金管理，2005，(7)：25 -30.
[37] 殷瑞钰，张春霞. 钢铁企业实施循环经济为建立节约型社会做贡献[J]. 冶金管理，2005，(5)：4 -9.

[38] 张春霞，胡长庆，殷瑞钰. 新一代钢铁制造流程的生态化研究[A]. 2008 年两岸冶金学术研讨会论文集[C]，高雄：中国台湾中钢公司，2008：95－104.

[39] 王泰昌，傅杰. 大型电炉和转炉流程炼钢的制造成本分析[A]. 中国电炉流程与工程技术[C]. 北京:冶金工业出版社,2005：161－167.

2 现代电炉炼钢冶炼周期的综合控制理论与应用

2.1 现代电炉炼钢技术是围绕冶炼周期这一核心发展起来的

20 世纪 60 年代弧形连铸机成功地用于生产,70 年代开发成全连铸技术与转炉相结合使转炉的模铸锭变成连铸坯,金属收得率提高约 10%,大大降低了钢的成本,生产流程紧凑化,提高了市场竞争力,促使电炉必须朝两个方向发展。一是扩大炉子容量,二是缩短冶炼周期,提高连铸的分钟通钢量。1965 年,电炉的容量大多小于 30t,冶炼周期(出钢到出钢时间)平均为 180min,不能满足高节奏多炉连铸的要求。在 20 世纪 70 年代,许多国家淘汰了 30t 以下的电炉,如日本到 1980 年共淘汰了 28 座。但电炉容量也不是越大越好,因为容量过大,其他装置(如变压器、天车等)制造难度增大,生产的灵活性也不够理想。80 年代以来,各国新建电炉的容量绝大多数都在 50 ~ 150t。无论从电炉本身装备,与炉外精炼及连铸机的配合,以及生产管理方面来说,50 ~ 150t 的容量是比较合适的。在炉子容量大型化的同时,开发了一系列新技术。图 2.1 显示了现代电炉炼钢技术及其发展情况。

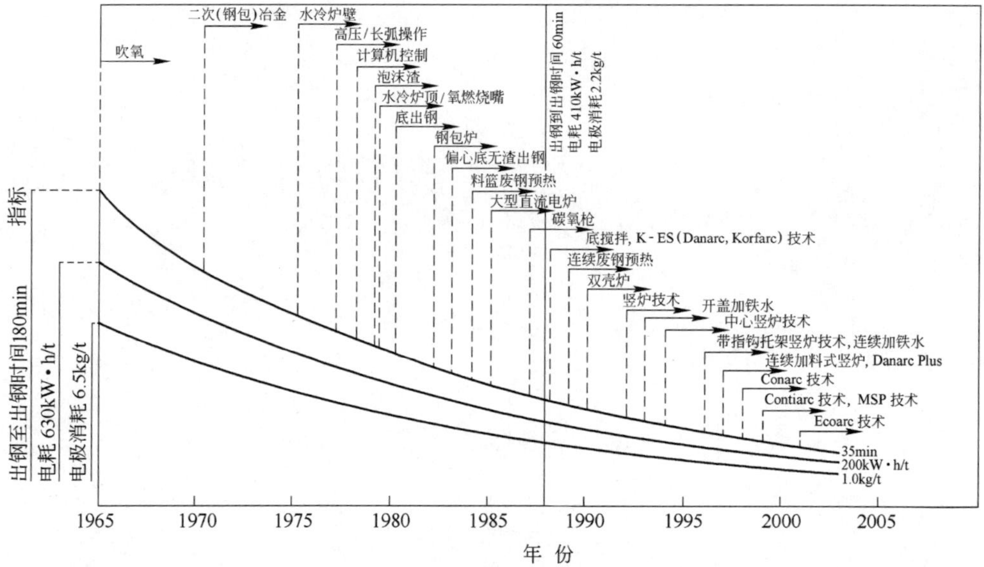

图 2.1 现代电炉炼钢技术发展

图 2.1 左边部分(1985 年以前)引自文献[1],右边部分系作者跟踪世界现代

电炉炼钢技术发展情况画出的。

由图2.1可见,1980年以前,主要发展的是超高功率供电及其相关技术。

超高功率电炉是20世纪60年代中期兴起的,由于水冷炉壁的采用,允许电炉输入较大的电能,出现了高压长弧操作;长弧操作的不稳定性,通过计算机控制和造泡沫渣得到了解决;氧燃烧嘴及泡沫渣增加了炉顶的热负荷,导致水冷炉顶的采用。底出钢技术的发明,使超高功率电炉实现了无渣出钢从而减轻了炉外精炼过程中使渣变白以利于脱氧脱硫的难度;钢包炉的发明使现代电炉炼钢的还原期移至炉外,电炉成了一个快速熔化器,现代电炉炼钢的冶炼周期降至60min左右,在时间节奏上可以与连铸配套,导致薄板坯连铸连轧技术的诞生,现代电炉炼钢进入成熟阶段。

超高功率电炉的产量与单位功率和炉容量之间的关系示于图2.2[2]。

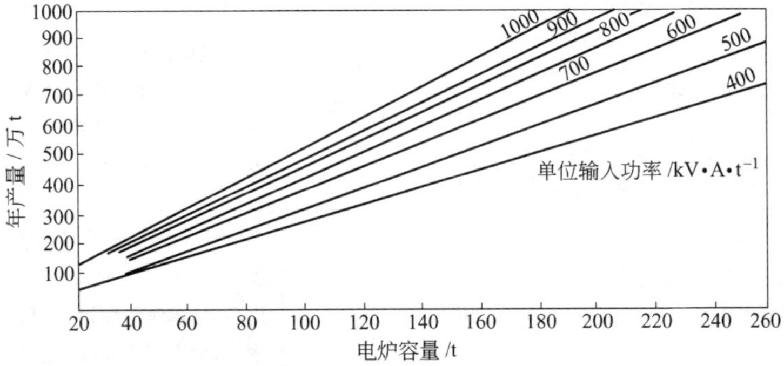

图2.2 电炉产量与单位功率和炉容量之间的关系

图2.2可见,随炉容量和单位输入功率的增加,电炉的年产量增加对于一个炉容量为100t的炉子,单位输入功率为700kV·A/t时,设计年产量高于40万t。电炉容量为140t时,当单位输入功率达到700kV·A/t时,年产量为60万t。一个出钢量为100t的炉子,年产量为50万t左右。

20世纪70年代以来,电炉本身及其配套装备改进极大,电炉的单位功率输入水平不断提高。电炉吨钢变压器容量及冶炼周期、生产率的变化情况示于表2.1。

表2.1 电炉吨钢变压器容量及小时生产率发展情况

年 代	1960年以前 第一代电炉	60年代 第二代电炉	70年代 第三代电炉	80~90年代 第四代电炉
变压器额定功率 /kV·A·t^{-1}	200	400~500	650~800	800~1000
出钢至出钢时间/min	240~360	120~150	80~95	55~60
100t电炉生产率/t·h^{-1}	15~25	30~40	60~80	约100

表2.1是20世纪80~90年代的数据,根据当时的观点,变压器额定功率大于700kV·A/t的电炉称为超高功率电炉,变压器额定功率小于400kV·A/t的电炉

称为普通电炉，额定功率在400～700kV·A/t范围内的电炉为高功率电炉。事实上，目前我国电炉的技术经济指标远高于表2.1的数据。例如，安钢的一台出钢量为100t的电炉，冶炼周期最短达到30min，全年平均41min；最高日产量达到3970t，最高月产103673t，2003年产钢量1081278t；生产率达到165t/h，比80～90年代的设计水平差不多高了一倍。

超高功率电炉配套技术概况如表2.2所示。

表2.2　超高功率电炉配套技术概况

配套技术名称	功　能	效　果
1. 直接导电电极臂	铜钢复合或铝制导电电机臂代替大电流水冷钢臂	降低电抗，提高输入功率，简化设备与水冷系统，减轻重量，便于维护
2. 水冷点击	减少电机氧化损失	电机氧化降低20%～40%
3. 管式水冷炉壁、水冷炉盖	代替炉臂与炉盖砌砖，测定炉壁热流量控制最佳输入功率（炉臂水冷面积80%～90%，寿命4000～8000炉；炉盖水冷面积80%～85%，寿命4000炉）	使电炉由短弧操作可改为长弧操作，功率因数由0.707提高至0.75～0.83，电炉生产率提高10%，耐火材料耗量降低50%，吨钢成本降低5美元
4. 偏心炉底出钢	代替普通出钢槽出钢	实现无渣出钢，留钢操作，倾炉角度减少20°～30°，短网长度短2m，输入功率提高，冶炼时间缩短5～9min，出钢流紧密，减少次氧化或温度损失，出钢温度可降低30°，节电20～25kW·h/t
5. 氧燃烧嘴	消除炉内冷点，补充热能，也可往炉内供氧	使熔化均匀，缩短冶炼时间20～30min，节电50～60kW·h/t
6. 炉门喷嘴	吹氧的同时往炉内喷炭粉，形成泡沫渣，实现埋弧熔炼	使电炉可以高功率因数的长弧操作，缩短冶炼时间，延长炉役寿命
7. 吹氧机械	吹氧助熔，提高碳、磷氧化所需氧源，造泡沫渣	加速熔化完成氧化期任务，节电6kW·h/t
8. 炉内机械	往炉内投加补炉料	改善劳动条件，提高补炉质量，缩短补炉时间
9. 机械化加料系统	往炉内与钢包内加料，实现自动化操作	缩短冶炼时间，改善劳动条件
10. 第4孔加密闭罩除尘系统	净化一、二次烟尘，并降低电炉的噪声危害	改善环境条件，排放气体含量（标态）不大于150mg/m³，电炉作业区噪声降至90dB以下
11. 废钢预热	利用第4孔排除热烟气预热废钢回收热量	废钢预热温度可达200～300℃，冶炼时间缩短3～5min，节电20～40kW·h/t

续表 2.2

配套技术名称	功　能	效　果
12. 冶炼过程计算机自动控制	按热模型与冶金模型进行配料最佳化,计算出电炉热平衡、最佳输入功率控制、车间电负荷调节,合金计算,吹炼计算并同时控制设备运行与上位管理计算机联网进行生产管理	实现冶炼时间的最佳技术经济指标
13. 无功功率静止式动态补偿	消除或减弱电炉冶炼中电负荷波动造成的电压闪变与谐波对电网的危害	将电炉对电网造成的污染控制在可以接受的范围内

20 世纪 80 年代末以前主要是发展超高功率供电及其相关技术,80 年代末期至 90 年代,由于小方坯连铸单流产量的提高以及一机多流技术的发展,对于板材系统,薄板坯连铸铸坯厚度的增加(由 50mm 增至 70 ~ 90mm),要求电炉小时产量增加,解决的办法一是增大炉容量,二是增加单位时间输入能量,进一步缩短冶炼周期。为此,在超高功率供电的基础上重点发展了强化供氧及废钢预热和加铁水冶炼等增加化学热和物理热的现代电弧炉冶炼技术,这些技术的发展进一步大大地缩短了冶炼周期,降低了电耗及电极消耗。

80 年代末超高功率直流电炉问世,由于其对电网冲击小、石墨电极消耗低(分别比同容量交流电炉低 50% 和 1kg/t),以致 80 年代末到 90 年代初直流电炉占了绝对的优势。与此同时,强化用氧技术(包括超声速氧枪、炭氧枪、氧燃烧嘴、底风口、二次燃烧技术)趋于成熟,VAI 称之为 K-ES 技术,Danieli 称之为 Danarc 技术,Demag 称之为 Korfarc 技术。大量化学能源的输入,加上加部分铁水冶炼,使得冶炼周期大大缩短,电耗和电极消耗进一步降低,交流电炉的电极消耗只比直流电炉多 0. 2kg/t,加上高阻抗交流电炉对电网的冲击比普通交流电炉低 50%,导致 90 年代中期以来,交流电炉与直流电炉形成竞争发展的趋势。此后,废钢预热即烟气中余热的利用和 CO 的二次燃烧问题成为了热点,产生了不同的废钢预热方式,与之相应地产生了不同类型的现代电炉。由于一系列电炉冶炼新技术的开发应用,电炉冶炼周期从 1965 年的平均 180min 缩短到最短可达 35min,相应的电耗从原来的 630kW · h/t 降低到最低可达 200kW · h/t,电极消耗从原来的 6. 5kg/t 降低到最低可达 1kg/t[1]。

20 世纪 80 年代至今,现代电炉炼钢技术发展的主要方向是:增加化学热和物理热。基于这两方面的考虑出现了一系列新型技术和新型电炉,其中包括多种强化用氧技术和不同形式的电炉:

(1)大型直流电炉。在 80 年代末至 90 年代初,大型直流电炉由于其对电网的冲击小、消耗低、电耗较低,占发展的统治地位,各国没有新建交流电炉的。我国上海当时新建的 4 台 100 ~ 150t 的大型电炉都是直流电炉,但以后由于强化用氧、增加化学热,使得电炉的冶炼周期大大缩短,电极消耗和电耗不断降低,交流电炉电极消耗只比直流电流高 0.2kg/t，而且电极价格较直流电炉低。例如，100t 直流电炉用 ϕ700mm 超高功率电极价格为 35000 元/t，交流电炉用 ϕ600mm 电极为 27000 元/t，加上高阻抗交流电炉对电网的冲击比普通交流电炉低 5%，导致 90 年代中期以来，交流电炉与直流电流形成竞争发展的趋势。

（2）Consteel 电炉。意大利 Techint 公司开发的 Consteel 电炉是一种连续废钢预热炉，具有良好的废钢预热功能。我国韶钢等企业引进了多台 Consteel 电炉，韶钢的 Consteel 电炉采用加 30% 铁水冶炼，取得了较好的经济指标，曾在韶钢举办过 Consteel 国际研讨会。

（3）竖炉电炉或称烟道竖炉电炉。此种炉型由 Fuchs 公司开发，配有氧燃烧嘴及超声速氧枪，提供化学能、利用废气预热废钢、造泡沫渣。

（4）Comelt 中心竖炉。奥钢联用一台具有用 4 根斜置的等离子电极加热的竖炉改造成 Comelt 炉子，具有以下特点：4 根倾斜电极使炉内废钢熔化，热的废气可以充分地预热炉内和中心竖井中的废钢；与单电极相比，它不受电极直径的限制，可进一步扩大容量和生产能力，电极斜置，空出来炉盖中心位置，便于连续加料且废气不会外逸，操作费用低。但实用后具体实绩不佳。

（5）带托架的竖炉。它比不带托架的竖炉废钢预热效果好，但托架及弹簧易坏，造成实际上不用托架。我国沙钢及安钢、珠钢均引进过这种竖炉。

（6）双炉壳电炉。双炉壳电炉是由一套供电系统配两个炉壳，把正在进行冶炼炉子产生的废气引入另一个炉子进行废钢预热，可以是直流炉 ，也可以是交流炉，可以是普通超高功率双壳电炉，也可以是双壳竖炉。宝钢引进的双壳直流电炉，通过长期的摸索和改进，目前效果很好。

（7）多级烟道竖炉（MSP）。这种类型的炉子是为减小竖炉内废钢对托架的冲击力而设计的。

（8）UL-BA 方式预热电炉。这种炉型的炉子中心预热竖井可以移动，二次燃烧能量利用较好，但结构与操作复杂，没见用于生产的报道。

（9）Danarc Plus 电炉。安阳 100t 电炉投标时，奥钢联用竖炉技术将意大利北方钢厂的一台 Danilei 炉子改造为斜桥上连续加料的竖炉，Danilei 失标，而迅速开发出来的一种带废钢预热的电炉。设计中将废钢预热、二次燃烧与电炉本体分开，考虑了把料篮预热产生的有害气体进行处理。废气由上而下运行，废钢上部温度高。这种设备的实际效果如何，未见具体报道。我国南钢和珠钢的两台 Danarc Plus 炉子，废钢预热系统没有投入正常使用。

（10）Conarc 炉子。西马克-德马格公司的 Conace 炉子也称转炉型电炉。实际上是在两个工位可以互动的两个电炉。一个电炉负责供电和部分供氧熔化废钢，转到另一个工位，靠顶氧枪供氧精炼。优点如原料结构灵活，但操作流程优化和废钢预热过程较复杂。

（11）Contimelt 炉子。电炉主体部分分为两部分，位置高的一侧通电，熔化废钢，钢液流向低侧吹氧，形成的废气预热高侧部分的金属。但预热效果不大好。

（12）Ecoarc 炉。由日本 NKK 公司开发，已有出钢量为 70t 和出钢量为 140t 的炉子，运行效果较好。这种炉子是一种生态炉，对环境友好。在本章后面的节次中还将较详细的介绍。这是一种很有发展前景的现代电炉。

增加物理热的一个途径是废钢预热，另一个途径是加部分铁水冶炼。后者是中国冶金工作者对现代电炉炼钢技术发展做出的一项重要贡献！在本章后面的节次中也还将较详细的介绍。

现代电炉炼钢技术的关联框图示于图 2.3。

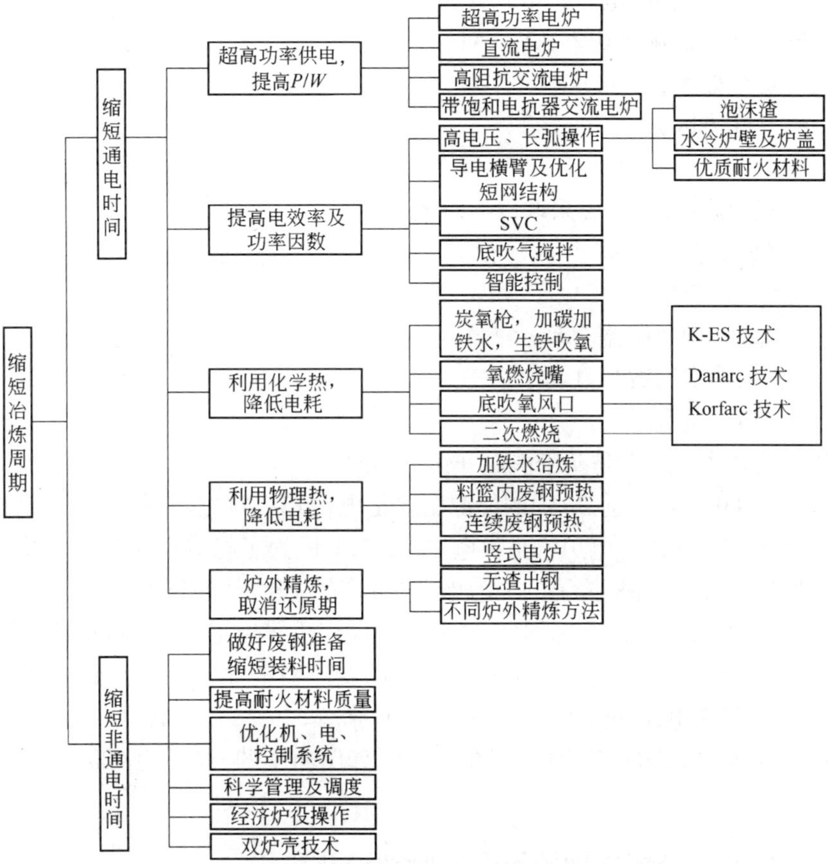

图 2.3　现代电炉炼钢技术关联框图

根据图 2.1 及图 2.3 系统分析这些技术的发展特点和开发过程，可以得出结论：现代电炉炼钢技术是围绕着缩短冶炼周期以满足高效连铸节奏要求这一核心发展起来的。我国应在消化吸收引进国外先进技术的基础上，围绕缩短冶炼周期这一核心，发展具有自主知识产权的现代电炉炼钢技术。

2.2 传统电炉冶炼周期的综合控制理论

1986 年井口光哉提出了电炉冶炼周期和电耗的理论计算公式，这一公式反映了超高功率供电条件下，电炉冶炼周期和电耗与各设备和操作因素之间存在如下关系[3]：

$$t = \frac{CW \times 60}{T\eta\cos\varphi} + t' \tag{2.1}$$

式中，t ——冶炼周期，min；

C ——吨钢电耗，kW · h/t；

W——钢水重量（电炉容量），t；

T——变压器额定功率，kV · A；

η ——电效率；

$\cos\varphi$ ——功率因数；

t'——非通电时间。

为缩短冶炼周期，需要采取以下对策：

(1) 降低电耗；

(2) 扩大炉容量；

(3) 提高吨钢变压器功率；

(4) 提高功率因数和电效率；

(5) 缩短非通电时间。

这个关系式实质上是基于能量守恒得出的。

20 世纪 80 年代以前，电炉的能源主要是电，当时电炉炼钢技术主要是超高功率供电，以致有人认为“电炉就是供电”。式 2.1 成为了指导电炉设计和指导工艺操作的理论公式，也就是传统电炉冶炼周期的综合控制理论公式。

按这一理论，为缩短冶炼周期，主要靠提高变压器额定功率，采用高电压供电。欧洲一些国家就是根据这一理论将电弧炉的变压器的比功率提高到吨钢 1000 ~ 1200kV · A，工作电压超过 1000V。按照 IEC 指令 519-4，交流电炉二次电压可高达 1500V，直流电炉 2100V[4]，日本正在研究更高比功率的，容量为 400t 的超大型直流电炉。

2.3 现代电炉冶炼周期的综合控制理论及应用

2.3.1 修正的电炉冶炼周期综合控制公式

20 世纪 80 年代以后，特别是 90 年代以后，电炉引入了大量化学热和物理热，如果只考虑供电，式 2.1 就不能反映实际的冶炼周期和电炉生产率。经过 10 年的生产实践和研究，2002 年作者在全国电炉炼钢学术会议上提出了一组修正的计算公式[5]：

$$\tau = \tau' + \tau'' \quad (2.2)$$

$$\tau' = \frac{CW \times 60}{P_{电}\ \eta_1 \cos\varphi + P_{化学} + P_{物理}} \quad (2.3)$$

$$\tau' = \frac{C_{电}\ W \times 60}{P_{电}\eta_1 \cos\varphi} \quad (2.4)$$

$$C = C_{电} - C_{化学} - C_{物理} \quad (2.5)$$

式中 τ——电炉冶炼周期(出钢至出钢时间),min;
τ'——供能时间,min;
τ''——热停工时间,min;
W——钢液重量,t;
$P_{电}$——表观输入电功率,kW;
η_1——电效率;
$\cos\varphi$——功率因数;
$P_{化学}$——由化学热换算成的电功率,kW;
$P_{物理}$——由物理热换算成的电功率,kW;
C——有效电耗,kW · h/t;
$C_{电}$——$C_{化学}$与$C_{物理}$为0的有效电耗,kW · h/t;
$C_{化学}$——由于化学热导致的节电,kW · h/t;
$C_{物理}$——由于物理热导致的节电,kW · h/t。

由式2.2~式2.5可见：

(1)在电炉的能源中,增加了$P_{化学}$和$P_{物理}$,这就使得有可能以增加化学热和物理热的办法来减小变压器容量或在同一变压器容量下缩短冶炼周期。式2.3中,$P_{电}$可以为零,但从节约资源和环境的角度考虑不合理,从技术角度考虑不如用转炉。转炉也可以实现全废钢冶炼,但现有转炉炉型不合适。在废钢短缺时,不宜提倡转炉多用废钢和用废钢作为高炉的原料。

(2)为缩短冶炼周期,必须综合考虑提高吨钢的电能(提高$P_{电}\ \eta_1\cos\varphi$)、化学热和物理热的输入,降低电耗和缩短热停工时间。

(3)将式2.1的变压器额定功率改为表观输入功率$P_{电}$。

(4)对于现代电炉炼钢过程,将式2.1中的t'改为热停工时间τ'',因为现代电炉冶炼过程中可以有一段停电不停氧、不停化学能供应的时间。

为缩短冶炼周期：

(1)必须提高吨钢输入电功率$P_{电}$。$P_{电}$与变压器额定功率有关,变压器额定功率大,可输入电炉的电功率大。通常将变压器额定功率大于700kV · A/t的电炉称为超高功率电炉,20世纪80年代末,超高功率电炉的变压器额定功率高达700~1200kV · A/t。

(2)提高 $P_{化学}$。$P_{化学}$主要来自金属中元素氧化的化学热及炉壁氧枪、氧燃烧嘴提供的化学热。化学热可占炼钢所需总能量的40%左右,当二次燃烧率高时,这一比例还会更大些;其中氧燃烧嘴提供的化学热可占总能量的10% ~15%。

(3)提高 $P_{物理}$。$P_{物理}$主要是由废钢预热后废钢的显热及加铁水操作时铁水的显热提供的。

(4)提高 $\eta_1\cos\varphi$。提高 $\eta_1\cos\varphi$ 的措施包括供电制度合理化(优化供电曲线)、人工智能电弧炉、采用导电横臂、优化短网结构及泡沫渣操作等。

(5)增加化学热和物理热,可以收到节电效果,理论计算和实践结果表明,目前每增加 $1m^3$ 氧(标态),可以节电约4 ~6kW·h/t;每增加1%铁水量,可以节电4 ~5kW·h/t。具体采用何种能源结构,要根据不同厂的电价、氧气和燃料价格及能源条件而定。

(6)τ'、C、W一定时,$P_{电}\ \eta_1\cos\varphi$、$P_{化学}$、$P_{物理}$的比例可以变化,即电能、化学热和物理热可以相互转换,它们的效率不同,安钢电炉冶炼条件下,它们的效率分别为59%、72%和100%。从表2.3物料平衡及表2.4能量平衡数据可知,电能占总输入能量的34%,化学热占40%,物理热占26%。根据这一点,可以避免采用过大的变压器额定功率。全世界16台Consteel电炉平均吨钢变压器额定功率为477kV·A;在 $P_{电}\ \eta_1\cos\varphi$、C、W不变的条件下,增加化学热和物理热,减小 τ',可提高生产率, 这一点对于我国目前在废钢及电力资源短缺、价格高的条件下发展电炉钢生产具有重要的指导意义。

(7)必须缩短热停工时间 τ''。由于在化学热和物理热供量较大的条件下,例如在供氧强度较大的烟道竖炉电炉冶炼过程和加铁水的Consteel冶炼过程中,可以有一段停电操作,这时 $P_{化学}$和 $P_{物理}$不等于0,熔池仍然接受能量,在安钢的电炉冶炼过程中,有一段吹氧不通电时间。所以 τ''称为热停工时间较合适(在过去的文献中称为非通电时间)。它是指通常的装废钢时间、加铁水时间(对于顶装铁水而言)、接电极时间、出钢时间、补炉时间。

表2.3　冶炼1t钢水的物料平衡

收入项			支出项		
项　目	质量/kg	占比例/%	项　目	质量/kg	占比例/%
废　钢	793.86	63.01	钢　水	1000	79.38
铁　水	263.16	20.89	渣	118.33	9.39
改性生铁	52.63	4.18	炉　气	90.78	7.21
石　灰	47.95	3.81	烟　尘	50.68	4.02
空　气	29.32	2.33			
主氧枪氧气	33	2.62			
氧油烧嘴供氧	27.22	2.16			
电　极	1.44	0.11			
柴　油	5.90	0.47			
炉　衬	5.31	0.42			
合　计	1259.8	100	合　计	1259.78	100

表 2.4 冶炼 1t 钢水实际能量平衡

输入/kW·h		输出/kW·h	
预热金属料物理热	59.72	钢水物理热	391.67
铁水物理热	87.44	炉渣物理热	66.85
燃烧喷嘴供化学热	87.72	炉气物理热	36.38
炉内化学反应化学热	177.34	烟尘物理热	16.45
电　能	230.70	冷却水吸热	108.67
		电路系统损失热	13.25
		其他(炉体辐射等)	9.65
输入合计	642.92	输出合计	642.92

(8)由式 2.3 可见，提高($P_{电}\eta_1\cos\varphi+P_{化学}+P_{物理}$)可缩短 τ'；但随着($P_{电}\eta_1\cos\varphi+P_{化学}+P_{物理}$)，特别是随着铁水加入比的提高，[C]提高，在一定的供氧和脱碳速率条件下，导致 τ 延长，在 τ 与($P_{电}\ \eta_1\cos\varphi+P_{化学}+P_{物理}$)的关系图上应具有最低点。

(9)从式 2.3 导出：

$$C=\frac{(P_{电}\ \eta_1\cos\varphi+P_{化学}+P_{物理})\tau'}{W\times 60} \tag{2.6}$$

由式 2.6 可见，在一定条件下，提高($P_{电}\eta_1\cos\varphi+P_{化学}+P_{物理}$)可能增加电耗；但随着($P_{电}\ \eta_1\cos\varphi+P_{化学}+P_{物理}$)提高又会导致 τ'缩短，降低电耗；C 与($P_{电}\ \eta_1\cos\varphi+P_{化学}+P_{物理}$)，例如在电耗与铁水加入比的关系图上可能具有最低点。降低电耗的基本途径是缩短冶炼周期。

(10)从冶金质量控制考虑，现代电炉冶炼周期的综合控制还应包括电炉冶炼终点控制，参见本书第 4 章。

(11)为缩短冶炼周期，必须提高 $P_{电}$、$P_{化学}+P_{物理}$。根据电炉留钢留渣、热装铁水等工艺情况，安钢 100t 烟道竖炉电炉原设计的供电、供油、供氧曲线见图 2.4 和图 2.5，新的供能曲线示于图 2.6。

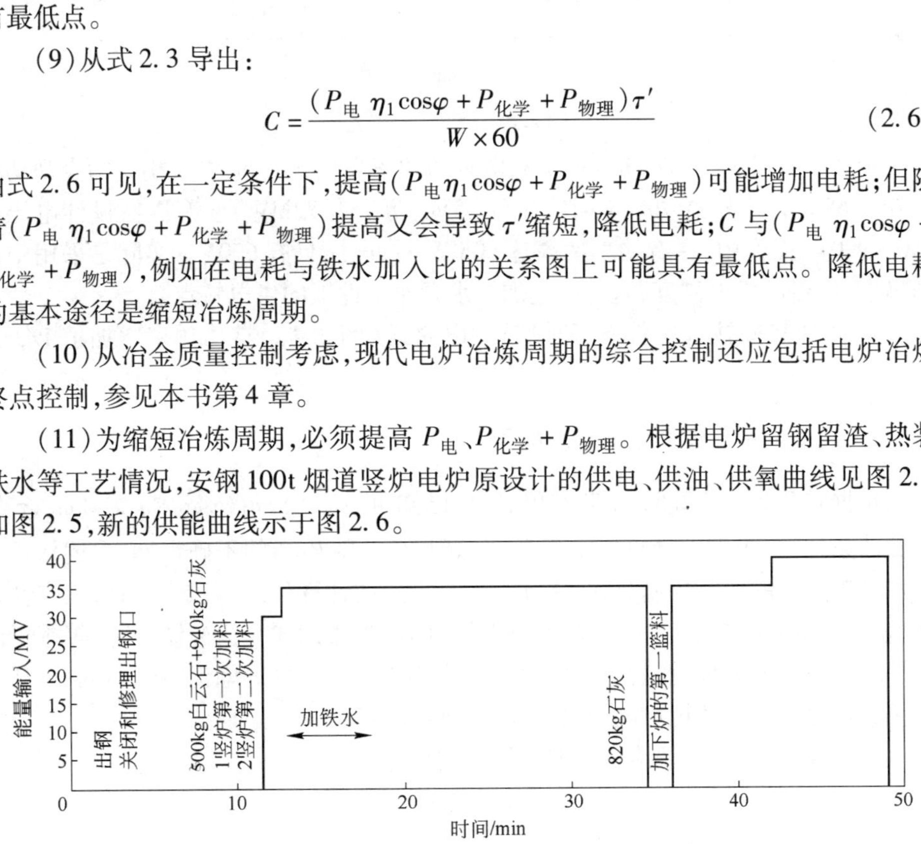

图 2.4 原设计供电曲线

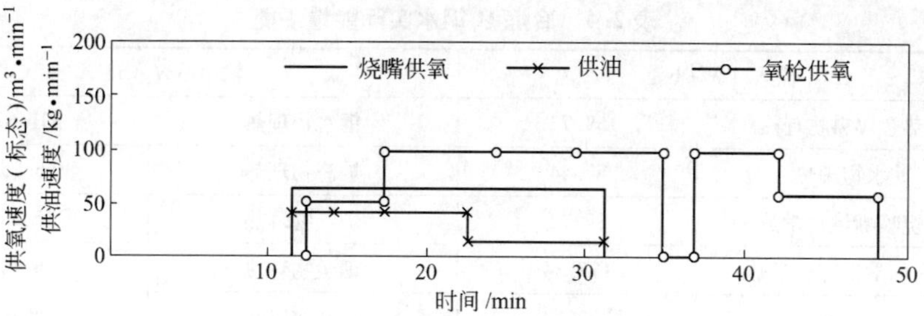

图 2.5　原设计供氧、供油曲线

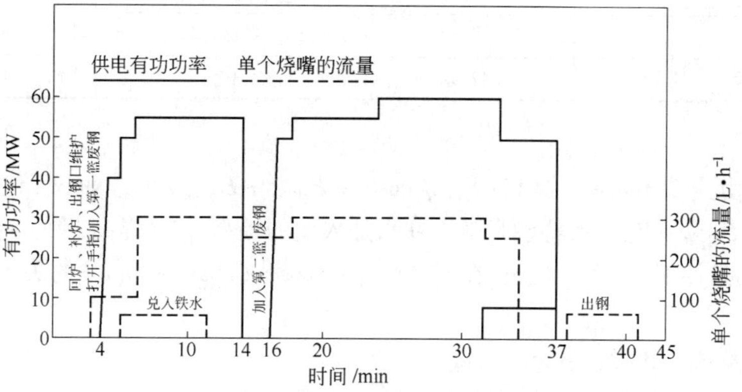

图 2.6　FSF 生产工艺

由图 2.6 可见，安钢 100t 电炉供电有功功率高达 55 ~ 60MW，相应的表观功率为 66 ~ 68MW，变压器功率应用较充分（额定功率为 72MW）。变压器设计电压为 550 ~ 990V，操作中，在有功功率高达 60MW 时，电压只有 670V。实际是采用中电压、较大电流的供电制度，这可能是加铁水操作条件下的供电特点。

对比加 35% 铁水条件下，原设计供电曲线（图 2.4），有功功率增加了 1/3 以上。

2.3.2　现代电炉冶炼周期的计算模型

根据式 2.2 ~ 式 2.5，已知 τ' 和 τ''，即已知 W、C、$P_{电}$、$\eta_1\cos\varphi$、$P_{化学}$、$P_{物理}$、τ'' 等参数的条件下，应能够计算出 τ 值。考虑到 $P_{化学}$ 和 $P_{物理}$ 的不确定性，上述修正的电炉冶炼周期的综合控制公式，实际上不是真正的计算公式，只是一组可以定性描述电炉冶炼周期与电耗、工艺参数之间关系的数学表达式。徐迎铁、傅杰等基于能量平衡及现代电炉炼钢工艺特征，建立了能够描述现代电炉炼钢冶炼周期、电耗及工艺参数之间关系的现代电炉冶炼周期的计算模型[6]。

根据这一模型，电炉冶炼周期可用下式计算：

$$\tau' = \max((\tau_e + \tau_c), \tau_O) \tag{2.7}$$

$$\tau_e = \frac{Q_1' + Q_1'' + E_m - Q_2\eta_2 - Q_3\eta_3 - Q_4\eta_4}{P_{电}\ \eta_1 \cos\varphi} \tag{2.8}$$

$$\tau_O = \frac{O_N}{V_O\eta_O + V_O'\eta_O'} \tag{2.9}$$

式中 τ_e——通电时间；

τ_c——最佳供氧不供电时间；

τ_O——总的供氧时间；

Q_1'——从炉壁外表面向大气的辐射能；

Q_1''——从渣面向冷却区的辐射能；

E_m——钢液和熔渣吸收的热量；

$P_{电}, \eta_1, \cos\varphi$——平均表观输入电功率、电效率、功率因数；

$Q_2\eta_2$——氧燃烧嘴提供的能量；

$Q_3\eta_3$——元素氧化反应提供的能量；

$Q_4\eta_4$——废钢和铁水显热提供的能量；

O_N——熔池中元素氧化反应所需氧气总量；

$V_O\eta_O$——氧枪提供的氧量；

$V_O'\eta_O'$——氧燃烧嘴提供的供熔池中元素氧化反应的氧量。

式 2.7 表明，τ'取决于$(\tau_e + \tau_c)$和 τ_O 中较大的一项。当$(\tau_e + \tau_c) = \tau_O$ 时，τ'最小。

冶炼周期与冶炼过程中原料结构、平均供电功率以及平均供氧强度密切相关。下面根据现代电炉冶炼周期的计算模型来计算冶炼周期。

其步骤为：

(1) O_N 的计算。根据物料平衡分析，式 2.9 中 O_N 可以表示如下：

$$O_N = \sum_{j=1}^{5} (Co_j \beta_j) \tag{2.10}$$

式中 Co_j——第 j 种原料的加入量；

β_j——1t j 类物料在冶炼过程的氧气需求量；

j——物料的种类，针对安钢第一炼轧厂生产实际取 1 ~5，分别表示废钢、铁水、生铁、改性生铁以及炭粉。

在二次燃烧率一定的条件下，对上述各种原料在冶炼过程中的物料平衡进行计算，可以得出每种物料在冶炼过程所需的氧气量 β_j，见表 2.5。

表 2.5 单位重量物料所能提供的能量和氧耗

物 料	化学能 ϕ_j /kW · h	物理热 δ_j /kW · h	氧耗 β_j(标态) /m^3
废钢/t[①]	70.4	92	10.32
铁水/t	334	333	64.76

续表 2.5

物　料	化学能 ϕ_j /kW·h	物理热 δ_j /kW·h	氧耗 β_j(标态) /m^3
生铁/t	334	18.4	64.76
改性生铁/t	300	18.4	49.84
炭粉/kg	3	0	2.213

① 废钢选择轻型废钢,假设平均预热温度为450℃,生铁和改性生铁平均预热温度为100℃。

(2)Q_2 的计算。由于冶炼过程中,油氧枪一直处于运行状态,有:

$$Q_2 = P_{\mathrm{oil}}\tau' \tag{2.11}$$

式中　P_{oil}——油氧枪燃烧的功率。

(3)Q_3 的计算。Q_3 也与原料结构有关,有:

$$Q_3 = \sum_{j=1}^{5}(Co_j\phi_j) \tag{2.12}$$

式中　ϕ_j——1t j 类物料在冶炼过程中所能提供的化学能,见表 2.5。

(4)Q_4 的计算。Q_4 也与原料结构有关,有:

$$Q_4 = \sum_{j=1}^{5}(Co_j\delta_j) \tag{2.13}$$

式中　δ_j——1t j 类物料在冶炼过程中所能提供的物理热,见表 2.5。

(5)Q_1'和 Q_1''的计算:

$$Q_1' = q_{\mathrm{loss}}\tau \tag{2.14}$$

$$Q_1'' = q_{\mathrm{slag\_cool}}\tau \tag{2.15}$$

这样联合式 2.7 ~ 式 2.9 可以求出在一定原料结构、平均供电功率以及平均供氧强度条件下 τ',τ''一般是 8min 左右,由此可以求出冶炼周期 τ。

在冶炼过程中,金属原料结构在只有废钢和铁水,且添加总量恒定条件下,金属料加入量一般为 125t,有:

$$Co_1 + Co_2 = 125 \tag{2.16}$$

如果铁水加入比为 η_{hotmetal},有:

$$Co_1 = 125 \times (1 - \eta_{\mathrm{hotmetal}}) \tag{2.17}$$

$$Co_2 = 125 \times \eta_{\mathrm{hotmetal}} \tag{2.18}$$

$$Co_3 = Co_4 = Co_5 = 0 \tag{2.19}$$

可以得到:

$$\tau_e = \frac{Q_1' + Q_1'' + E_m - Q_2\eta_2 - (125 \times (1 - \eta_{\mathrm{hotmetal}})\phi_1 + 125 \times \eta_{\mathrm{hotmetal}}\phi_2)\eta_3 - (125 \times (1 - \eta_{\mathrm{hotmetal}})\varphi_1 + 125 \times \eta_{\mathrm{hotmetal}}\varphi_2)\eta_4}{P_{电} \cos\varphi\eta_1} \tag{2.20}$$

$$\tau_0 = (125 \times (1 - \eta_{hotmetal})\beta_1 + 125 \times \eta_{hotmetal}\beta_2)/(V_0\eta_0 + V_0'\eta_0') \quad (2.21)$$

以上两个式中，ϕ_1、ϕ_2、φ_1、φ_2、β_1、β_2、η_1、η_2、η_3、η_4 以及 E_m 都可以看成是不变的常数，Q_1'、Q_1''、Q_2 与 τ'成线形关系，加上前面所认为的两公式分母也不变化，就可以根据冶炼周期的计算式（式 2.7）计算出一定供电强度、供氧强度和铁水加入比条件下的冶炼周期。如果金属原料结构还有其他金属原料，处理的方法类似。

（6）E_m 及 η_i 的确定：

在冶炼过程中，向熔池供能单元包括：电弧供能；氧油烧嘴、主氧枪、加入铁水通过化学反应提供化学热以及废钢和铁水带入物理热。下面计算冶炼过程中熔池吸收能量与供能单元提供能量的关系，这种关系可以用供能单元综合热效率来表示，定义如下：

$$E_m = \sum_i \eta_i Q_i - Q_1' - Q_1'' \quad (2.22)$$

$$\eta_i = \frac{E_i}{Q_i}(i = 1 \sim 4) \quad (2.23)$$

式中 E_m ——熔池在冶炼过程获得能量，包括钢水和渣所获取的能量；

η_i ——i 类供能单元向熔池供能的综合热效率；

Q_i ——i 类供能单元向熔池提供总能量；

Q_1' ——炉体外表面向外界辐射的能量；

Q_1'' ——渣面向冷却区辐射的能量；

E_i ——i 类供能单元提供的能量进入熔池的部分；

i ——供能单元的类别，取 1～4，分别表示电弧供能、氧油烧嘴供能、主化学反应供能、金属料带入的物理显热。

考虑炉体内部传热机理，η_i 分别表示如下：

$$\eta_1 = \frac{E_1}{Q_1} = \frac{Q_1 - W_1}{Q_1} \quad (2.24)$$

$$\eta_2 = \frac{Q_2 - H_2' - W_2}{Q_2} \quad (2.25)$$

$$\eta_3 = \frac{Q_3 - H_3' - W_3}{Q_3} \quad (2.26)$$

$$\eta_4 = 1 \quad (2.27)$$

式中 W_1 ——电弧向冷却区辐射的能量；

W_2 ——氧油烧嘴燃烧区向冷却区辐射的能量；

W_3 ——主反应区火点向冷却区辐射的能量；

H_2' ——氧油烧嘴产生炉气和烟尘离开燃烧区拥有的焓；

H_3' ——主反应区产生炉气和烟尘离开熔池反应区拥有的焓。

计算结果：电弧供热效率 59%，主反应区化学反应供热效率 72%，氧燃烧嘴供热效率53.5%，物理热供热效率100%。

该模型已成功地应用于电炉加部分铁水冶炼和全废钢冶炼的生产实践，取得良好的经济效益。

2.3.3　电炉加部分铁水的技术分析

2.3.3.1　电炉加部分铁水冶炼的优点

电炉加部分铁水冶炼是中国电炉炼钢工作者对现代电炉冶炼技术发展做出的重要贡献，电炉加部分铁水的优点在于：

(1)电炉加部分铁水冶炼是增加化学热和物理热，降低电耗的有效措施。增加化学热是有效的节电措施，化学热靠使用氧气提供，制 $1m^3$ 的氧气耗电0.4～0.8kW·h，但 $1m^3$ 氧气与碳反应生成 CO_2 放出的化学热可以节电7kW·h以上。安钢第一炼轧厂采用加部分铁水冶炼，根据对实验炉号有关数据的测量与计算后，得出冶炼1t钢水的物料平衡和热平衡(表2.3、表2.4)，可知：

加20.89/(63.01＋20.89＋4.18)＝23.7%铁水带入的物理热相当于节电87.44kW·h/t，则加入1%的铁水可节电约3.7kW·h/t；

预热金属料(主要是废钢，还有4.18%的改性生铁)带来的物理热节电59.72kW·h；

烧嘴提供的化学热节电87.72kW·h/t；

炉内化学反应提供的化学热节电177.34kW·h/t。

物理热占输入总能量：(59.72＋87.44)/642.91＝22.89%；

化学热占输入总能量：(87.72＋177.34)/642.91＝41.23%；

电耗占输入总能量：230.70/642.91＝35.89%。

由以上分析可见，电炉加部分铁水冶炼大大地增加了输入化学热、物理热，有效地降低了冶炼电耗。考虑现代电炉冶炼还原期在炉外精炼中进行，LF电耗为30kW·h/t，即使包括炉外精炼，电耗也只占总能耗的：(230.70＋30)/642.91＝45%。这一点对电力紧张、电价高的地区有特别重要的意义。

此外，从表2.1、表2.2可以看出，预热金属料(80%左右)带来的物理热节电约60kW·h/t；加热铁水23.7%和35%带来的物理热节电分别约为87kW·h/t和128kW·h/t。铁水带入的物理热比预热废钢带入的物理热还要多，所以作者认为加部分铁水冶炼是我国电炉炼钢工作者对现代电炉冶炼技术发展做出的重大贡献，这是第一点。

(2)电炉炼钢加部分铁水冶炼有利于缩短冶炼周期，提高生产率。电炉加部分铁水冶炼，使 $P_{化学}$ 和 $P_{物理}$ 增加，C 降低。由式2.3可知，冶炼周期缩短，生产率增加。

2003年安钢100t烟道竖炉年平均冶炼周期41min，总产量为108万t。此外，由于加铁水冶炼时，电极易穿井，可以用大功率操作，$P_{电}$ 增加，冶炼周期降低。

(3)有助于节约能源消耗，减少温室气体 CO_2 等的排放。现代电炉冶炼为增加化学热，通常使用高配碳操作，加生铁是最好的增碳方式，以热铁水代替冷生铁，显然是节能的。加部分铁水冶炼比转炉基本上以铁水做原料，吨钢排放量少。

(4)加部分铁水冶炼，在目前我国废钢价格较高的条件下，可以降低吨钢的成本，提高企业的效益，铁水比对宝钢 150t 电炉钢水变动成本的影响见图 2.7[7]。

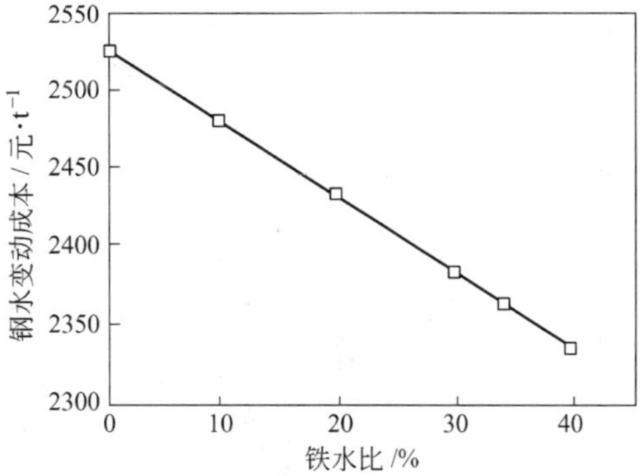

图 2.7 铁水比对宝钢 150t 电炉钢水变动成本的影响

(5)加部分铁水冶炼，可以稀释钢液中的金属杂质含量，见下式：

$$M_s = M_c(1-X)^n + nM_hX \tag{2.28}$$

式中 M_s ——钢液中通常不可去除的某种金属杂质的含量，例如 Cu；

M_c ——第一次循环清洁废钢中该金属杂质的含量；

M_h ——铁水中该金属杂质的含量；

X ——铁水加入比；

n ——废钢循环次数。

当 $M_h < M_c$ 时，$M_s < M_c$，钢液被稀释；$M_h = M_c$ 时，$M_s = M_c = M_h$。

我国始于 1993 年开发电炉加部分铁水冶炼技术，并坚持开展理论研究及广泛工业应用。2003 年我国容量为 50 ~ 150t 的 34 座电炉已有 22 座采用了电炉加部分铁水冶炼，这批电炉的技术经济指标大多已大大超过原设计水平，生产率达到 8000 ~ 10000t/(t · a)的已有 16 座，其中 7 座超过 10000t/(t · a)，现在生产率达到 10000t/(t · a)的炉子更多。为我国近年来在转炉钢产量飞速增长的同时，电炉钢产量及其增长速度也很高，为电炉钢的发展做出了贡献！

2.3.3.2 最佳铁水比及吹氧供电制度的计算

考虑到增加 $P_{化学}$ 和 $P_{物理}$ 可能增加 C 值，但又可能降低 τ'，使 τ' 与铁水加入比的关系曲线上具有最低点，即具有最佳铁水加入比。

安阳钢铁公司一炼钢厂从 1993 年开始在出钢量为 25t 的电炉(公称容量 10t)上率先系统地对电炉加部分铁水工艺及理论进行了研究，在国内外首次发现有一个最佳铁水加入比，见图 2.8 和图 2.9。通过生产试验，发现 100t 级现代电炉加铁水冶炼也存在一个最佳铁水加入比，这一比值为 30% ~ 35%，见图 2.10 和图 2.11[8,9]。

加部分铁水冶炼可以有效地降低电耗。由图 2.11 可见，加 30% 铁水，可降低电耗 100kW · h/t 左右。铁水比过高时冶炼周期有所延长(图 2.9 和图 2.10);电耗随铁水比的变化对小炉子有一最低值(图 2.8),对大炉子则一直在降低(图 2.11),后者是因为供氧强度大,脱碳速度高,化学热增加,有一段时间是停电工作的,故铁水加入量从 0 到 50% 范围内可使电耗不断降低[9]。

这一规律也为韶钢、八一钢厂、南钢、宝钢、沙钢、淮钢、石横特钢、天津钢管公司等的生产实践所证实。天津钢管公司的资料见文献[10],示于图 2.12 和图 2.13。

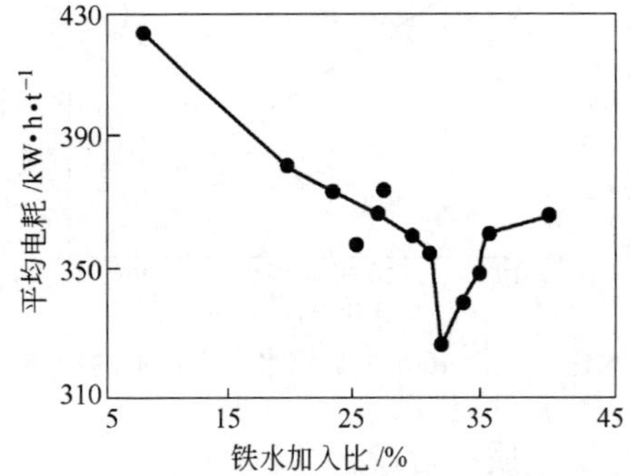

图 2.8　25t 电炉平均吨钢电耗与铁水加入比的关系

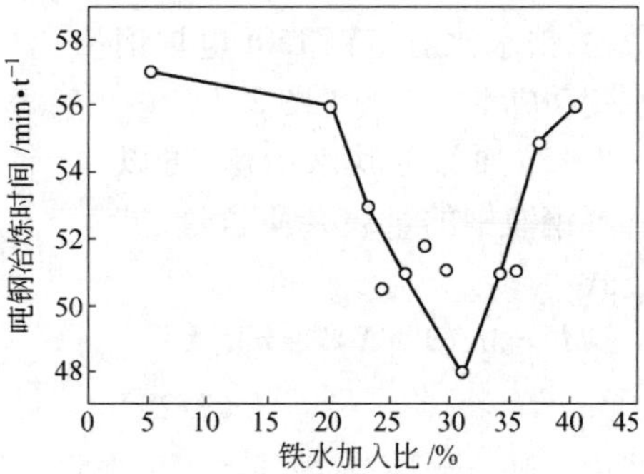

图 2.9　25t 电炉吨钢冶炼时间与铁水加入比的关系

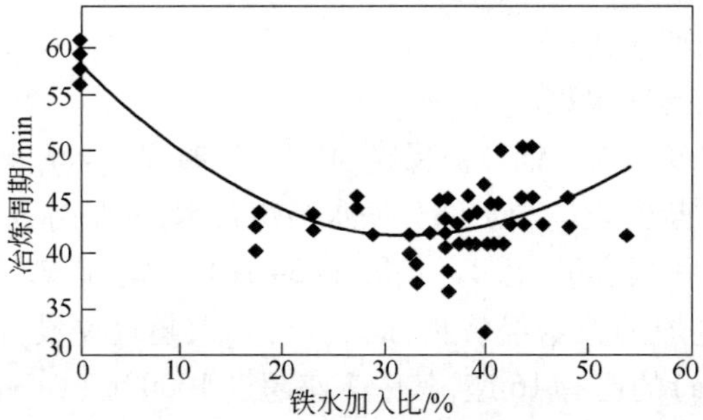

图 2.10　100t 烟道竖炉电炉冶炼周期与铁水加入比的关系

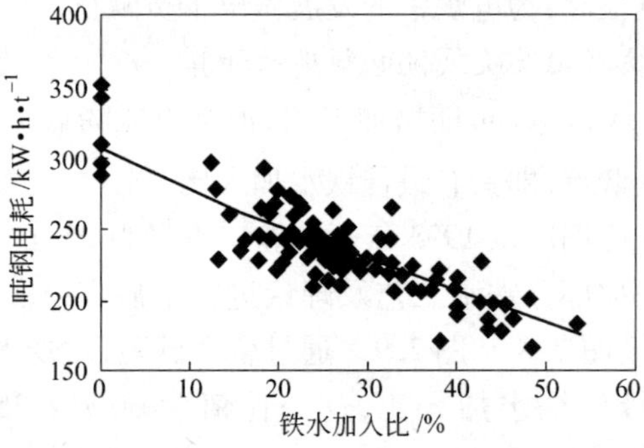

图 2.11　100t 烟道竖炉电炉平均吨钢电耗与铁水加入比的关系

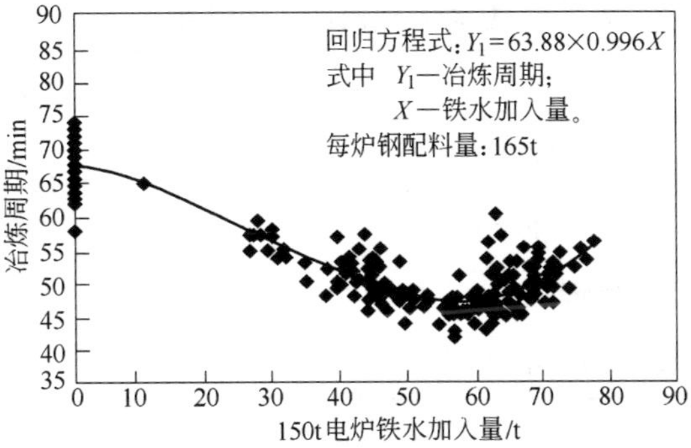

图 2.12 150t 电炉铁水加入量与冶炼周期的关系

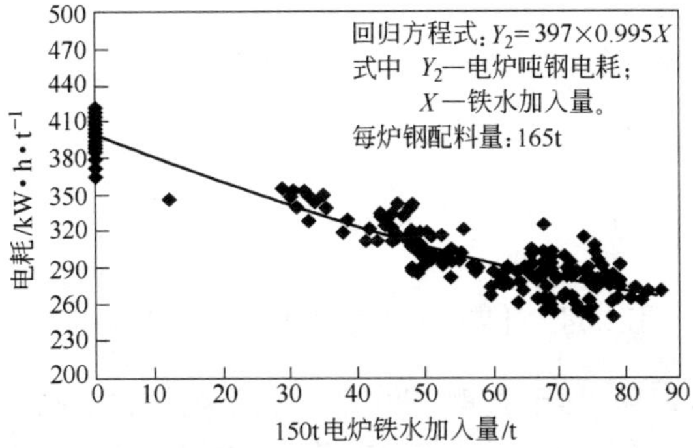

图 2.13 150t 电炉铁水加入量与吨钢电耗的关系

安钢采用 125t 天车吊 65t 铁水罐通过铁水流槽往电炉内连续加铁水，加铁水速度为 5 ~ 10t/min，加铁水时不开启炉盖，不影响电炉送电。这使冶炼操作的连续化程度增强。韶钢 90t Consteel 电炉采用加 30% 铁水工艺，在电炉炉壁上铁水入口旁设置专用的铁水流槽，供铁水均匀缓慢地流入炉内，形成稳定的金属熔池，使废气预热的废钢沿水平通道逐步加入熔池，边加边化。这样，Consteel 电炉就成了主要金属原料都连续加入的半连续式反应器。由于液态熔池优越的传热条件和平稳的碳氧反应，废钢得以快速均匀熔化，缩短了冶炼周期。

生产条件下不加铁水时最佳铁水比为 30% 左右。

根据冶炼周期综合控制理论，为使冶炼周期 τ 最短，在 τ'' 确定条件下，τ' 达到最短必须满足：

$$\tau_e+\tau_c=\tau_0$$

为此，可以根据对冶炼周期的计算得出最佳的铁水加入比，最佳的吹氧制度以及供电制度：

(1) 最佳铁水加入比。用冶炼周期综合控制理论计算出冶炼周期与铁水比关系见图 2.14，相应操作参数见表 2.6。从图 2.14 中可以看出，当冶炼周期最小时，

表 2.6 最佳铁水比计算对应的操作参数

操作参数	设定值
平均供电有功功率	55MW
吹氧平均流速(标态)	$5500m^3/h$
炉体损失平均功率	4.5MW
氧油烧嘴功率	3MW×5

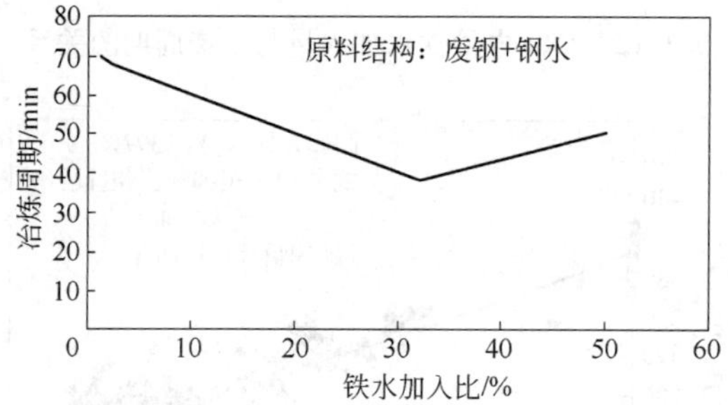

图 2.14 计算的冶炼周期与铁水加入比关系图

最佳铁水加入比为31%，对于安钢100t烟道竖炉电炉，相应铁水量为38t，冶炼周期为39min。模型还可以计算出当前的电耗为225kW·h/t。考虑到在实际生产过程中有时铁水供应不足，还配入生铁或HBI等含碳的原料，模型对图2.14进行了修正，修正后的计算结果见图2.15。在现场进行了大量生产统计和实验，实验时冶炼的钢种都为低碳钢，统计结果与计算结果基本一致。

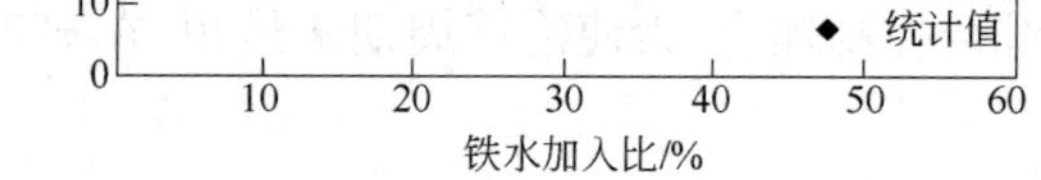

图 2.15 计算修正后的冶炼周期与铁水加入比的关系图

需要指出的是，冶炼钢种目标碳含量不同时，冶炼所需要的吹氧时间会发生变化，这里计算的最佳铁水加入比适用于冶炼低碳钢，终点碳在0.06%～0.15%。如果终点碳含量目标值高一些，最佳铁水加入比也会高一些。

安钢生产过程中,如果铁水供给量不够31%,则添加生铁或者改性生铁作为补充。对于安钢的生产条件,在冶炼低碳钢时,计算的最佳原料配比是:30t 铁水 +10t 改性生铁 +85t 废钢。改性生铁不仅能提供化学反应元素碳、硅等,其本身需要的氧耗与生铁比较相对小得多,使用它可以缩短供氧时间。改性生铁应该在第二料篮中加入,所加的改性生铁可以及时地补充冶炼过程中需要的碳,保证冶炼后期造出良好的泡沫渣。

安钢生产实验条件下不加铁水时冶炼周期约为60min。

以冶炼周期最短为目标计算的最佳铁水加入比与平均供电功率以及平均供氧强度是相关的,最佳铁水加入比与平均供电功率的关系见图2.16,与平均供氧强度的关系见图2.17。

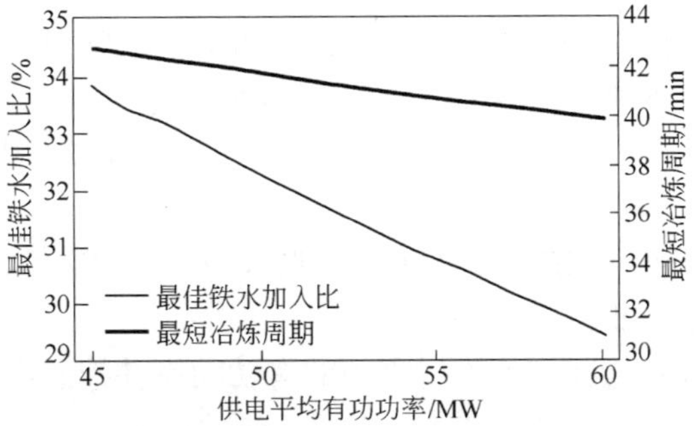

图2.16 吹氧流量为5500m^3/h(标态)时最佳铁水加入比和最短冶炼周期与平均有功功率关系图

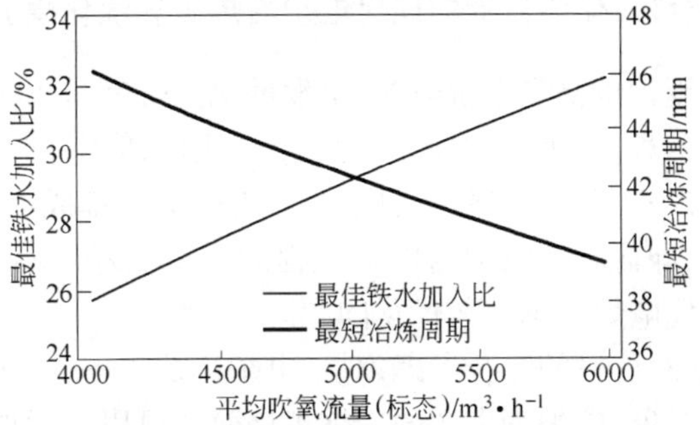

图2.17 平均有功功率55MW时最佳铁水加入比和冶炼周期与平均吹氧流量关系图

供电强度和吹氧流量提高,最短冶炼周期下降。从图2.16可以看出,在总输入能量相同时,随着供电强度的增大,最佳铁水加入比与相应的冶炼周期均是下降,这是由于随着供电强度的增大,式2.8中 τ_e 相应变小,少加铁水才能保证 τ_e +

$\tau_c=\tau_O$,相应冶炼周期也会下降;从图 2.17 可以看出,随着吹氧强度的增大,最佳铁水加入比是上升的,而最短冶炼周期是下降的,这是由于随着供氧强度的增大,式 2.9 中 τ_O 相应缩短,多加铁水才能保证 $\tau_e+\tau_c=\tau_O$。当然,相应冶炼周期也会下降。

综上所述,最佳铁水比与供电强度和供氧强度是密切相关的,在生产过程中,如果铁水提供量不足可以添加生铁或改性生铁作为补充。

(2)最佳吹氧量和供电制度。

首先是吹氧量的控制。吹氧量要严格按照式 2.10 计算值执行,过多的吹氧会导致铁损增大,降低金属收得率。在最佳金属原料配比的条件下,安钢 100t 烟道竖炉电炉模型计算的吨钢氧耗(包括主氧枪吹氧和氧油烧嘴吹氧)最佳值为 $42m^3/t$(标态)。

在最佳原料结构配比的情况下,吹氧流量和供电强度如表 2.6 所示。这样的操作条件充分利用了氧枪的吹氧能力和变压器的容量。

如果在生产中,原料结构不是处于最佳的情况,按表 2.6 中的参数进行操作,可能出现以下两种情况:

如果 $\tau_e+\tau_c>\tau_O$,应降低主氧枪流量或喷入一定量的炭粉,来保证在供电过程中持续吹氧并控制总氧耗。

如果 $\tau_e+\tau_c<\tau_O$,应降低操作过程中的有功功率并控制电耗。在电弧供电过程中,如果电弧电压小,则埋弧效果好,电弧的热效率增大;如果电流小,短网上的热损失也会降低。降低有功功率就可以降低电弧电流和电压,提高供电的热效率,降低电耗。

2.3.4　以工序效益最大化为目标的现代电炉冶炼工艺优化模型[6]

由于我国目前废钢价格和电价较高,给发展电炉炼钢带来了较大的困难,为了克服这些客观上的困难,对策有两条,一是生产高附加值钢,二是降低成本。可变成本组成有两部分,一部分为金属原料成本,一部分为熔炼成本。

企业讲究效益,即盈利。电炉为电炉流程的一个工序。本节讨论以工序效益最大化为目标的现代电炉冶炼工艺优化问题。

基于成本、效率及价格的综合考虑,对于电炉冶炼工序,在出钢量一定条件下,以一炉钢液为研究对象,电炉钢生产的冶炼工序效益可以表示如下:

$$\varphi = \left(E - \sum_{i=1}^{n}(P_iC_i)\right)/\tau \tag{2.29}$$

式中　φ——工序效益,元/h;

E——一炉钢液的价格,元;

$\sum_{i=1}^{n}(P_iC_i)$——一炉钢液的成本,元(P_i 表示 i 消耗的价格,C_i 表示 i 种消耗量);

i ——根据安钢第一炼轧厂电炉冶炼的实际情况取 1 ~ 12，分别表示：铁水 1、废钢 2、改性生铁 3、电 4、氧气 5、柴油 6、炭粉 7、电极 8、耐火材料 9、冷却水 10、渣料 11 以及工资、设备维护、设备折旧、还贷、采购、管理等成本 12。这里把前 3 项定义为金属原料成本；把 4 ~ 11 项定义为熔炼成本；考虑到第 12 项基本与冶炼周期无关，定义为固定成本。所以式 2.29 可以进一步表达为：

$$\varphi = \left(E - \sum_{i=1}^{3}(P_iC_i) - \sum_{i=4}^{11}(P_iC_i)\right)/\tau - R_f \tag{2.30}$$

式中 $\sum_{i=1}^{3}(P_iC_i)$ ——金属原料成本；

$\sum_{i=4}^{11}(P_iC_i)$ ——熔炼成本；

R_f——固定成本。

固定成本变化很小，当冶炼所需的消耗价格一定时，一炉钢液的成本取决于前 10 种消耗的大小。当冶炼工艺参数发生变化时，这些消耗的结构是要发生变化的，同时冶炼周期也要发生变化。例如，当铁水加入比增大，电耗会降低，氧耗会增大，冶炼周期也会发生变化。在钢水价钱一定的条件下，就可以计算出不同工艺参数条件下对应的 Φ 值。

考虑到电炉钢液成本是成品材成本的主要部分，当 Φ 最大时，可以认为流程经济效益最显著，我们以 Φ 达到最大或接近最大为目标，通过建立优化计算模型，优化电炉冶炼的工艺参数。

钢水的价格需要根据铸坯的价格来确定：

$$E = E_{slab} - R_{Heating} - R_{Alloy} - R_{LF} - R_{CCM} \tag{2.31}$$

式中 E_{slab}——此炉钢水形成的铸坯价格；

$R_{Heating}$——钢包烘烤成本；

R_{Alloy}——合金成本；

R_{LF} ——精炼成本；

R_{CCM}——连铸成本。

采用 2005 年 5 月份安钢财务报表数据（不含税），得到表 2.7。

通过对电炉冶炼系统的分析，除了供电系统，确认以下 4 个工艺参数是相对独立的，是可以进行优化的工艺参数：C_1、C_3、C_7、V_{O_2}；对于供电系统的供电曲线，穿井期除外，分为三个阶段，初期供电、强功率供电、冶炼后期供电，这三个阶段的供电时间比根据实际情况定为 2:2:1，三个阶段具有的功率因数是 3 个独立的供电参数，为了简化模型，确定三个阶段的有功功率之间的差值是确定的，这样三个阶段

表 2.7 1 炉钢水价格的具体构成(元)

项 目	每炉数值	吨钢数值
E_{slab}	308000.0	2800.0
R_{CCM}	3503.0	31.8
R_{LF}	3066.0	27.9
R_{Alloy}	6600.0	60.0
$R_{Heating}$	1025.5	9.3

的有功功率就只有 1 个独立的自变数,确认为平均有功功率,供电系统的独立参数一共为 4 个。对于整个冶炼系统,独立参数为 8 个。这些参数在约束条件下的取值不受其他参数的影响,其他的消耗量以及冶炼周期都可用这 8 个参数表示,这 8 个独立的变量也就是需要进行优化的工艺参数。模型计算开始时先假定这些参数是确定的。

考虑现场铁水的供应能力以及改性生铁加入量过大对造渣不利,模型约束条件有:

$$0 \leqslant C_1 \leqslant 60; 0 \leqslant C_3 \leqslant 15$$

主氧枪供氧的约束:

$$2000 \leqslant V_{O_2} \leqslant 6000$$

平均有功功率的约束:

$$45 \leqslant P_{电\cos\varphi} \leqslant 62$$

炭粉加入量约束:

$$0 \leqslant C_7 \leqslant 200$$

根据供电曲线自身的特点有:

$$0.75 \leqslant \cos\varphi_1 \leqslant 0.85; 0.75 \leqslant \cos\varphi_2 \leqslant 0.85; 0.70 \leqslant \cos\varphi_3 \leqslant 0.80$$

式中 V_{O_2}——表示主氧枪吹氧流量(标态),m^3/h;

$P_{电\cos\varphi}$——表示供电平均有功功率,MW · h;

$\cos\varphi_1, \cos\varphi_2, \cos\varphi_3$——分别为三个不同供电阶段的功率因数。

(1)废钢量 C_2 的计算。总金属料加入量基本稳定在 125t:

$$C_2 = 125 - C_1 - C_3$$

(2)电炉冶炼周期 τ 的计算:

$$\tau = \tau' + \tau''$$

$$\tau' = \max((\tau_e + \tau_c), \tau_0)$$

$$\tau = \max((\tau_e + \tau_c), \tau_0) + \tau''$$

(3)氧耗 C_5、油耗 C_6 以及电耗 C_4 的表示。由于氧油烧嘴在冶炼供能时间内一直工作,有:

$$氧耗 \quad C_5 = V_{O_2}\tau_O + V'_{O_2}\tau' \tag{2.32}$$

$$油耗 \quad C_6 = V_{oil}\tau' \tag{2.33}$$

$$电耗 \quad C_4 = P_{电\cos\varphi}\tau_e \tag{2.34}$$

(4)电极消耗 C_8、耐火材料消耗 C_9、冷却水消耗 C_{10}的计算:

1)电极消耗。电极消耗与电弧电流 I^2 成正比,由于三个供电阶段时间比设定为 2:2:1,有:

$$C_8 = k_1(0.4I_1^2 + 0.4I_2^2 + 0.2I_3^2)\tau_e \tag{2.35}$$

式中 k_1 ——电极消耗系数;

I_1, I_2, I_3 ——三个供电阶段的电弧电流,在已知有功功率和功率因数的条件下可以计算出来。

2)耐火材料消耗。根据耐火材料消耗指数公式,有:

$$C_9 = k_2(0.4U_1^2 I_1 + 0.4U_2^2 I_2 + 0.2U_3^2 I_3)\tau_e \tag{2.36}$$

式中 k_2 ——炉壁损耗系数;

U_1, U_2, U_3 ——三个供电阶段的电弧弧压,在已知有功功率和功率因数的条件下可以计算出来。

3)冷却水消耗:

$$C_{10} = V_{water}\tau \tag{2.37}$$

式中 V_{water} ——冷却水流量。

通过以上(1)~(4)的分析,我们可以用 8 个独立变量,也就是需要优化的参数来表示 C_2(废钢量)、C_4(电耗)、C_5(氧耗)、C_6(油耗)、C_8(电极消耗)、C_9(耐火材料消耗)、C_{10}(冷却水消耗)以及冶炼周期 τ,从而求得工序经济效益 ϕ。

通过线性优化的单纯形算法,就可以计算出当 ϕ 最大时需要优化的 8 个独立参数的具体大小,再经过现场认定如此操作是否可行。如可行,用优化后的参数指导生产,可以取得工序效益最大的效果。

该模型可以应用于:

(1)组织生产。对于电炉钢冶炼而言,由于所能生产的钢种很多,不同钢种的价格、成本以及冶炼时间是不一样的,利用此模型可以计算出生产这些钢种所能获得的最大效益,为企业组织生产,规划产品提供了参考。

(2)工艺参数的优化。对于生产某一特定的钢种,我们可以用此模型计算出工序效益最大时对应的工艺参数,这里列举了 5 种情况。生产元素价格和产品价格采用 2005 年 5 月安钢财务报表数据(不含税):

1)在生产元素价格正常条件下计算的最优工艺参数见表 2.8 中的“操作 1”,此时可以达到冶炼周期最短。

2)如果生产元素价格发生波动,例如废钢价钱涨到 2100 元/t,电价上涨为 0.6 元/(kW·h),此时计算的优化的工艺参数变为表 2.8 中的“操作 2”,由此可以看出，由于生产元素价格的大幅度波动，可能使得操作工艺参数发生根本性的变化。由于新的操作方式导致电炉冶炼时间加长，连铸流程操作相应可能要发生改变，以保证一定的连浇的浇次。

3）如果受到现场生产条件的制约，例如铁水量供应不足，这样的情况下如何使生产能达到效益最大呢？模型同样可以计算出。假定铁水只有30t，此时计算的优化的工艺参数变为表2.8中的"操作3"。从表中可以看出，由于铁水加入量不足，需要添加改性生铁作为补充。

4）如果生产的是档次高的钢种，电炉钢生产流程中的精炼、连铸或轧钢的生产时间可能较长，例如最大为45min，此时计算的优化的工艺参数变为表2.8中的"操作4"。可以看出，生产档次高的钢时，由于后续工序需要的时间长，电炉工序相应也要进行调整，保证效益最大。

5）如果产品的价格下降较多，例如铸坯价格为2580元/t，此时计算的优化的工艺参数变为表2.8中的"操作5"。

以上模型计算的操作工艺参数经过现场实验是可行的，实验得出冶炼周期和电耗与计算值基本相符合，验证了模型的可靠性。

表2.8为优化所得工艺参数及技术经济指标。

表2.8　优化的工艺参数及相关的技术经济指标

工艺参数	操作1	操作2	操作3	操作4	操作5
平均有用功率/MW	57	45	57	45	52
废钢/t	88	68	84	82	86
铁水/t	38	58	30	44	40
改性生铁/t	0	0	12	0	0
炭粉/kg	0	0	180	60	0
主氧枪氧流量（标态）/$m^3 \cdot h^{-1}$	5600	5600	5600	5600	5600
$\cos\varphi_1$	0.83	0.83	0.83	0.83	0.83
$\cos\varphi_2$	0.83	0.83	0.83	0.81	0.83
$\cos\varphi_3$	0.78	0.78	0.78	0.78	0.78
计算的冶炼周期/min	41	51	42	44	43
实测冶炼周期/min	40		41	43	42
每炉次电耗/kW·h	26721	16815	28987	21970	25319
实际电耗/kW·h	25900		28200	20900	24800
工序效益/元·h^{-1}	37456	5603	31599	33734	1070

铁水、废钢价格变化时，转炉、电炉工序效益变化示于图 2.18 ~ 图 2.22。由图 2.18 ~ 图 2.22 可见，不同工序效益图上均存在一个"零效应点"，"零效应点"的位置决定该企业选择流程的趋势。这也是在我国目前废钢、铁水价格条件下，企业多选择转炉流程的原因。

铁水价格取 1960 元/t，计算出的 φ_{EAF1}、φ_{BOF} 与废钢价格之间关系如图 2.18 所示；废钢价格取 1746 元/t，计算出的 φ_{EAF2}、φ_{BOF} 与生铁价格之间的关系如图 2.19 所示；在上述废钢价格条件下，计算出的 φ_{EAF1}、φ_{BOF} 与铁水价格之间关系如图 2.20 所示。

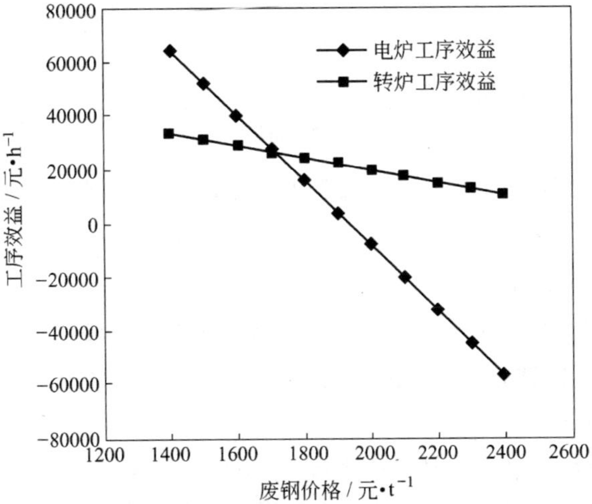

图 2.18　铁水价格一定时电炉（加铁水）和转炉工序效益随废钢价格的变化

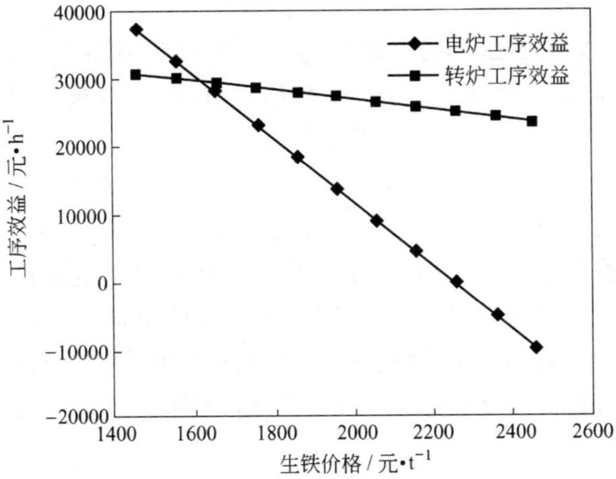

图 2.19　废钢价格一定时电炉（加生铁）和转炉工序效益随生铁价格的变化

从图 2.18 可以看出，电炉与转炉冶炼工序的等效益点处于废钢价格为 1720 元/t；电炉冶炼工序的零效益点为废钢价格为 1920 元/t，当废钢价格超过零效益

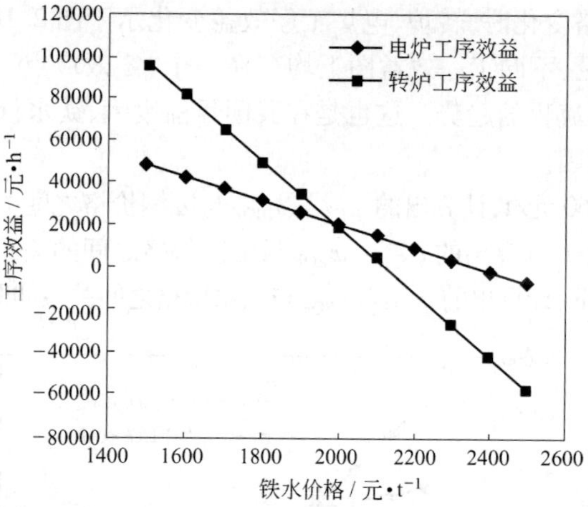

图 2.20　废钢价格一定时电炉(加铁水)和转炉工序效益随铁水价格的变化

点时,电炉冶炼开始赔本;而转炉即使在废钢价格升至 2400 元/t,仍能盈利。

从图 2.19 可以看出,电炉与转炉冶炼工序的等效益点处于生铁价格为 1610 元/t;电炉冶炼工序的零效益点处于生铁价格为 2250 元/t。

以上说明,在目前的废钢价格较高的条件下,用转炉流程生产碳素结构钢板的效益高于用电炉流程生产。

从图 2.20 可以看出,电炉与转炉冶炼工序的等效益点处于铁水价格为 1980 元/t ;电炉冶炼工序的零效益点处于铁水价格为 2350 元/t;转炉冶炼工序的零效益点处于铁水价格为 2120 元/t。说明铁水价格升高时,电炉有较大的盈利空间。

对比图 2.19 和图 2.20 可知,电炉加铁水冶炼时零效益点为铁水价格 2350 元/t,电炉加生铁冶炼时零效益点为生铁价格 2250 元/t,这就是说加铁水冶炼比加生铁冶炼具有较大的盈利空间,或者说有较高的工序效益。

对比图 2.18 和图 2.20 可知,电炉流程和转炉流程的工序效益受铁水和废钢价格的影响,当废钢价格比铁水价格低 240 元/t 的条件下,对于安钢一炼轧热轧流程,电炉和转炉的工序效益相当。以上是假定生铁价格为 2460 元/t,铁水价格为 1960 元/t,废钢价格为 1746 元/t 条件下的计算结果。如果铁水、废钢的价格升高,而碳素结构钢连铸坯的价格不变,则转炉流程也可能亏损,如图 2.21、图 2.22 所示,这就要求改变产品结构,生产其他品种的高附加值产品。

最后需要指出的是,由于我国铁水很难作为商品进行流通,现在很多钢铁企业在比较电炉成本与转炉成本时,使用的铁水价格为公司内部价格,没有充分考虑烧结厂、焦化厂以及炼铁厂的利润,从而得出了电炉钢成本远高于转炉钢成本的结论,这不能正确反映社会经济运行的效果,因而是不科学的。

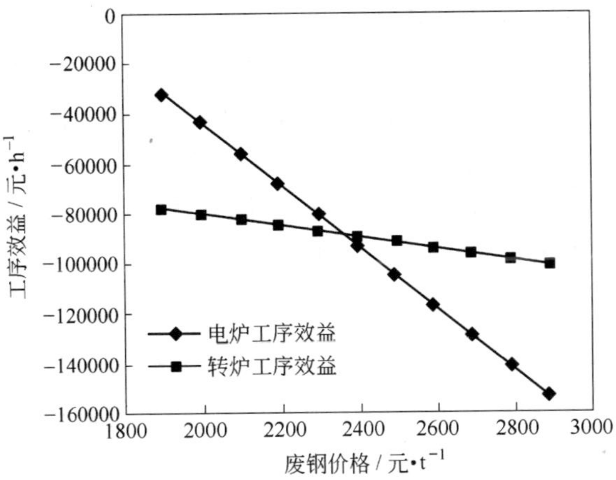

图 2.21　铁水价格为 2600 元/t 时电炉(加铁水)和转炉工序效益随废钢价格的变化

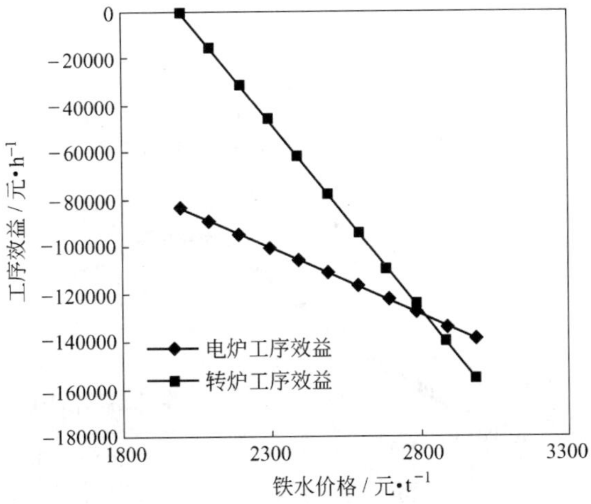

图 2.22　废钢价格为 2600 元/t 时电炉(加铁水)和转炉工序效益随铁水价格的变化

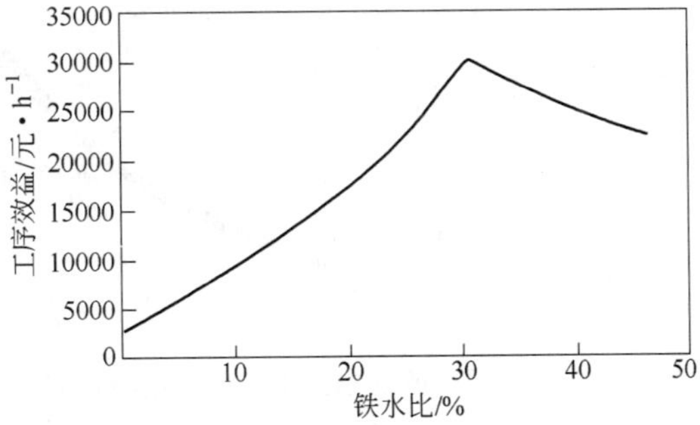

图 2.23　计算的 100t 烟道竖炉工序效益与铁水加入比的关系

用以工序效益最大化为目标的现代电炉冶炼工艺优化模型计算出来的 100t 烟道竖炉电炉工序效益与铁水加入比的关系见图 2.23。由图 2.23 可见，最大效益处与最佳铁水加入比(图 2.14)对应。

图 2.23 和图 2.24 分别是根据冶炼周期综合控制理论计算的 100t 烟道竖炉电炉工序效

益、冶炼周期与铁水加入比的关系曲线。

当氧气流量(标态)增至 8000 ~ 10000m^3/h,LF 处理周期为 35min,废钢价格上涨时,最佳铁水比为 50% 左右,其效益最高。近年来,一些钢厂的电炉采用了集束式炉壁氧枪,拆除了炉门氧枪,增大了炉子的密封性和氧气流的穿透能力,提高了氧气利用率,中后期泡沫造得较好,最佳铁水比升高,当铁水比达到 50% 时,单位小时利润也没发现效益降低的现象,如图 2.25 所示。

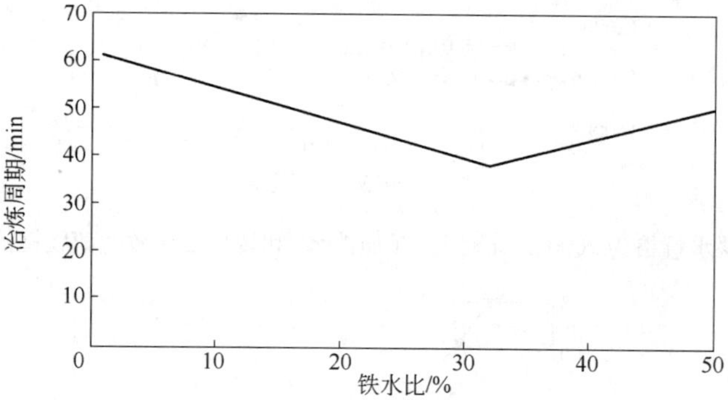

图 2.24　计算的 100t 烟道竖炉电炉冶炼周期与铁水加入比的关系

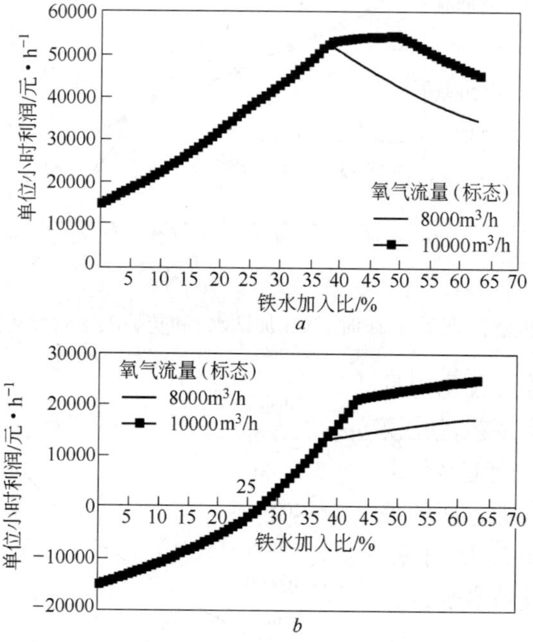

图 2.25　强化吹氧条件下工序效益(每小时的工序利润)与铁水加入比关系

a—LF 最短处理时间为 35min;*b*—废钢上涨 300 元/t

从图 2.11、图 2.13 可见,随铁水加入比的增加,电耗降低,但从不同加入铁水比与电炉冶炼的其他技术经济指标，从工序效益的角度考虑，采用过高的铁水加入比是不合适的。表2.9列出了根据质量平衡和能量平衡计算出来的不同铁水加入比与电炉冶炼技术经济指标的对比。

表2.9 不同铁水比技术经济指标对比

加铁水比/%	金属收得率				总能量收入/kW·h	能耗/kW·h			
	废钢/kg	铁水/kg	钢水/kg	收得率/%		渣	气	水	电
15	850	150	958.07	95.81	612.68	31.22	46.38	79.48	355.40
30	700	300	951.06	95.11	643.72	36.22	61.09	79.48	299.26
45	550	450	944.04	94.40	675.21	41.28	76.02	79.48	242.25
60	400	600	937.03	93.70	707.18	46.43	91.17	79.48	184.36
80	200	800	927.67	92.76	760.58	53.41	111.73	79.48	165.77

由表2.9可见，铁水比增加，总能量收入增加，电耗减少，但炉气、熔渣、冷却水带走的热量增加，金属收得率降低。

2.3.5 电炉全废钢冶炼的技术分析

通常在下述条件下，会采用全废钢冶炼：

(1)离城市中心，特别是旅游城市中心近，不允许建设长流程钢厂，铁水供应不便的电炉钢厂。

(2)对环境保护要求特别严格的钢厂，或因土地条件限制不宜建高炉—转炉流程的电炉钢厂。

(3)铁矿石、铁水价格高，废钢价格低的钢厂。但如果以生铁块高配石灰增加化学热，可能还是加部分铁水有利。

(4)电价特别便宜，废钢也特别便宜的地方电炉钢厂。

(5)废钢资源特别多，供炼铁用的焦炭、矿石等不可再生资源枯竭时。

根据冶炼周期综合控制理论，电炉的物理热只有废钢预热带来的物理热，化学热只有碳氧反应的热。即使不能加生铁，用其他形式的碳素材料发生碳氧反应，包括二次燃烧反应。电炉的热源仍然是三个。但这时应该特别注意化学热与物理热如何产生？如何提高氧气利用率和热效应，如何增加废钢预热的效果。

珠钢位于广州市经济技术开发区，不能建高炉流程，不能实现电炉加部分铁水操作，重点在增加供氧强度上下功夫。几年来，通过改造供氧系统，采用集束氧枪，在全冷料条件下，取得了较好的经济技术指标：两台150t电炉，供氧量(标态)为45~55m^3/t，平均冶炼周期为52min，电耗为280~320kW·h/t，电极消耗为1.1~1.3kg/t，年产量突破190万t的设计水平，并且70%的产量以优质钢为主。

本书作者愿意介绍日本的Ecoarc技术和德国的BSE技术，供参考。资料来源于作者对岸和田和巴登钢厂的考察。

Ecoarc 的全称是 Ecological Friendly and Economic Arc Furnace，这一技术是由 NKK（现 JFE）开发的。其加料、供电、供氧、生产操作及炉型有其特点，用全冷料作原料，并获得较好的经济技术指标。

岸和田一台出钢量为 70t 的炉子（直流电炉），冶炼周期为 35min，电耗达到 250kW·h/t 左右，氧耗（标态）约为 $30m^3/t$，生产率达到 100t/h。

JFE 姬路一台出钢量为 140t、留钢量为 50t 的交流电炉，变压器容量为 88MV·A，炉容量为 240t，竖井内废钢量为 50t，出钢侧倾动角为 20°，排渣侧倾动角为 15°，技术经济指标为：周末 24h 作业，每天出 24～27 炉钢，平时夜班 12h 出 12～14 炉钢；冶炼周期为 53min，通电时间为 48min ，电耗为 290～310kW·h/t，氧耗（标态）为 $35\sim38m^3/t$。两台炉子的炭粉用量均约为 18kg/t，仙台新造设备与姬路相同。

Ecoarc 炉子有几个特点：

（1）生产中可以采用摇炉方式；

（2）采用小车上料系统，减少上料时的冲击作用；

（3）废钢通过双闸门加入，总有一个闸门打开，一个闸门关闭，采用顶氧枪、喷枪，炉门密封性好。

对于第（1）个特点，Ecoarc 的操作模式如图 2.26 所示。在熔炼阶段，Ecoarc 向排渣方向摇 10°，这种向后摇炉使得钢液与废钢之间能有效接触，电能和化学能通过钢液与废钢接触传向废钢。由电能和化学能转换来的热使经烟道竖炉被产生的气体预热过的整个废钢熔化。在熔炼过程中，废钢在烟道竖炉中不断地下降，废钢从烟道竖炉顶部，用上料系统半连续地加入以保持烟道竖炉中的废钢水平。

在熔炼阶段，由于在熔炼室内钢液与废钢共存，钢液温度约为 1500～1530℃，在一炉钢液量的废钢熔化以后，精炼/升温过程开始。Ecoarc 向出钢侧摇 15°。烟道竖炉一直装填废钢，在炉子向前摇的时候，加废钢停止，炉子前摇减小了废钢与钢液接触区，导致减少从钢液向废钢的传热，钢液可以被升温至 1600℃或更高。独特的炉子内衬砌筑防止了废钢向出钢口方向倒塌，达到目标温度后出钢。留钢量约为出钢量的 50%，以实现出钢后有足够的钢液与废钢接触区。

图 2.26　Ecoarc 的操作模式

对于第(2)个特点,日本岸和田 Ecoarc 项目(50t)废钢运送系统如图 2.27 所示。

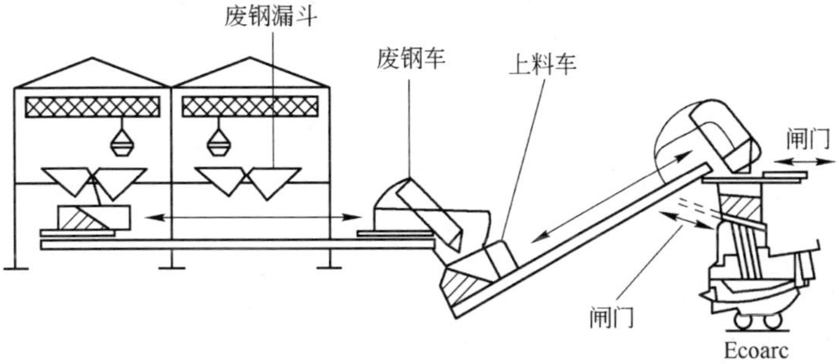

图 2.27 废钢运送系统的示意图

废钢半连续地加入烟道竖炉以保持炉中废钢水平,每炉加 7 ~ 10 次,每次 2 ~ 3min。为了缩短每次加料间隔,采用上料车系统。准备了两个固定的废钢料斗,每个废钢料斗均设有称重系统,基于炉料结构要求,每个料斗能装满一个上料车中废钢的量。然后,由中间的废钢车从一个固定的废钢料斗中将废钢传送到上料车中,上料车最后运动到烟道竖炉顶部,将废钢通过双闸门加入,一个闸门打开时,另一个闸门关闭,以避免在加废钢过程中烟气漏出。通过多固定料斗的准备,每一个固定料斗有 15 ~ 20min 的时间装入一个上料车所需的废钢,这就能够保证 Ecoarc 所需废钢的顺利供应。为使废钢能顺利装入,对其块度有一定要求,不同容量的炉子,要求不同。

由于第(3)个特点,炉子热损失小、烟气排放量小、易造泡沫渣、电弧相对稳定、噪声小。

这里值得强调的是 Ecoarc 炉子的废钢预热方式。除了密封炉气预热竖井内的料柱以外,它还有一种钢液向料柱的接触传热方式。它不像普通竖炉那样,废气向托架以上的废钢料柱预热,预热到几百度的热废钢在托架打开时掉入熔池熔化,而是整个废钢料柱与钢液共存。金属熔池面上的废钢被金属熔池里面未熔化的废钢托住,在进入熔池前达到接近熔点的温度。虽然预热的热量来自电源和碳氧燃烧,但其热效应高,这也许是 Ecoarc 技术经济指标好的一个重要原因。

现代电炉全废钢冶炼的另一范例是德国巴登钢厂的 BSE 技术。

巴登钢厂是 BSE 公司的一个电炉钢厂,具有两台容量为 90t 的电炉,两台与之配套的钢包精炼炉 LF,工厂平面图中各工序布置得很紧凑,从原料准备,电炉冶炼、LF 精炼、连铸。步进式加热炉加热、连轧、冷却及出成品,整个生产线长约 400m。热装温度大多为 800 ~ 850℃。

巴登钢厂是一个高效化的产品专业化的工厂,全厂 1400 人,年产长材 216 万 t,产品全部是高强度的螺纹钢与线材,产品附加值高,企业效益好。

巴登钢厂电炉的技术参数及技术经济指标如表 2.10 所示。

表 2.10　巴登钢厂电炉的技术参数及技术经济指标

电炉技术指标	1 号电炉	2 号电炉
容量/t	90	90
变压器额定功率/MV · A	90	90
最高二次电压/V	1050	1050
二次电流/kA	57	58
有功功率/MW	69	72
电极直径/mm	550	550
电耗/kW · h · t^{-1}	366	367
氧耗(标态)/m^3 · t^{-1}	42	39
喷炭粉/kg · t^{-1}	8.2	10.9
炉料中加炭/kg · t^{-1}	7.3	7.5
装废钢重量/t	107	107
出钢量/t	93	93
金属收得率/%	87.5	87.5
日产量/t	最高 7900t,一般 7600t	
工作日/天	321	321
作业率/%	88	88
冶炼周期/min	42	39
通电时间/min	30	29
非通电时间/min	12	10
出钢口寿命/炉	120 ~ 140	
炉顶砖寿命/炉	430	

巴登钢厂 LF 技术参数及技术经济指标如表 2.11 所示。

表 2.11　巴登钢厂 LF 技术参数及技术经济指标

LF 技术资料	1 号 LF	2 号 LF
有功功率/MW	10	10
电极直径/mm	350	350
处理时间/min	15	15
电极消耗/kg · t^{-1}	0.2	0.2
电耗/kW · h · t^{-1}	20	20
钢包寿命(包括透气砖)/炉	105	

BSE 电炉冶炼的关键技术是如何用好氧,提高氧气利用率及节能效果,这也是电炉全废钢冶炼的主要诀窍。

BSE 在电炉冶炼过程中,根据冶炼的不同阶段、不同炉况,采用不同的供氧模式,控制各模式下的供氧量及供氧强度。不同阶段的供氧模式如表 2.12 所示。

表 2.12 电炉冶炼不同阶段供氧模式

冶炼阶段	供氧模式
废钢熔化初期向冷区供热以保证炉中废钢较均匀熔化	烧嘴模式
开始精炼，同时熔化炉子底部废钢	烧嘴加氧枪模式
精炼阶段脱碳，增加化学能输入，降低电耗	氧枪模式
防止装料、出钢及其他阶段水口的堵塞	小火焰模式
熔化和精炼期间切割炉门区废钢、脱碳、降氮的有效工具	炉门氧枪操作手

巴登钢厂通过在炉侧壁、炉门、EBT 区域设置烧嘴、氧枪喷吹装置、消除电炉炼钢熔池冷区示意图如图 2.28 所示。

关于吨钢氧用量，有一种观点认为，电炉用氧量不应超过 $30m^3/t$（标态），否则效益会降低，对于这一点值得商榷。

转炉冶炼过程中，喷枪喷入的氧气用来氧化铁水中的碳、硅、锰、磷等元素，并氧化铁中 4% 左右的碳，不考虑二次燃烧就需要 $37m^3$ 的氧（标态），加上硅、锰、磷的氧化和部分铁的烧损，理论需氧量超过 $40m^3/t$（标态）。通常转炉吨钢耗氧超过 $50m^3/t$（标态）。

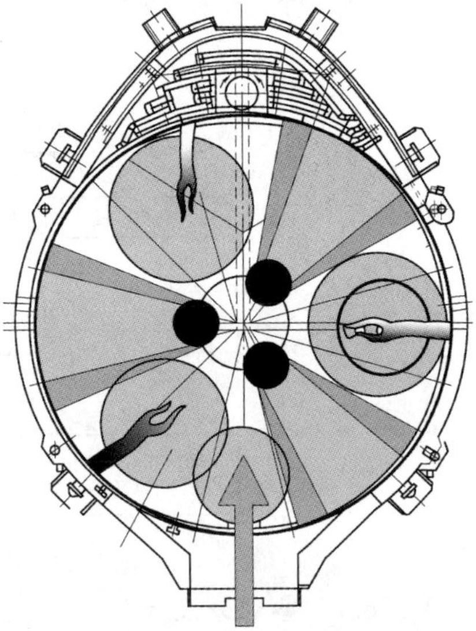

图 2.28 BSE 电炉喷吹示意图

电炉冶炼过程中，废钢加热与熔化吨钢电耗约 380kW · h，为降低电耗增加化学热与物理热，在用氧燃烧嘴加热废钢，助熔，熔池脱硅、锰、磷，脱碳及二次燃烧造泡沫渣等过程中均需用氧，加 30% 生铁块或铁水时，理论需氧量超过 $33m^3/t$（标态），因此认为电炉用氧量不应超过 $30m^3/t$（标态）是不合理的。实践中，无论是加部分铁水冶炼（例如安钢）或全废钢冶炼（例如日本 Ecoarc、德国 BSE）吨钢用氧量均超过 $35m^3/t$（标态）。

现代电炉炼钢用氧量（标态）通常达到 $40m^3/t$ 左右，接近转炉炼钢用氧量水平。值得注意的是，吨钢用氧量过大会增加一定量的铁损。

电炉用氧费用在电炉钢成本中只占很小的一部分，以氧代电更是降低成本。故电炉用氧量即使达到转炉钢水平，对吨钢的成本影响也不大，如果考虑到缩短冶炼周期，提高生产率，电炉工序效益还可能增加。

有关对环境友好的特点将在本书第 5 章叙述。

2.3.6 现代电炉设计

根据现代电炉冶炼周期综合控制理论，对现代电炉设计的指导思想提出一些设想，供有关设计部门参考。

2.3.6.1　总体设计

总体设计思路如图2.29所示，使用单位可以从两个方面提出要求。一是炉子的生产规模、每年产多少万吨钢，二是要求炉子电耗量为多少kW·h/t。

根据客户对生产规模及电耗的要求，首先要确定炉子的出钢量、留钢量、容量、冶炼周期。冶炼周期确定以后，可以计算出所需废钢预热方式、铁水比、供氧量和变压器容量。

在考虑供氧时，要确定炉型结构、氧枪分布、类型、每支氧枪的功率。在使用氧燃烧嘴时，要设计烧嘴的种类、功率及布置。

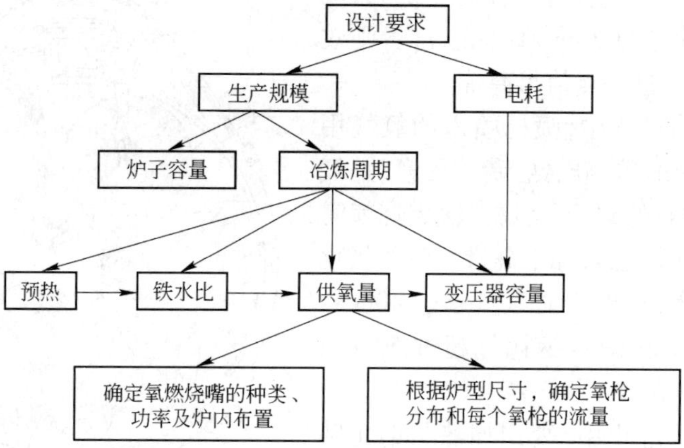

图2.29　现代电炉总体设计路线

2.3.6.2　各部分设计

(1)电炉加部分铁水冶炼的工艺设计(原料结构的设计)。确定铁水和生铁加入比，一般要求小于40%。

(2)供电方案的设计。总的原则是考虑电炉所需总功率，由化学热和物理热转变而来的功率，选择一定容量的变压器额定功率，供电时尽量使用大功率级数。变压器的设计包括容量、有功功率、温升；电效率可按60%计算，不同供电阶段的功率因数不同，功率因数的设定需要考虑电弧的稳定性、电极消耗及耐火材料消耗；此外，还包括电抗设计。

(3)供氧方案的设计。要求为在炉门炉壁或EBT处设定氧枪，氧油烧嘴及其最大流量，并设定相应的炭枪。

(4)辅助系统的设计。辅助系统包括基础自动化系统、冶炼过程模拟控制软件(电炉终点动态控制)、除尘系统(必须考虑环保)、加料系统等。

(5)初步设计方案的修正与优化。包括电耗和冶炼周期设计的铁水加入比过大时的修正、吹氧强度过大时的修正、变压器容量过大时的修正等。原则是首先保证生产能正常进行，对设计要求做一些调节，对整个设计方案进行整体优化，以实现效益最大化。

2.3.6.3　设计举例

设计要求		设计结果	
年产	360 万 t	炉子容量	2×180t
电耗	220kW·h/t	出钢量	180t/炉
铁水最大配给量	100t	冶炼周期	42min
氧气消耗(标态)	$40m^3/t$	变压器	120MW
		氧燃烧嘴	8×3MW,单个氧气流量(标态)$800m^3/h$
		铁水加入比	35%
		炭粉	200～600kg
		氧枪总的吹氧能力	$12000m^3/h$(标态),实际工作 $10000m^3/h$(标态),可以设定一个炉门氧枪或两个炉壁氧枪

2.4　现代电炉炼钢冶炼周期综合控制理论的形成过程

1993 年在“第一次上海会议”上殷瑞钰副部长指出,在理论上电炉工序的冶炼周期和操作因素之间存在如下关系:

$$t = \frac{CW \times 60}{T\cos\varphi\mu} + C' \tag{2.38}$$

式中,T 为变压器功率。

本书作者感到,这一理论公式是日本学者井口光哉于 1986 年提出的,并不能准确反映现代电炉炼钢的内在规律。因为当时的直流和交流电炉中均大量使用化学热,此外,在供电上电炉表观功率达不到变压器额定功率。

1993 年 11 月至 1994 年 5 月,作者以学习国外直流电炉技术为目的赴美国卡内基·梅隆大学钢铁研究中心做了半年访问教授,在美期间对国外电炉发展,特别是现代电炉炼钢(Mini-mills)做了比较深入的调研。回国后于 1994 年下半年在全国特钢会议上提出“加强电炉短流程生产工艺研究与技术开发的建议”,指出要围绕缩短冶炼周期这一核心来发展我国的现代电炉炼钢,为缩短电炉的冶炼周期要充分用化学热和物理热。

经过约 10 年的研究,跟踪国外现代电炉炼钢技术的发展,深深认识到化学热和物理热对于电炉炼钢的重要性。由于化学热和物理热对电炉炉型、原料结构、变压器功率、炼钢原理、经济技术指标等方面都起着决定性影响,作者于 2002 年在广州召开的“全国电弧炉炼钢技术交流会”上首次提出了一组修正的电炉冶炼周期综合控制公式(式 2.2～式 2.5)。

之后,作者及其博士生徐迎铁用计算机对冶炼周期进行了计算,计算结果与生产实践相符。特别是最佳铁水比的计算、经济效益模型,把冶炼周期与生产工艺参数,企业的经济效益联系起来,建立了生产工艺与产品成本、企业效益之间的关系,用以帮助企业家决策。

基于：

（1）上述那组修正的电炉冶炼周期综合控制公式反映了现代电炉炼钢技术特征；

（2）通过那组公式可以计算出最短冶炼周期、最大工序效益与工艺参数的关系、确定优化工艺，可以用来指导生产；

（3）冶炼周期计算模型具有一定的普适性。所谓普适性即是对冶炼周期计算模型做一定简化，就可以适应更多的研究对象。例如，推广到转炉流程，根据 τ' 最小应满足下述要求：

$$\frac{Q'_1 + Q''_1 + E_m - Q_2\eta_2 - Q_3\eta_3 - Q_4\eta_4}{P_{elec.}\,\eta\cos\varphi} + \tau_c = \frac{O_N}{V_O\eta_O + V'_O\eta'_O} \tag{2.39}$$

对于转炉流程，τ' 最小应满足：

$$Q'_1 + Q''_1 + E_m - Q_3\eta_3 - Q_4\eta_4 = 0 \tag{2.40}$$

作者于 2004 年，将上述工作称为电炉冶炼周期的综合控制理论，并指出它是建立在工厂范围时空尺度上的电炉炼钢过程宏观控制。

综上所述，电炉冶炼周期综合控制理论是经过十多年的努力，由中国冶金工作者首先提出并逐渐形成的，是一种大尺度时空范围内的冶金理论。

参考文献

[1] Kreutzer K W, Solomen P J. In: Second European Electric Steel Congress[C]. Florence, Italy, 1986.

[2] 宋华德. 超高功率电炉及相关技术[A]. 上海工艺——当代电炉流程与工程问题研讨会专集，上海，1993：86 -94.

[3] 井口光哉. 第 114、115 回西山纪念讲座[C]. 日本铁钢协会，1986：37 -68.

[4] Deiter Ameling. 电炉炼钢的现状和未来[J]. 冶金设备和技术，2000，(1)：14 -19.

[5] 傅杰，王中丙，兰德年，等. 现代电炉炼钢技术的发展、问题及对策[A]. 电炉炼钢学术会议论文集[C]. 广州：2002：1 -19.

[6] 徐迎铁. 烟道竖炉电弧炉冶炼工艺优化与动态模拟研究[D]. 北京：北京科技大学，2006.

[7] 崔健. 电弧炉炼钢技术若干问题的实践与认识[A]. 中国电炉流程与工程技术[C]. 北京：冶金工业出版社，2005：77 -92.

[8] 王新江，傅杰，李晶，等. 100t 交流竖式电弧炉冶炼电耗技术分析[J]. 钢铁，2004，(5).

[9] 傅杰. 现代电炉冶炼周期综合控制理论及应用[J]. 北京科技大学学报，2004，26(6).

[10] 孙开明，温德松，张露. 150t 电炉连铸流程技术改造及创新实践[A]. 中国电炉流程与工程技术[C]. 北京：冶金工业出版社，2005：113 -120.

3 现代电炉冶炼过程钢液中氮的控制

3.1 概述

3.1.1 氮在钢中的作用

氮在钢中不像氧那样有害无利，它的作用在某种程度上和碳相似，甚至碳、氮可以互相代替，氮对钢组织性能的影响具有两面性，一方面有利，一方面有害。尽管氮对钢的某些性能具有有利影响[1,2]，但氮对钢的性能通常基本上起有害作用，其有害作用主要表现为：

(1)时效脆化。对于低碳钢，氮可以导致时效硬化，即将氮含量较高的钢自高温较快的冷却时，铁素体就会被氮过饱和(氮在铁素体中的溶解度在590℃时约为0.1%，在室温时降至0.0015%)，如果将钢材在室温下静置，氮将以Fe_4N形式逐渐析出，这虽然能使钢的强度和硬度上升，但使钢的塑性和韧性降低，钢中自由氮含量越高时效现象越严重。

(2)降低钢的成型性能与韧性，导致冷弯裂纹和连铸坯热裂。自由氮在铁素体中固溶，造成固溶强化，加上时效作用，使钢的塑性和韧性降低，冷加工性能下降，导致冷弯裂纹。图3.1为自由氮含量对非镇静钢平均塑性应变比r值的影响，图3.2为氮含量对低温冲击韧性的影响[3,4]。

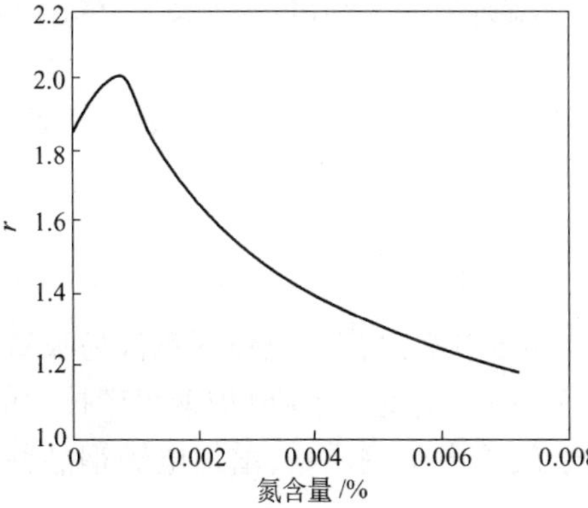

图3.1 氮含量对低碳钢平均塑性应变比r值的影响

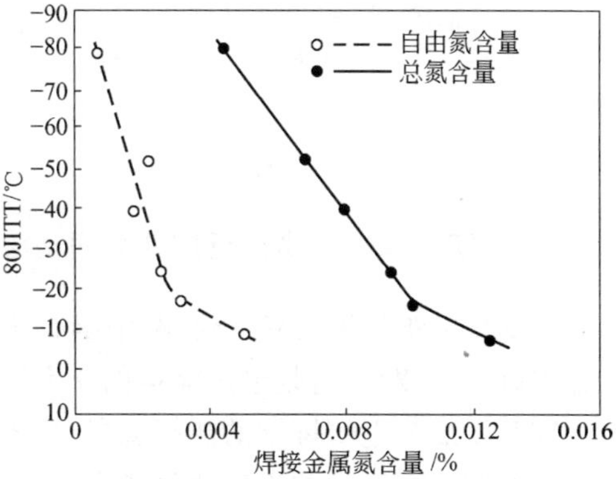

图3.2 夏比冲击韧性转变温度随焊接金属氮含量的变化

由图3.2可见，钢中氮的总含量越高，钢中的自由氮含量也越高。20世纪80

年代,美国在发展薄板坯连铸连轧技术时,考虑到 CSP 流程的冶炼工序采用电炉,钢中氮含量较高(0.0080% ~0.0120%),为保证 CSP 流程的产品质量,减少薄板冷弯和连铸坯热裂缺陷,开发了以氮化物形成元素铌、钒、钛微合金化的 HSLA 钢,纽柯 1 厂和纽柯 2 厂分别以钒和铌微合金化的 HSLA 钢为其主要产品[5~7],初衷是用微合金元素固定氮,减少自由氮含量。

图 3.3 显示出氮对 C-Mn-Al-Nb(HSLA)钢高温塑性的影响。当铝、铌含量一定时,[N]≥0.0042% 时,钢的低塑性区扩展到 950℃,且随[N]的增加,从 0.0042% 增至 0.0110%,950℃时钢的塑性降低,这里[N]系指钢材中氮。

由于氮降低高温时钢的塑性和韧性,连铸坯易产生热裂。

考虑到[N]对薄板坯连铸连轧钢表面质量的影响,为降低薄板冷弯及铸坯热裂缺陷,珠钢在开发不添加微合金钒、铌、钛的 HSLC 钢时,要求[N]≤0.0050%,以使钢中自由氮含量不大于 0.0010%。实践表明,[N]<0.0050% 时,厚度不小于 4mm 的 ZJ330B 和集装箱板冷弯合格率为 80%,[N]=0.0050% ~0.0090% 时,冷弯合格率为 50%,[N]=0.0090% ~0.0100% 时,冷弯合格率为 10%,见图 3.4[8]。

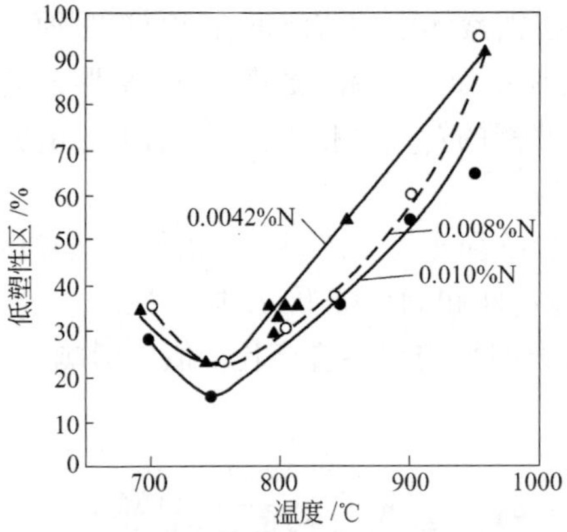

图 3.3　C-Mn-Al-Nb(HSLA)钢中氮对高温韧性的影响[3]

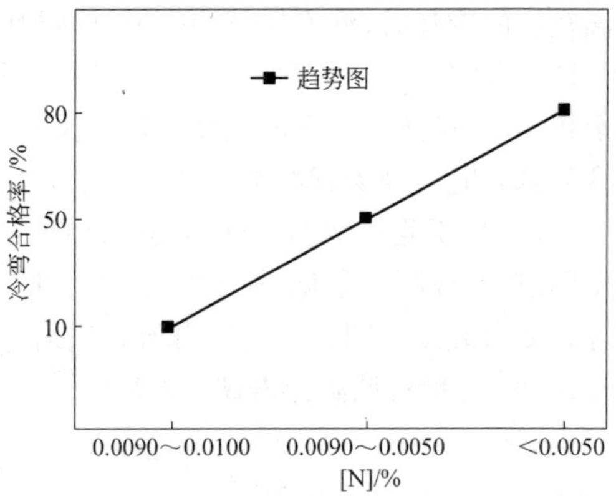

图 3.4　[N]与厚规格产品冷弯裂纹的关系

3.1.2　钢冶炼过程中氮反应的共同规律

现代电炉炼钢与转炉炼钢相比较,由于废钢原料含氮高及电弧区钢液易吸氮,钢中氮含量较高,这是电炉流程的先天性缺陷之一。为此,低氮电炉钢生产技术的研究开发成为电炉炼钢的热门课题,它有利于改善电炉钢质量,增加电炉钢品种,提高电炉流程产品的市场竞争能力。

电炉钢液最终氮含量由下式决定:

$$[N] = [N]_0 - \Delta[N]_1 + \Delta[N]_2 + \Delta[N]_3 - \Delta[N]_4 + \Delta[N]_5 + \Delta[N]_6 \quad (3.1)$$

式中　[N]——最终钢液中的氮含量;

$[N]_0$——炉料中的氮含量；

$\Delta[N]_1$——电炉冶炼过程中的净脱氮量，它等于脱氮量与增氮量的差；

$\Delta[N]_2$——电炉出钢至 LF 精炼开始钢液增氮量；

$\Delta[N]_3$——LF 精炼过程增氮量；

$\Delta[N]_4$——LF 结束至 VD 精炼结束钢液脱氮量；

$\Delta[N]_5$——VD 精炼结束至连铸开始钢液增氮量；

$\Delta[N]_6$——连铸过程增氮量，包括钢包至中间包至结晶器整个连铸过程钢液增氮量。

由式 3.1 可见：为生产低氮钢，首先必须降低炉料中的氮含量（降低$[N]_0$），通常通过采用废钢以外的铁素材料（包括铁水、生铁、DRI、HBI 及 Fe_3C）来解决，其次是要增加电炉冶炼及 VD 精炼过程的脱氮量（$\Delta[N]_1$ 及 $\Delta[N]_4$）和防止过程中钢液增氮（减少 $\Delta[N]_2$、$\Delta[N]_3$、$\Delta[N]_5$ 和 $\Delta[N]_6$）。

为了保证成品钢中氮含量符合要求，且冶炼和精炼周期能满足连铸节奏要求，必须控制钢液脱氮及吸氮速度。

无论是现代电炉流程还是转炉流程，它们的吸氮、脱氮方式和时期均是相同的，不同时期具有不同的热力学和动力学条件，故有一时期表现为吸氮，有一时期表现为脱氮，在通常的条件下，脱氮反应与吸氮反应同时存在，本书把同时存在脱氮和吸氮的过程称为氮反应过程。

氮反应过程是典型的气液相界面反应过程，如图 3.5 所示。[N]通过钢液向钢液气相（CO 和 Ar 气泡）界面传质，发生脱氮反应 $2[N]=N_2$；N_2（大气和氮气泡中的氮）通过气液相界面传质，发生吸氮反应 $N_2=2[N]$。

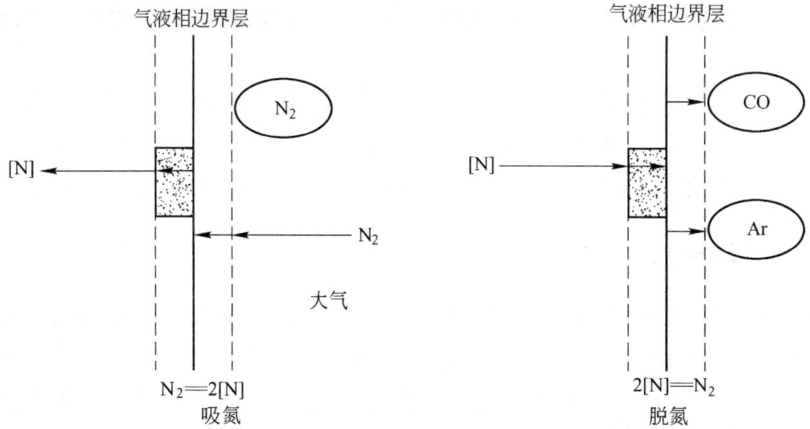

图 3.5　脱氮反应界面示意图

电炉或转炉炉内的脱碳反应过程，是典型的气液两相反应过程。碳和氧向气泡表面或钢液裸露自由表面传质，在气液相界面发生脱碳反应$[C]+[O]=CO$。

同时气相中的氮向气液相界面传质，发生吸氮反应 $N_2 = 2[N]$ 。所以，氮反应与脱碳发生在相同的气液界面，氮反应过程与脱碳过程紧密相联。由于脱氮界面主要是依靠脱碳反应产生的 CO 气泡提供，且炉内气泡内氮分压与脱碳速率相关，分析脱氮就必须分析熔池的脱碳过程。已有的转炉脱碳模型研究相对成熟，但更多是经验模型，远没有从机理上分析脱碳的反应界面大小，仅有的电炉脱碳模型是以容量为 25t 电炉工艺数据为基础得出的文献[9]。这些模型可能不能适用于现代电炉、转炉脱氮的分析。作者等人研究在建立复吹转炉氮反应数学模型的同时，其实也建立了脱碳模型，单独的脱碳模型可以用于模拟现代电炉、转炉冶炼过程碳含量变化，分析脱碳规律以及冶炼过程中碳、氧关系。不过，本章论述的重点还是氮反应过程。

考虑到气液界面以两种方式存在，氮反应以及脱碳反应基本可以分为两种类型。第一种类型是钢液表面裸露时的反应，吹氧凹坑、吹氧或底吹气造成的钢液翻滚裸露及喷溅的液滴都可以使得钢液暴露在大气当中，从而形成气液界面；第二种类型是熔池内的气泡表面上的反应，包括钢液内 CO 气泡和底吹气体（N_2、Ar）产生的气泡。

这两种类型反应发生在熔池不同的反应区域。第一种类型反应区域主要为：吹氧凹坑表面、吹氧反应区钢液翻滚造成的钢液裸露以及喷溅液滴表面；第二种类型反应区域为：吹氧反应区钢液内 CO 气泡表面、底吹气体（N_2、Ar）形成的气泡表面以及熔池内其他区域 CO 气泡表面。总的说来，氮反应和脱碳过程可能发生于三大区：吹氧反应区、底吹气柱区和钢液内部其他区域。

需要说明的是，钢液滴乳化到渣中也会形成脱碳过程，但由于渣氧势较高，处于渣内的钢液滴不能有效吸氮，而此脱碳方式的脱碳量和脱氮量相对较小，模型计算中将其忽略。

本章在对氮反应和脱碳热力学和动力学分析的基础上，建立统一的数学方程对氮反应和脱碳过程进行描述，确定了数学方程计算需要的各个参数，最终计算出现代电炉、转炉冶炼过程氮反应速率，模拟出钢液中 N、C 和 O 含量的变化。

3.1.3　研究过程

1993 ~ 1994 年，作者在美国卡内基·梅隆大学钢铁研究中心做访问教授期间，该中心主任 R. Fruehan 教授的一个研究方向是不锈钢脱氮，作者曾帮助 Fruehan 教授的一名博士研究生做选题报告。为此曾阅读了大量有关钢液脱氮、吸氮的文章，发现美国的电炉钢含氮较高，通常为 0.0080% ~ 0.0100%，钢液脱氮、吸氮成为一个热门话题。此外，为避免氮高对钢组织性能的不利影响，发展了以氮化物形成元素钒、铌、钛微合金化的 HSLA 钢，通过微合金元素钒，铌，钛固氮，消除自由氮的不利影响。同时，人们还发现钒、铌、钛具有细化晶粒和弥散强化作用。HSLA 钢的研究工作非常活跃,新的薄板坯连铸连轧流程(CSP)生产的产品中,HSLA 钢是主要产品。

1994 年 5 月作者回国以后,在同年下半年召开的全国特钢冶炼学术会议上,作者提出了开展"电炉钢短流程生产工艺研究和技术开发的建议",把不锈钢炉外精炼(AOD、VOD)技术作为研究内容之一,同时带领研究生开展了钢液脱氮吸氮的系统研究。

首先博士生唱鹤鸣进行了熔渣下钢液真空吹气脱氮的研究[10,11],他把脱氮反应分为真空脱氮(适应真空感应炉、真空电弧炉、真空双电极电弧重熔炉、电子束炉、冷坩埚熔炼炉、真空/氩气电渣炉,VD、VOD、AOD 等炉外精炼过程)和非真空脱氮(适应于感应炉熔炼,电炉冶炼,转炉冶炼,LF 精炼),研究了熔渣下钢液真空脱氮、真空吹氩脱氮的热力学和动力学,真空脱氮包括气泡携带法脱氮。

博士生周世祥研究了钢液脱氮机理及 VD 脱氮模型。他研究了吹氩及吹氧脱碳过程中钢液脱氮过程,发现 2600℃时气液界面氧、硫的表面活性作用及其对钢液吸氮和脱氮的阻碍作用消失[12]。

博士生迪林进行了现代炼钢过程氮的控制理论及工艺研究[13]。他的主要贡献在于发现在钢液裸露及熔渣覆盖条件以及电弧炉底吹气条件下,当钢液中氧含量高于 0.0200% ~0.0300% 时,吹氮时钢液并不吸氮,使韶钢引进的带底吹气装置(底吹氩或氮氩切换)的 90tConsteel 电炉实现了全程底吹氮,最后改成了不用底吹气的改进装置。

博士生王中丙[14]用电炉生产出了总氮量小于 0.005%,自由氮小于 0.0010% 的集装箱板,发展了不含钒,铌,钛的 HSLC 钢,使珠钢引进的带底吹气(底吹氩或氮氩切换)的 150t 烟道竖炉电炉实现了全程底吹氮,生产了多年,最后改成了不用底吹气的改进装置。硕士生徐晓达在奥钢联的支持、资助下,开发了现代电炉氮反应的数学模型[9],由于经费的限制,他是以安钢 25t 电炉的工艺数据作为模型参数的。

博士生刘阳春[15]根据现代电炉和转炉的共性,认为电炉可以全程底吹氮,转炉也应该可以实现全程底吹氮,而且钢中的氮含量应该更低,在唐钢 150t 顶底复吹转炉上,进行全程底吹氮试验,取得成功,并发现在全程底吹氮条件下转炉出钢氮含量为 0.0010% 左右,而电炉出钢氮含量可小于 0.0030%,恒流量底吹氮时,随吹氮流量增加,转炉出钢氮含量增加。

博士生史美伦[16]在安钢 150t 顶底复吹转炉上,重复了刘阳春的结果与结论,并研究发现变流量底吹氮时,小流量底吹氮条件下,转炉出钢氮含量为 0.0010% 左右,采用前期小流量后期大流量底吹氮时,出钢氮含量也可与底吹氩相近,达到 0.0010% 左右。他还在同期从事另外方向研究的博士生徐迎铁的帮助下,以安钢 100t 烟道竖炉电炉的装备及工艺参数为基础,开发了新的现代电炉冶炼氮反应数学模型。

综上所述,本章内容是作者及其研究生们的共同研究成果,是在《钢冶金过程动力学》第4章"现代电炉炼钢过程钢液脱氮与吸氮的动力学"基础上有所补充和深化,重点介绍现代电炉氮反应的数学模型。

3.2　表面活性物质氧、硫对钢液吸氮、脱氮的影响

3.2.1　理论分析

氧、硫是表面活性物质,它们在表面富集,占据了一部分可吸附氮的表面位置,从而阻碍了氮在这些位置上的吸附。随着氧、硫在铁中浓度的增加,占据的表面位置分数增加,吸氮过程相应变慢。从表面位置被封闭的模型出发,吸氮过程的速度常数为:

$$k = k^*(1-\theta) \tag{3.2}$$

式中　k^*——纯铁液中的速度常数;

θ——被富集的氧、硫占据的表面位置分数。此分数可根据朗缪尔吸附等温式与氧活度 a_O 或硫活度 a_S 通过下式相联系:

$$(1-\theta_O) = \frac{1}{1+k_O a_O} \tag{3.3}$$

$$(1-\theta_S) = \frac{1}{1+k_S a_S} \tag{3.4}$$

式中　k_O, k_S——分别为氧、硫吸附常数。

图3.6及图3.7分别示出了氧、硫对吸氮速度常数的影响。

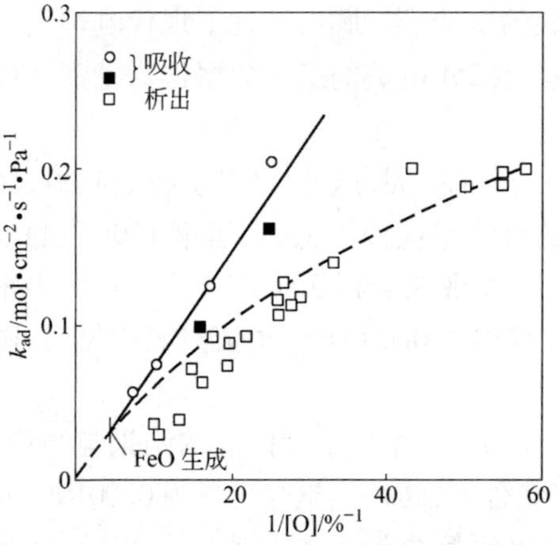

图3.6　1600℃时氮在铁氧合金液中的吸收速度常数

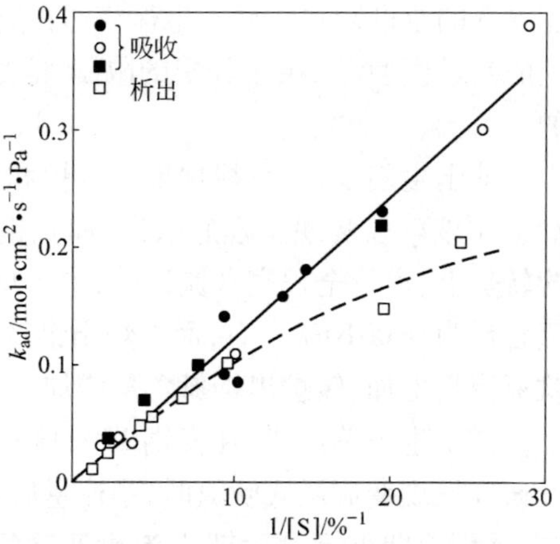

图3.7　1600℃时氮在铁硫合金液中的吸收速度常数

根据图3.6、图3.7可得出1600℃时氧、硫对吸氮速度常数的影响：

$$k_O = 1.7 \times 10^{-5}/(1 + 220[\%O]) \tag{3.5}$$

$$k_S = 1.7 \times 10^{-5}/(1 + 130[\%S]) \tag{3.6}$$

式中 [O],[S]——分别为氧、硫的质量分数。

伊藤研究了温度及氧含量与钢液吸氮的关系[17]，为了避免坩埚对反应的影响，试验采用了悬浮液滴熔炼法。试验气体采用Ar、N_2。温度通过预先已标定的双色温度计测量。试验过程如下：1g铁片在氩气气氛下悬浮熔炼2min，45s可达到反应温度。在将气氛由氩气变为氮气或氩、氮混合后，吸氮过程开始，经过预先设定的反应时间，铁液滴入水冷铜结晶器中。改变反应时间重复以上试验。在1780～2210℃范围内，研究了温度对吸氮速度的影响。铁液氧含量为0.001%～0.002%，气体流量为0.5L/min。试验结果见图3.8。为了考察氧含量对吸氮速度的影响将铁液氧含量提高到0.085%～0.09%，结果见图3.9。

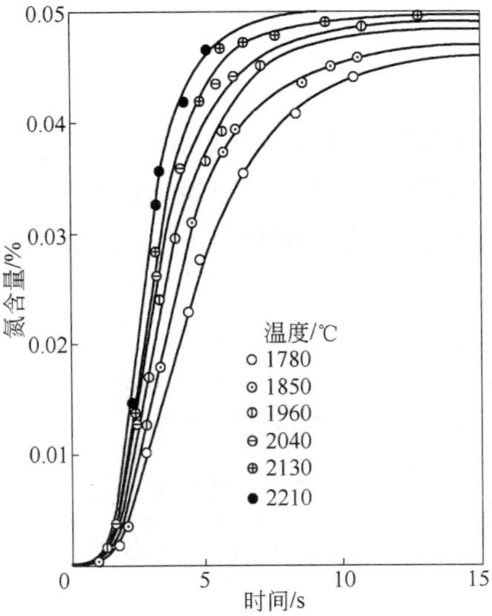

图3.8 温度对吸氮速度的影响
（铁液氧含量0.001%～0.002%，氮气流量0.5L/min）

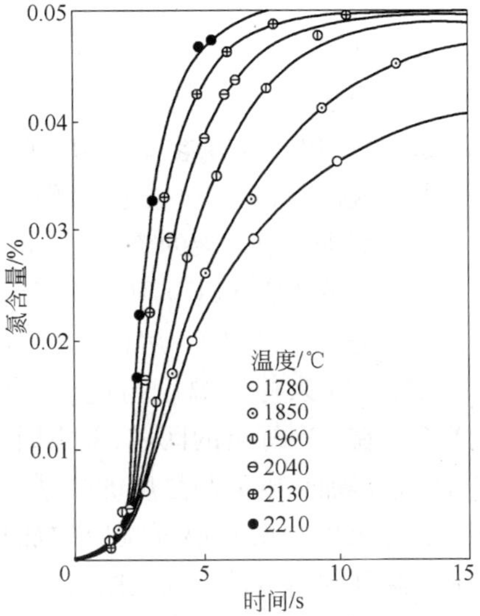

图3.9 钢液氧含量对吸氮速度的影响
（铁液氧含量0.085%～0.090%，氮气流量0.5L/min）

由图3.8可见，随温度提高，吸氮速度增加，而且吸氮过程几乎在30s内就已完成。图3.9显示出钢液氧含量和温度对吸氮速度的影响。图3.8与图3.9比较可以看出，在温度较低时，钢液氧含量对吸氮速度的影响非常显著，高氧含量吸氮速度大大低于低氧含量的情况。随温度升高氧的影响减小，当温度升高到2130℃时，氧含量影响基本消失。

图3.10为一级脱氮速度常数k_1的对数与温度的关系。由图3.10可见，在温度较低时，低氧铁液的吸氮速度常数大于高氧铁液的吸氮速度常数，随着温度的

升高，二者的差距逐渐减小。当温度进一步升高时，相交于一点，此点的对应温度为2130℃，此温度下氧对吸氮的影响消失。

伊藤的试验结果表明，铁液中氧对脱氮速度常数的影响，随钢液温度的升高而减小，这可解释为反应界面被氧原子占据的分数，随温度的升高而减小。2130℃以后，$\theta=0$，$k_1=k_1^*$，氧的不利影响消失。

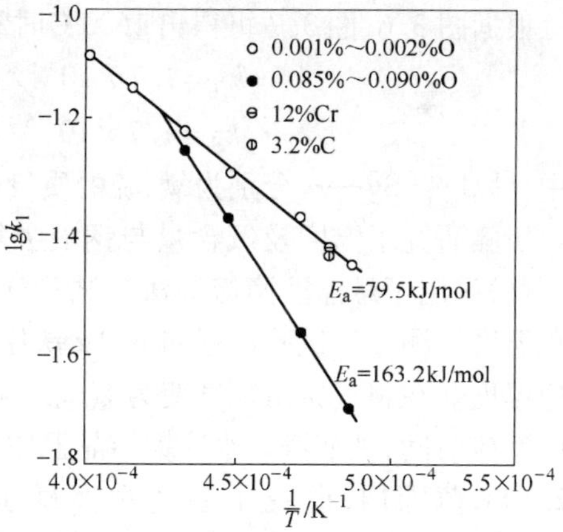

图3.10　脱氮速度常数 k_1 的对数与温度的关系

3.2.2　温度及硫含量对钢液脱氮动力学影响的实验研究

作者研究了温度及硫含量对钢液脱氮动力学的影响[18]。

试样在50kg多功能真空感应炉上制备，原料选用工业纯铁，用65锰铁，75硅铁调整钢液成分，石墨电极增碳，钢液成分为37Mn。真空感应炉熔炼钢液，通过加入FeS试剂来调节钢液的硫含量，试样的硫含量分别为0.005%、0.012%、0.14%。

试样的分析在LECO TC-436氧氮分析仪上进行。试验前，用化学纯Fe、Ti、Zr、Mo、Ta来标定温度与电流之间的关系。在没有标定的区域，采用回归的方法求得加热电流与温度的关系，通过内插法求出与试验温度相应的加热电流。温度的标定及内插见图3.11。

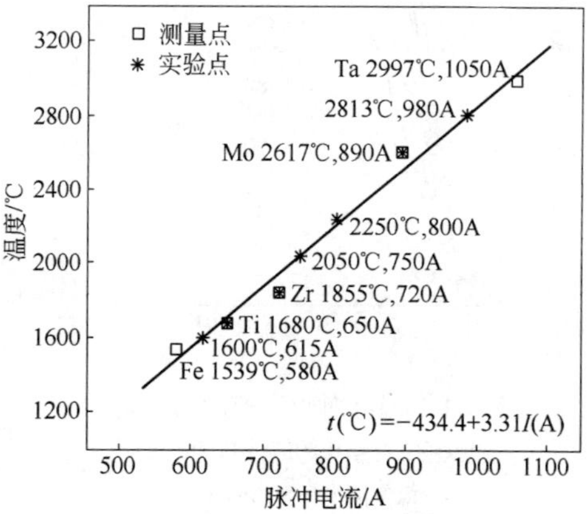

图3.11　LECO仪加热时脉冲电流与石墨坩埚工作温度的关系图

试验对比了三种硫含量的试样（0.005%、0.012%、0.14%）在5个温度条件下（1600℃、1855℃、2250℃、2617℃、2813℃）的脱氮情况。试样氧和氮的排出速度可由LECO TC-436的显示窗口观测到，但是该设备只能记录最终结果，不能将过程数据连续记录下来，为此，用同步录像方法将氧和氮含量变化记录下来，再转化为氧和氮含量随时间变化曲线。实验后的试样经研磨后磁选，分析其重量及钢中碳、硫、锰、铁等成分的变化。实验试样的分析使用石墨坩埚，碳在钢液中要达到饱和，因此，实验数据应是碳饱和条件下的结果。

试验结果示于图 3. 12。

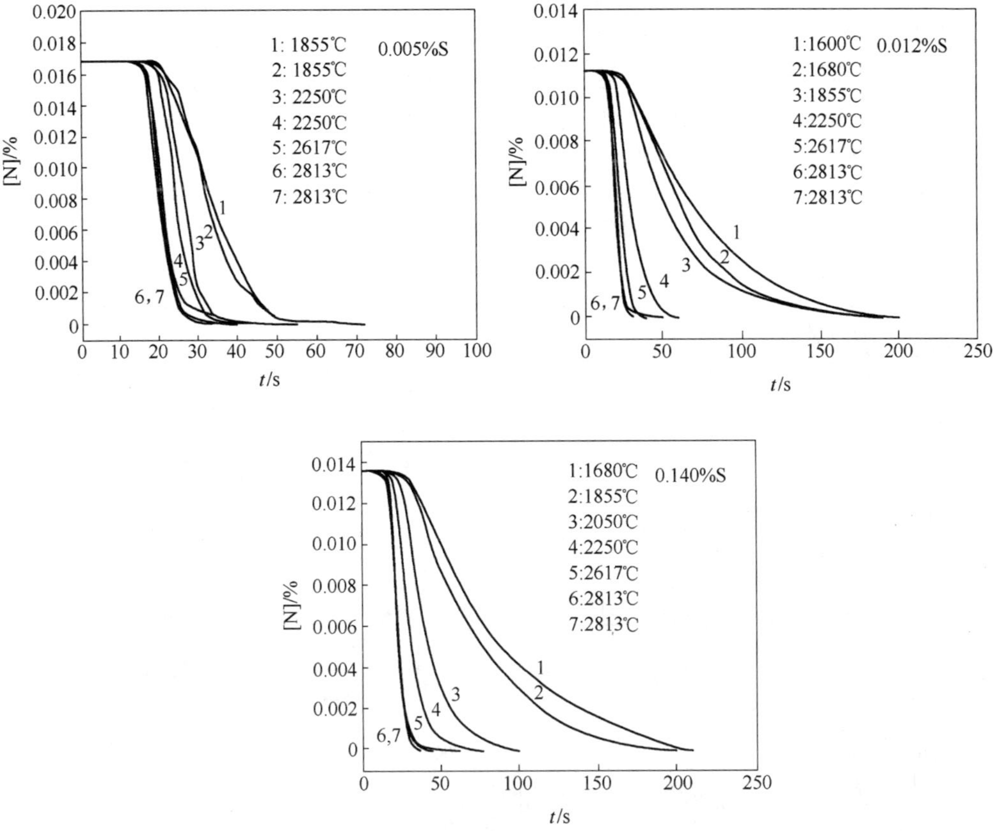

图 3. 12　钢中氮含量与时间的关系

对于一级反应有：

$$Y_1 = \ln \frac{[\%N]_0}{[\%N]} \frac{V}{F} = k_1 \tau \tag{3.7}$$

对于二级反应有：

$$Y_2 = \frac{1}{[\%N]} - \frac{1}{[\%N]_0} \frac{V}{F} = k_c \tau \tag{3.8}$$

式中　$[\%N]_0$ ——原始氮的含量（质量分数）；

τ ——脱氮时间。

将 Y_1 与 τ 作图，如为直线，则液相边界层扩散是脱氮过程的限制性环节，反应为一级，直线斜率为 k_1；将 Y_2 与 τ 作用，如为直线，则界面化学反应是脱氮过程的限制环节，反应为二级，直线斜率为 k_c。

按式 3. 7 处理图 3. 12 试验数据，分别得到图 3. 12 ~ 图 3. 15；按式 3. 8 处理得到图 3. 16。

从图 3.12 ~ 图 3.15 可以看出，温度影响脱氮反应速度，随着温度的增加，脱氮速度常数增大；并且温度对高硫试样脱氮速度常数的影响大于对低硫试样脱氮速度常数的影响。从图 3.16 可以看到，在 1600 ~ 2250℃ 温度范围内，脱氮反应受液相边界层传质和界面化学反应混合控制，脱氮反应开始时，钢液氮含量高，脱氮反应近似为一级反应，当脱氮反应快要结束时，脱氮反应近似为二级反应，在温度高于 2250℃ 时，脱氮反应为表观一级反应。

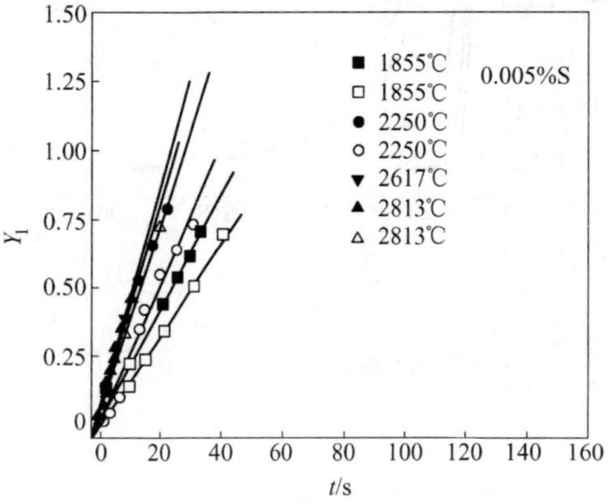

图 3.13　按一级反应处理的结果

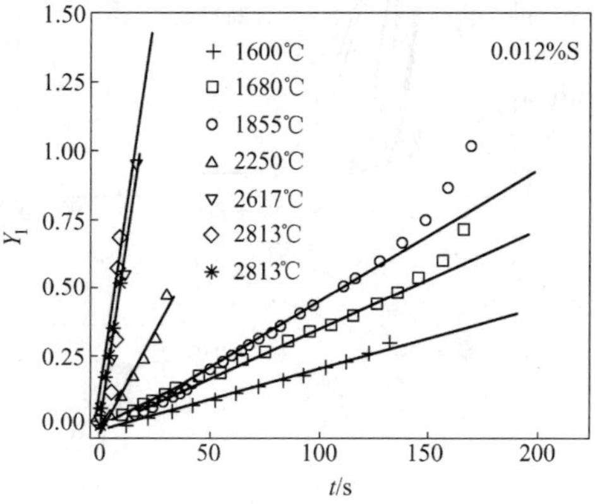

图 3.14　按一级反应处理的结果

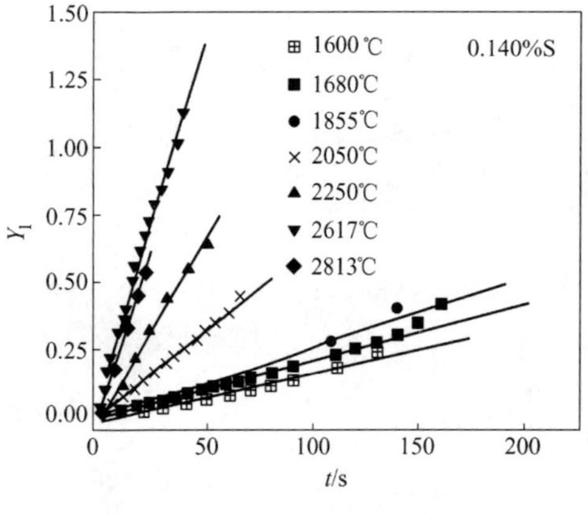

图 3.15　按一级反应处理的结果

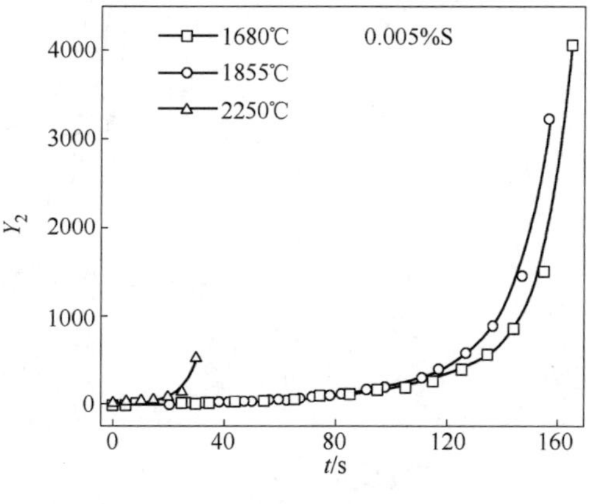

图 3.16　按二级反应处理的结果

一级反应脱氮速度常数 k_1 的对数与温度的关系如图 3.17 所示。由图 3.17 可见，在温度较低时，低硫试样的脱氮速度常数大于高硫试样的脱氮速度常数，随着温度的升高，二者的差距逐渐减小。当温度进一步升高时，低硫和高硫的一级反应脱氮速度常数 k_1 与温度的关系曲线相交于一点，此点的对应温度为 2630℃。在交点以上温度高硫试样的脱氮速度常数开始大于低硫试样的脱氮速度常数。对于这种现象，可以作出如下的解释，当温度低于 2630℃ 时，表面活性元素硫占据了钢液表面的一定位置，阻碍了钢液脱氮。硫占据钢液表面的面积分数为 θ，则脱氮速度常数可以表示为：

$$k_1 = k_1^* (1 - \theta) \tag{3.9}$$

式3.9中，k_1^* 为钢液不含硫时氮在液相边界层的表观脱氮常数。随温度的升高，θ 值减小，硫对脱氮的影响减小；当温度为2630℃时，钢液界面结构发生变化，$\theta = 0$，硫对脱氮的影响消失。

从表3.1可以看出，温度对实验前后试样中S、Mn、Fe含量变化的影响。无论温度较低还是温度较高，钢液中的硫都有挥发现象，并且随着温度升高硫的挥发加剧；在温度较低时，硫的挥发抑制了锰的挥发，锰没有挥发现象，但随温度升高锰的挥发也增加了。钢液中的氮随着硫、锰等元素的挥发而得到进一步脱除，脱氮速度常数增加。在图3.17中的交点以上，钢液中硫的挥发对脱氮速度常数的影响超过了硫的表面活性作用对脱氮速度常数的影响，所以高硫试样的脱氮速度常数开始大于低硫试样的脱氮速度常数。

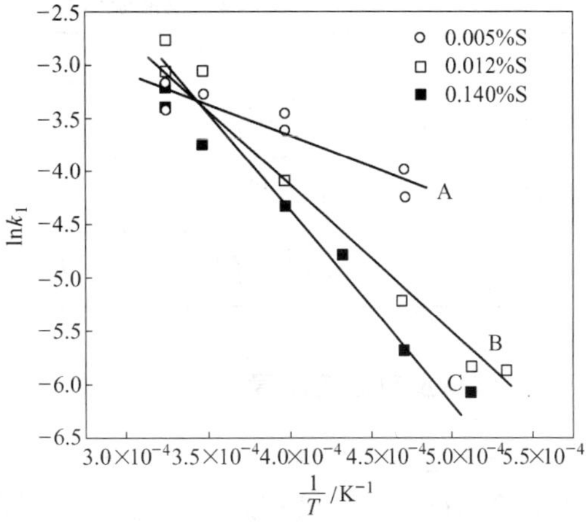

图3.17 脱碳速度常数 k_1 与温度的关系

表3.1 试样中S、Mn、Fe的质量变化

温度/℃	$[S]_0$/%	S	Mn	Fe
2250	0.005	-17.35	-11.11	-4.143
	0.012	-50.31	-25.03	-1.399
2617	0.005	-9.75	-7.143	-5.328
	0.012	-39.07	-12.35	-3.179
2813	0.005	-23.62	-3.762	-4.553
	0.140	-96.77	-11.17	-2.507

注：质量变化 $= \frac{W_i - W_{i0}}{W_i} \times 100$。式中，$W_{i0}$ 为试验前质量；W_i 为试验后质量。

由表3.2可见，当硫含量为0.005%时其脱氮反应活化能为57kJ/mol；硫含量为0.012%时其活化能为95kJ/mol；硫含量为0.140%时其活化能为165kJ/mol。活化能的大小与文献[17]中数据（见图3.10）基本一致。活化能小于100kJ/mol的反应一般为一级反应，活化能大于150kJ/mol的反应一般为二级反应，所以从活化能的值也可以看出，当钢液硫含量低时，脱氮反应为一级反应，其脱氮过程的限制性环节主要为液相边界层扩散，只有当脱氮反应后期，氮含量很低时才出现混合控制特性；当硫含量为0.140%时，脱氮反应为二级反应，此时脱氮的限制性环节为界面化学反应。Pehelke 和 Elliott[19] 的研究结果表明：吸氮和脱氮在[O] < 0.0050%，[S] < 0.0020% 时为一级反应，即氮在液相边界层中的扩散是过程的限制性环节；文献[19]研究者发现：氧、硫含量高时吸氮和脱氮符合二级反应，脱氮的限制性环节为界面化学反应。作者的结果与其一致。

表 3.2　钢液硫含量对反应活化能的影响

[%S]	$\ln k_1 \sim T$	$k_1 \sim T$	E_a
0.005	$\ln k_1 = 2.01 - \dfrac{0.69 \times 10^4}{T}$	$k_1 = 7.32\exp\left(-\dfrac{57000}{RT}\right)$	57kJ/mol
0.012	$\ln k_1 = 0.23 - \dfrac{1.14 \times 10^4}{T}$	$k_1 = 1.26\exp\left(-\dfrac{95000}{RT}\right)$	95kJ/mol
0.140	$\ln k_1 = 3.52 - \dfrac{1.99 \times 10^4}{T}$	$k_1 = 33.7\exp\left(-\dfrac{165000}{RT}\right)$	165kJ/mol

3.2.3　碳氧反应区的温度

根据上述温度对钢液脱氮动力学影响的研究结果，作者认为碳氧反应之所以能够对高[O]、[S]钢液有效地脱氮，主要是因为碳氧反应区钢液温度远高于熔池平均温度，氧、硫因表面活性对钢液脱氮的阻碍作用减少甚至消失。

吹氧脱碳过程碳氧反应区钢液—氧气泡界面层的温度，可以进行估算。

以某厂的 30t 复吹转炉为例，根据质量和热平衡来计算碳氧反应区温度。现代电炉用氧量(标态)已达到 30 ~ 40m³/t，其供氧水平已接近氧气转炉，所以这种计算结果同样适用于电炉吹氧脱碳脱氮过程。

使受氧气流冲击的钢液冲击坑界面为半球形，冲击坑半径为 20cm，钢液反应区厚度取 0.5cm，求得反应区钢液重量为 9.27kg。时间取为 10min。

碳氧反应和硅氧反应放出的热量可由下式计算[20]：

$$C + \frac{1}{2}O_2 = CO \quad \Delta G^{\ominus} = -111713 - 87.65T \tag{3.10}$$

$$Si + O_2 = SiO_2 \quad \Delta G^{\ominus} = -952697 - 203.76T \tag{3.11}$$

$$C = [C] \quad \Delta G^{\ominus} = 22594 - 45.19T \tag{3.12}$$

$$Si = [Si] \quad \Delta G^{\ominus} = -107654 - 27.7T \tag{3.13}$$

由式 3.10 与式 3.12 相减，式 3.11 与式 3.13 相减分别得：

$$[C] + \frac{1}{2}O_2 = CO \quad \Delta G^{\ominus} = -134306 - 41.47T \tag{3.14}$$

$$[Si] + O_2 = SiO_2 \quad \Delta G^{\ominus} = -845042 - 176.06T \tag{3.15}$$

由：

$$\frac{d\left(\frac{\Delta G^{\ominus}}{T}\right)}{dT} = -\frac{\Delta H_T^{\ominus}}{T^2} \tag{3.16}$$

$$\Delta H_T^{\ominus} = -T^2 \frac{\mathrm{d}\left(\frac{\Delta G^{\ominus}}{T}\right)}{\mathrm{d}T} \tag{3.17}$$

得 $\Delta H_{\mathrm{CO},T}^{\ominus} = -134306\mathrm{J/mol}$，$\Delta H_{\mathrm{SiO_2},T}^{\ominus} = -845042\mathrm{J/mol}$。

设高炉铁水中碳含量为 4.2%，硅含量一般为 0.45% ~ 0.85%，近似取 0.71%，根据表 3.3 中的数据，10min 内，碳由 4.2% 下降到 1.1% 左右，故取脱碳值为 3.1%，硅下降值取 0.69%。碳、硅和氧反应放出的热量为：

$$\Delta H_{\mathrm{c}} = \frac{W_{\mathrm{m}} \times 0.031}{M_{\mathrm{c}}} \times \Delta H_{\mathrm{CO},T}^{\ominus} = \frac{30000 \times 0.031}{0.012} \times (-134306) = -10408715\mathrm{kJ} \tag{3.18}$$

$$\Delta H_{\mathrm{Si}} = \frac{W_{\mathrm{m}} \times 0.0069}{M_{\mathrm{Si}}} \times \Delta H_{\mathrm{SiO_2},T}^{\ominus} = \frac{30000 \times 0.0069}{0.028} \times (-845042) = -6274437\mathrm{kJ} \tag{3.19}$$

放出的总热量为：

$$\Delta H_{\mathrm{f}} = \Delta H_{\mathrm{CO},T}^{\ominus} + \Delta H_{\mathrm{SiO_2},T}^{\ominus} = -16683152\mathrm{kJ} \tag{3.20}$$

反应区内钢液中化学反应放出的热量等于下述各项热量之和：反应区内钢液

表 3.3 转炉钢液中碳硅含量的变化

炉 号	样号	取样时间 (min:s)	成分/%				
			C	Si	Mn	P	S
91	1	3:1	3.60	0.0558	0.16	0.023	0.030
	2	6:15	2.62	0.028	0.29	0.016	0.030
	3	11:8	0.85	0.011	0.48	0.036	0.013
	4	13:48	0.10	0.021	0.29	0.015	0.018
	5	终点	0.10	0.021	0.26	0.011	0.019
92	1	2:36	3.85	0.060	0.21	0.033	0.026
	2	6:7	2.91	0.032	0.23	0.018	0.031
	3	9:28	1.34	0.032	0.34	0.016	0.025
	4	13:56	0.32	0.019	0.30	0.016	0.019
	5	终点	0.15	0.017	0.26	0.012	0.019
93	1	2:25	3.71	0.073	0.14	0.024	0.031
	2	6:2	2.53	0.028	0.16	0.010	0.031
	3	10:6	1.03	0.017	0.30	0.019	0.016
	4	13:16	0.11	0.019	0.20	0.012	0.019
	5	终点	0.11	0.038	0.21	0.014	0.019

的温度上升所吸收的热量；整个钢液的温度上升所吸收的热量；烟气所带走的热量；反应区钢液上表面辐射所散失的热量。

（1）反应区内钢液的温度上升所吸收的热量。钢液的平均比热容为1.734kJ/(kg·℃)，反应区钢液吸收的热量为：

$$Q_1 = 1.734 \times 9.27 \times \Delta T = 16.07(T - 1673) \tag{3.21}$$

（2）整个钢液的温度上升所吸收的热量。转炉内铁水初始温度取1673K，吹炼10min后钢液温度取1923K。

$$Q_2 = 1.734 \times 30000 \times (1923 - 1673) = 13050000\text{kJ} \tag{3.22}$$

（3）烟气所带走的热量。转炉烟气中的成分主要是CO和CO_2，其比例为8:2，比热容为：

$$c_{p,\text{CO}} = (6.79 + 0.98 \times 10^{-3}T - 0.11 \times 10^5 T^{-2}) \tag{3.23}$$

$$c_{p,\text{CO}_2} = (10.55 + 2.16 \times 10^{-3}T - 2.04 \times 10^5 T^{-2}) \tag{3.24}$$

取CO、CO_2的平均比热容分别为29.29J/(mol·K)，46.19J/(mol·K)，供氧强度取5m³/(min·t)，烟气温度取1923K，比热容为：

$$c_p = \frac{1000}{22.4} \times (0.8c_{p,\text{CO}} + 0.2c_{p,\text{CO}_2}) = 1.458\text{kJ/(m}^3\cdot\text{K)} \tag{3.25}$$

$$Q_3 = (5 \times 30 \times 10) \times 1.458 \times (T - 298) = 2178 \times (1923 - 298) = 3553875\text{kJ} \tag{3.26}$$

（4）反应区钢液上表面辐射所散失的热量。由文献可知，钢液表面辐射功率为40W/cm²。

$$Q_4 = 40 \times \tau \times S = 40 \times 600 \times 2 \times 3.14 \times 20^2 = 60319\text{kJ} \tag{3.27}$$

总热平衡关系式为：

$$\Delta H_\text{f} + Q_1 + Q_2 + Q_3 + Q_4 = 0 \tag{3.28}$$

即：$-16683152 + 16.07(T - 1673) + 13050000 + 3553875 + 60319 = 0$

求得：T=2853K，结果与有关文献中指出的转炉吹氧反应区温度可达2600℃左右的观点基本一致。

对于非氧流冲击的其他区域，也可以通过质量平衡和热平衡来估算钢液CO气相界面层的温度，因本章后面节次中理论求得的气泡面积来确定液气界面面积，然后求出一定厚度的金属液的体积。

为此，可以认为：在碳氧反应脱氮区，亦即CO气泡生成区，温度较钢液熔池区平均温度高很多，可达2250～2600℃左右。在这一温度下，氧、硫因表面活性对钢液脱氮的阻碍作用消失，故尽管[O]、[S]高，也能通过CO气泡携带脱氮。

3.2.4　钢液吸氮的实验研究

曾用带安装有底吹透气塞的感应炉研究不同氧含量的不同钢种的钢液吸氮特

性,不同氧含量通过不同的脱氧方式获得,脱氧时[O]<0.0020%,不脱氧时[O]=0.0200%～0.0300%,均可多次测量的结果,钢种为20MnSi及82B,代表低碳钢和高碳钢,试验结果如图3.18所示。

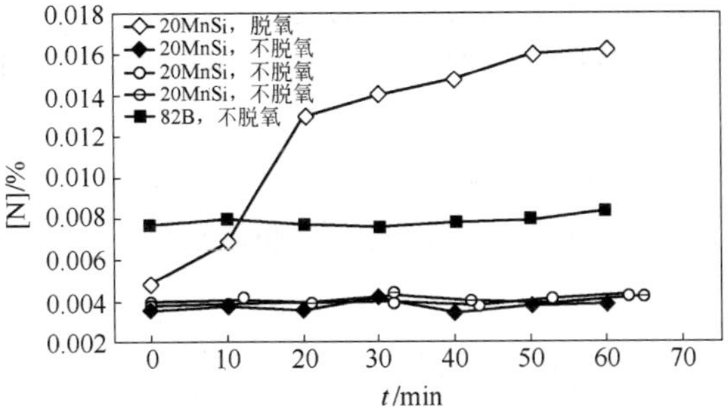

图3.18　不同脱氧条件下钢液的吸氮特性

（脱氧:[O]<0.0020%;不脱氧:[O]=0.0200%～0.0300%）

由图3.18可见,当[O]=0.0200%～0.0300%时,钢液在大气下保持,[N]没有增加,与原始含量不变,脱氧钢[O]<0.0020%,20MnSi钢的$[N]_0=0.0040\%$,82B钢的$[N]_0=0.0080\%$,这与文献[21]结果(图3.19)相符。

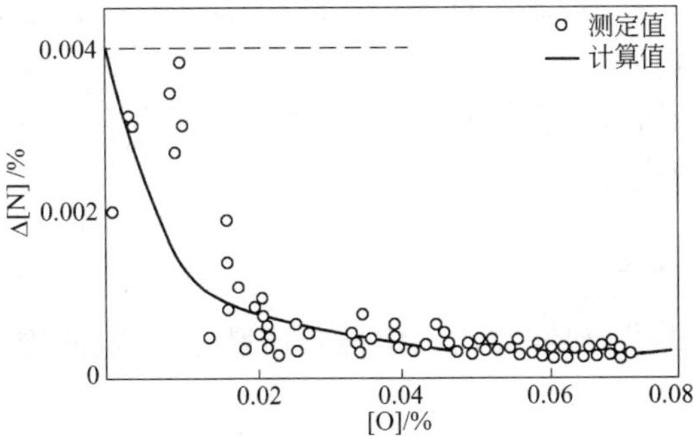

图3.19　氧含量对出钢过程氮含量的影响[21]

3.3　现代电炉钢液氮反应的数学模型

3.3.1　总体数学描述

第一类氮反应及脱碳速率(单位时间内反应区域脱去碳或氮的摩尔量)可以表示为:

$$\dot{m}_i = J_i S_i (i = \mathrm{N,C,O}) \tag{3.29}$$

式中　S_i——某个反应区域裸露的面积;

J_i——传质通量。

第二类氮反应的反应面积则需考虑反应区局部气泡的大小及气隙率,由于局部成分、温度不一定全相等,这里给出氮反应和脱氮速率的积分式:

$$\dot{m}_i = \int_0^H \int_0^R 2\pi r J_i \chi \frac{3}{r_{bub}} \mathrm{d}r\mathrm{d}h \tag{3.30}$$

式中　r,R——当前位置半径和反应区总半径；

h,H——当前位置高度和反应区总高度；

χ——当前位置气隙率，即局部微小单元内气体所占的比例；

r_{bub}——气泡当量半径。

这里假定在吹氧反应区间接氧化的方式为：FeO 液滴先将 O 释放到钢液中，[O]通过液相边界层传递到 CO 气泡表面参与脱碳反应。脱碳和氮反应的传质通量 J_i 可以统一表示为：

$$J_i = \beta_i \frac{([i] - [i]^*)}{100} \rho_L \frac{1000}{M_i} \tag{3.31}$$

式中　β_i——传质系数；

$[i]$——i 元素百分含量；

$[i]^*$——i 元素界面含量；

ρ_L——钢液密度；

M_i——摩尔质量。

显然，对于脱氮过程，$J_N > 0$，对于吸氮过程，$J_N < 0$，具体是吸氮还是脱氮由气相氮分压及[N]决定。

下面对氮反应及脱碳过程传质通量，每个反应区内气液界面面积以及为确定传质系数所需的参数进行计算。

3.3.2　氮反应数学模型

氮反应数学模型主要研究如何确定传质通量，研究氮的传质通量实质上是研究脱氮或吸氮速度。

对于脱碳过程，界面碳氧反应与气相内 CO 分压达到平衡，除了吹氧凹坑表面的脱碳（直接氧化脱碳），其他区域脱碳反应涉及的碳、氧传递通量相等，有：

$$J_C = J_O \tag{3.32}$$

$$[C]^*[O]^* = \frac{p_{CO}}{f_C f_O K_{CO}} \tag{3.33}$$

式中　p_{CO}——气相内 CO 分压力；

f_C, f_O——C、O 的活度系数；

K_{CO}——碳氧反应[C] + [O]══ CO 平衡常数。

在确定 CO 分压 p_{CO} 的基础上，在已知传质系数、局部成分及温度条件下，联合式 3.32、式 3.33 求解出界面平衡碳氧含量，从而求出传质通量 J_C 或者 J_O。

在吹氧凹坑表面，氧源是吹氧气流提供的，可以认为氧传质通量很大，这样凹坑表面碳含量接近于 0，用式 3.31 求出碳传递通量 J_C，即可认为是脱碳反应通量。

对于氮反应过程,界面反应可能达不到平衡,需考虑其化学反应速率对脱氮动力学影响,在达到准稳态条件下,界面反应通量与钢液侧氮传递通量相等,有:

$$J_N = k'_a\left(\frac{f_N^2([N]^*)^2}{k_N} - p_{N_2}\right) \tag{3.34}$$

式中 k'_a ——实际反应速率常数;

f_N ——N 的活度系数;

p_{N_2}——气相内 N_2 分压力;

k_N ——$N_2 = 2[N]$的平衡常数。

参考氮反应热力学数据,在液体铁中平衡常数 k_N 为:

$$\lg k_N = -\frac{1128}{T} - 2.19 \tag{3.35}$$

钢液中其他元素成分对 N 活度系数的影响可以表示如下:

$$\lg f_N = 0.13[N] + 0.05[O] + 0.006[Al] + 0.065[Si] + 0.05[P] + 0.013[S] + 0.01[Ni] - 0.63[Ti] - 0.04[Cr] - 0.02[Mn] \tag{3.36}$$

考虑到气液界面氧、硫表面活性元素对脱氮反应的影响,表面反应速率常数为:

$$k'_a = k_a\frac{1}{1 + k_O a_O + k_S a_S},\ \lg k_a = -\frac{6340}{T} + 2.62 \tag{3.37}$$

式中 k_O, k_S ——分别为氧、硫的吸收系数;

a_O, a_S——分别为反应界面上 O、S 的活度,即 $a_O = f_O[O]^*$;

k_a——不考虑氧硫活性元素对脱氮影响的反应速率常数。

界面上氧活度需根据脱碳模型来计算,用界面氧活度来计算氧对氮反应的影响更符合实际,其他氮反应模型均没有考虑到这一点。

很多学者给出了 1600℃条件下氧、硫的吸收系数的数据,而电炉、转炉冶炼过程钢液温度范围在 1300 ~ 1700℃,吹氧反应区的温度更高,所以应该考虑氧、硫的吸收系数与温度的关系。根据美国学者 Fruehan 教授提供的数据,氧、硫的吸收系数与温度的关系可以表示[22]:

$$\lg k_S = \frac{5874}{T} - 0.95 \tag{3.38}$$

$$\lg k_O = \frac{11370}{T} - 3.645 \tag{3.39}$$

根据式 3.38、式 3.39 计算的氧、硫的吸收系数与德国学者 Oeters 教授提供的数据是一致的[23]。

由于氧、硫在碳氧反应超高温下对脱氮影响消失,转炉吹氧反应区氧、硫对脱氮的影响基本消失,模型在对吹氧反应区脱氮分析时,不考虑氧、硫对脱氮的影响。

这样，在气相内的氮气分压确定的基础上，在已知传质系数、局部成分及温度条件下，则可求解出脱氮通量。下面对各个反应区域 CO 分压、N_2 分压、传质系数、局部成分及温度的确定分别进行分析：

（1）CO 分压和氮分压。

对于不同反应区的 CO 分压 p_{CO} 和氮分压 p_{N_2} 有如下不同的考虑：

1）吹氧反应区 CO 气泡内，主要气体是 CO，有：

$$p_{CO} = p_0 + (\rho_L gh)/101300 \tag{3.40}$$

式中 p_0——自由空间压力，对于电炉、转炉冶炼为 0.1MPa；

h——气泡所在位置距顶端钢液面距离，m；

ρ_L——钢液密度，kg/m³。

对于氮分压，考虑到脱氮与脱碳的驱动力成比例，有：

$$p_{N_2} = \frac{\beta_N([N]-[N]^*)}{2\beta_O([O]-[O]^*)} p_{CO} \tag{3.41}$$

联合式 3.31、式 3.34 及式 3.41，则可以求出气液界面氮含量 $[N]^*$ 及氮分压 p_{N_2}，最终求出氮的传质通量 J_N。

2）底吹气泡内的 CO 分压和氮分压计算可以采用积分算法，CO 分压表示为：

$$p_{CO} = \frac{\int_0^h d\dot{m}_{C-Ar}}{\left(\int_0^h (d\dot{m}_{C-Ar} + d\dot{m}_{N-Ar}/2) + \dot{m}_G\right)} (\rho_L gh + p_0) \tag{3.42}$$

式中，$\int_0^h d\dot{m}_{C-Ar}$，$\int_0^h d\dot{m}_{N-Ar}/2$ 及 $\dot{m}_G$ 分别为底吹气柱区当前位置 CO 、N_2 及底吹气的摩尔流率，即从吹氩底部到当前位置气泡群氮反应和脱碳速率的积分。

对于氮分压，如果底吹气体不是氮气，而是氩气，有：

$$p_{N_2} = \frac{\int_0^h d\dot{m}_{N-Ar}/2}{\left(\int_0^h (d\dot{m}_{C-Ar} + d\dot{m}_{N-Ar}/2) + \dot{m}_G\right)} (\rho_L gh + p_0) \tag{3.43}$$

如果底吹气体为氮气，则有：

$$p_{N_2} = \frac{\dot{m}_G + \int_0^h d\dot{m}_{N-Ar}/2}{\left(\int_0^h (d\dot{m}_{C-Ar} + d\dot{m}_{N-Ar}/2) + \dot{m}_G\right)} (\rho_L gh + p_0) \tag{3.44}$$

底吹气体为氮气的情况下，氮的摩尔流率为负值，表示吸氮过程。

3）熔池内其他区域 CO 气泡内的 CO 分压和氮分压同样采用积分算法，与氩气泡内相应计算方法一样。

4）喷溅液滴和吹氧导致翻滚而裸露的钢液表面 CO 分压和氮分压为炉气内 CO 分压和 N_2 分压，需用炉气计算模型确定。

5)吹氧凹坑表面 CO 分压和氮分压都认为接近于 0。

(2)传质系数。

对于传质系数,考虑传质方式分为三类:气泡表面的传质、钢渣界面有摩擦传质及自由表面的传质,传质系数可以用如下准数方程求解:

$$\overline{Sh} = C_b Re^m Sc^n \tag{3.45}$$

其中:

谢伍德数 $\overline{Sh} = \dfrac{\beta_i l_b}{D_i}$

雷诺数 $Re = \dfrac{u_b l_b}{\nu}$

施密特数 $Sc = \dfrac{\nu}{D_i}$

式中 D_i,β_i——i 元素扩散系数和传质系数;

u_b——流动速度;

l_b——定性尺寸;

ν——钢液运动黏度;

C_b,m,n——针对不同流动状况准数方程的参数,对于 N_2(或 Ar)、CO 气泡表面的传质,$C_b = 1.13$,$m = 1/2$,$n = 1/2$;对于层流自由表面传质,$C_b = 1.13$,$m = 1/2$,$n = 1/2$;对于有一定渣量钢渣界面靠钢液侧的传质,$C_b = 0.015$,$m = 0.9$,$n = 1/3$。

当自由表面流动为湍流,传质系数与 Re 无关,可以表示为:

$$\beta_i = 0.32 D_i^{1/2} (0.3 u_\infty)^{3/2} {\rho_L}^{1/2} \sigma_M^{-1/2} \tag{3.46}$$

式中 σ_M——钢液界面张力;

u_∞——远离边界层流动速度。

(3)成分及温度在不同反应区的分布。

对于碳、氮含量,考虑到钢液混合良好,模型假定所有区域碳、氮含量均为钢液平均值。

对于氧含量,假定在吹氧反应区内和钢渣界面靠钢液侧一定厚度边界内,如下反应都达到平衡:

$$\mathrm{Fe} + [\mathrm{O}] = (\mathrm{FeO})$$
$$2[\mathrm{Si}] + [\mathrm{O}] = (\mathrm{SiO_2})$$
$$[\mathrm{Mn}] + [\mathrm{O}] = (\mathrm{MnO})$$

(FeO)、(SiO_2)和(MnO)形成小渣滴,其活度根据 FeO-SiO_2-MnO 相图确定。冶炼开始阶段,硅优先被氧化,当硅氧化结束后,此区域氧含量近似为与活度为 1 的 FeO 液滴平衡饱和氧。

其他区域氧含量为钢液平均氧含量。为了计算钢中氧含量,除了考虑钢渣间氧传递过程外,模型还假定吹氧反应区产生的氧化物(主要是 FeO)有20%会弥散在钢液中,弥散在钢液中的氧化物会把氧释放到钢液中,根据这样假定模拟氧含量的变化与实际生产测定的数据比较一致。

对于温度,认为除了吹氧反应区,其他区域温度均为钢液平均温度。在吹氧凹坑表面,由于所吹氧与钢液中元素反应放出大量的能量,可以看成凹坑表面存在热源,参考文献[23]作者建立的转炉模型,假定凹坑表面化学反应释放的能量97%的传递给熔池,能量沿半径方向向周围扩散;而有3%的能量传递给了炉气和外界。反应区外围温度(假定吹氧反应物为圆柱体)为钢液平均温度,传热方式为通过圆筒壁的一维准稳态传热,根据基本传热学即可以计算出反应区的温度分布。

(4)反应面积、定性尺寸和流速。

研究氮反应及脱碳过程,人们关心的主要是每个反应区的反应面积和求解传质系数所需要的定性尺寸以及气液间流速。第一类反应需计算每个反应区裸露的面积以及自由表面处钢液的流速;第二类反应则需计算炉内每个反应大小、气泡的大小分布、气隙率分布、气泡上升的速率等。所有这些计算将涉及到炉内熔池三个区域中钢液与气泡相互作用运动规律的分析,包括:吹氧反应区、底吹气柱区和钢液内部其他区域,分析如下:

1)吹氧反应区。

对于第一类氮反应整个吹氧反应区如图3.20所示,高速氧气流喷吹到钢液表面上形成凹坑,根据动量守恒定量确定冲击凹坑体积为:

$$V_L = M/\rho_L g, M = \frac{\pi d_1^2}{4}\rho_1 u_1^2 \tag{3.47}$$

根据拉瓦尔喷管可压缩气流运动规律,氧流流速为:

$$u_1^2 = -\frac{2}{\rho_{in}}\int_{p_{in}}^{p_0}\left(\frac{p_{in}}{p}\right)^{1/\gamma}dp = \frac{2\gamma}{\gamma - 1}\frac{p_{in}}{\rho_{in}}\left[1 - \left(\frac{p_0}{p_{in}}\right)^{\gamma-1/\gamma}\right] \tag{3.48}$$

穿透深度与氧枪高度的关系式:

$$h_0^3 + 2Lh_0^2 + L^2h_0 - \frac{2\beta M}{\pi\rho_L g} = 0 \tag{3.49}$$

$$\beta = K^2 = p_0^2/0.1632 \quad (p_0\text{ 单位为 Pa}) \tag{3.50}$$

最后求得冲击坑面积为:

$$A = \frac{\pi(h_0 + L)}{6h_0^2\beta^2}\{[4h_0^2\beta + (h_0 + L)^2]^{3/2} - (h_0 + L)^3\} \tag{3.51}$$

式中 M ——氧气流冲击力;

γ ——气体热容比,取1.4;

β ——穿透常数;

其他所涉及的尺寸、压力和速率等参数含义见图3.20。

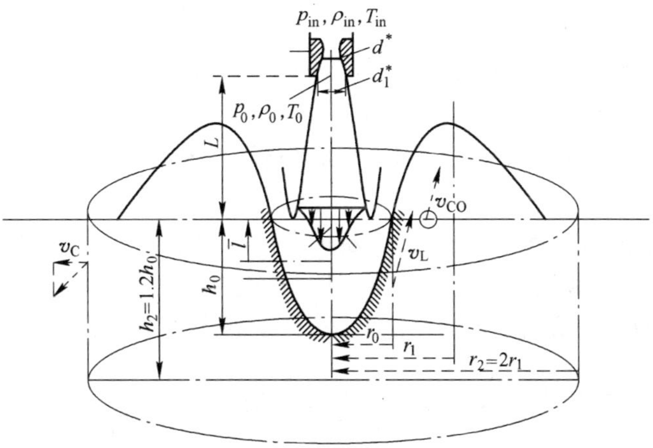

图 3.20 吹氧反应区示意图

在凹坑表面将发生直接氧化脱碳反应，而优先形成的 FeO 液滴弥散到钢液中，再次释放氧到 CO 气泡表面，形成间接氧化反应，持续的间接氧化将产生大量的 CO 气泡，气泡群形成的浮力将把钢液从底部抽到顶部，从顶部回落的钢液部分再次进入吹氧反应区，形成半环流区域，此半环流区域可以界定为吹氧反应区域。根据水模型观测结果，吹氧反应区域半径为凹坑半径 r_0 的 3 ~5 倍，高度为吹氧凹坑高度的 1.2 倍。

根据能量守恒方程，吹氧反应区内钢液上升速率用如下方程确定：

$$k_L \rho_L g \dot{m}_{C-L} \frac{RT}{p_0 + \rho_L g \bar{l}} \bar{l} = \frac{1}{2} Q_L \rho_L v_L^2 \tag{3.52}$$

式中 v_L ——钢液向上流速；

k_L ——CO 做的功用来加速钢液的比例；

$\dot{m}_{C-L}$ ——间接氧化 CO 摩尔流率；

$\bar{l}$ ——气泡在反应区平均停留距离；

Q_L ——钢液从外侧进入反应区的流量，经证明与反应区表面积成正比；

p_0 ——自由空间压力。

根据以上对凹坑大小、吹氧反应区大小以及钢液流速的计算，确定吹氧反应区内发生的第一类氮反应和脱碳过程所涉及的反应面积、定性尺寸以及表面钢液流速如下：

①凹坑上反应面积即为式 3.51 计算的 A，定性尺寸为面积为 A 的圆周半径，表面钢液流速可以认为是式 3.52 所计算的 v_L。

②吹氧导致钢液翻滚裸露的面积假定为吹氧反应区圆柱的截面积，定性尺寸

为圆柱的半径，表面钢液流速也为 v_L。

③喷溅液滴表面积需根据喷溅量来决定，目前只能用水模拟试验来测定喷溅量，假定喷溅液滴总面积与钢液翻滚裸露面积相当，定性尺寸为液滴平均半径，表面钢液流速也为 v_L。

对于第二类氮反应和脱碳过程的相应分析，需考虑气泡的大小、气隙率、气泡相对钢液上浮速率：

①气泡大小。CO 气泡从形成，不断长大，直到破裂，破裂完气泡的尺寸认为是气泡的平均尺寸。大量的观测和分析表明，气泡有一定上升速度，CO 气泡为球冠状，德国学者 Oeters 给出了平静熔池下，气泡破裂时的当量直径：

$$\overline{d_{CO}} = 0.5^{1/3} d_{CO\_crit} = 0.5^{1/3}\left[2\left(\frac{6}{\xi}\right)^{1/3}\frac{\sigma_M}{0.52g(\rho_{CO}\rho_L^2)^{1/3}}\right]^{1/2} \qquad (3.53)$$

式中　σ_M——钢液表面张力；

ρ_{CO}——CO 气泡密度；

ξ——阻力系数，取 2.56。

对于转炉吹氧凹坑反应区存在剧烈搅拌，实际 CO 气泡直径会比计算公式小一些，平均值确定为 1.5cm。

②气隙率。气隙率在 0.42 时，CO 气泡相对钢液上升空管速度达到最大，考虑到 CO 气泡在上升过程中会导致钢液环流，同时其压力急剧降低，气隙率会增大，这里认为平均气隙率在 0.42 ~ 0.58 之间。

③CO 气泡相对钢液流速。CO 气泡在运行过程中，浮力与惯性力相平衡，气泡相对于钢液的运行速率为：

$$v_{CO} = 1.02\sqrt{gr_e} \qquad (3.54)$$

式中　r_e——CO 气泡半径。

吹氧反应区钢液内 CO 气泡表面传递的定性尺寸可确定为气泡直径，气泡表面钢液流速可视为 CO 相对钢液上升流速 v_{CO}。在反应区大小确定的条件下，根据式 3.30，则可求得吹氧反应区内 CO 气泡群的氮反应和脱碳速率。

2）底吹气柱区。复吹转炉或带底吹气的电炉可能有几个底吹口，对于其中一个底吹口，吹入的 N_2 或 Ar 气将形成气泡柱（如图 3.21 所示）。如果底吹 N_2，则此区域是主要吸氮区域。

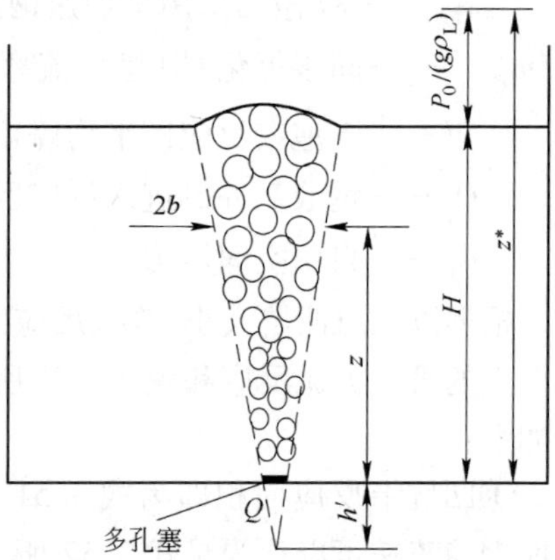

图 3.21　复吹转炉底吹形成的气柱

气泡浮力对钢液做功,不考虑底吹气泡柱带来的化学反应,气泡柱内钢液流速、气隙率符合如下双方程[24]:

$$\chi_{\mathrm{m}}=\frac{\dot{V}_{\mathrm{G}}}{fu_{\mathrm{m}}\pi b_{\mathrm{u}}^{2}\lambda^{2}}\frac{\rho_{\mathrm{G}}^{\mathrm{N}}}{\rho_{\mathrm{G}}^{0}}\frac{z^{*}}{z^{*}-z} \tag{3.55}$$

$$u_{\mathrm{m}}=\left[-\frac{2}{\pi}\frac{p_{0}T_{\mathrm{L}}}{T_{0}f\rho_{\mathrm{L}}b_{\mathrm{u}}^{2}}\frac{\ln\left(1-\frac{z}{z^{*}}\right)}{1-\frac{2\lambda^{2}}{1+2\lambda^{2}}\chi_{\mathrm{m}}}\dot{V}_{\mathrm{G}}\right]^{1/3} \tag{3.56}$$

其中:

$$\frac{\rho_{\mathrm{G}}^{\mathrm{N}}}{\rho_{\mathrm{G}}^{0}}=\frac{p_{0}T_{\mathrm{L}}}{T_{0}(p_{0}+g\rho_{\mathrm{L}}H)},\tan\frac{\theta}{2}=\frac{b_{\mathrm{u}}}{z+h'}\quad\lambda=\frac{b_{\chi}}{b_{\mathrm{u}}},u_{\mathrm{G}}=fu_{\mathrm{m}},z^{*}=H+\frac{p_{0}}{g\rho_{\mathrm{L}}}$$

式中 χ_{m}——气柱中心最大气隙率;

u_{m}——气柱中心最大钢液流速;

u_{G}——气泡最大绝对流速;

f——最大钢液流速与气泡最大绝对流速之比,取1.2;

T_0——标准温度,273K;

T_{L}——钢液温度;

b_{u}, b_{χ}——气隙及钢液速度高斯分布半径;

λ——半径比,取0.8;

$\dot{V}_{\mathrm{G}}$——p_0 和 T_0 时的底吹气体体积流率;

$\rho_{\mathrm{G}}^{\mathrm{N}}$——$p_0$、$T_0$ 时气体密度;

ρ_{G}^{0}——$p_0+g\rho_{\mathrm{L}}H$ 和 T_{L} 时的气体密度。

尺寸参数如图3.21所示。

气柱中平均值与最大值还有如下关系:气柱中某一截面平均钢液流速为最大流速 u_{m} 的一半;而平均气隙率为:

$$\bar{\chi}=\frac{\lambda^{2}}{1+\lambda^{2}}\chi_{\mathrm{m}} \tag{3.57}$$

对于求解方程,确定气柱扩张度 $\tan(\theta/2)$ 大小是关键,根据沿熔池高度任何截面的气体通量相同原则,并认为氩气在钢液面出口处的截面的半径就是 b_{χ},同时认为在底吹气流量增大情况下,出口处气体流速与出口处面积同等速率增大,得出 $\tan(\theta/2)\propto\dot{V}_{\mathrm{G}}^{1/6}$。

联合式3.55~式3.56解方程组,得出底吹气柱大小、气柱内平均气隙率沿高度方向分布、气泡上升流速等。

在实际的计算过程中，还应该考虑新生成的CO和吸氮过程对气泡运行速率的影响，有：

$$u_{G\_a}=\left(\frac{\int_0^h(\mathrm{d}\dot{m}_{C-Ar}+\mathrm{d}\dot{m}_{N-Ar}/2)+\dot{m}_G}{\dot{m}_G}\right)^{0.33}u_G \tag{3.58}$$

式中　u_{G_a}——含生成的CO和N_2的氩气泡实际上浮速率。

根据u_{G_a}及气隙率计算值可以进一步确定气泡上升的表观速率（某一截面上气体的体积流速与该截面的面积之比），气泡平均当量直径可以用佐野等提供的经验公式表示：

$$d_{Ar}=0.034u_s^{0.44} \tag{3.59}$$

式中　u_s——Ar气泡上浮的表观速率。

根据式3.59可以求出气泡半径沿高度方向的分布，气泡半径大约在3～4cm之间，底吹气流量越大，气泡半径相应会变大些。

根据气泡半径，用式3.54可计算气泡与钢液间的相对流速。

根据以上分析，确定了底吹气泡柱内气泡大小分布、气隙率分布、气泡与钢液间的相对流速，对式3.30从熔池底部往上进行积分，代入有关参数，则可以求出底吹气柱第二类氮反应速率和脱碳速率。

3）钢液内部其他区域。

钢液内部除了吹氧反应区和底吹气柱外，其他区域也会弥散大量的CO气泡，其表面为氮反应和脱碳反应界面。CO自发形核比较困难，但底吹气体会有一部分弥散到钢液其他区域成为CO形核的核心，粗糙的耐火材料表面气孔也可以成为CO形核的核心，另外，上升的CO气泡群会引起钢液环流，部分CO气泡会返回到熔池中，使得氮反应和脱碳反应持续快速进行。

首先确定反应区的高度。冶炼过程中，CO气泡自发形核克服毛细管压力，便可以确定反应区高度，即反应区下端钢中碳、氧含量恰好与分压力为局部压力的CO气泡平衡，反应区高度小于等于熔池深度。

考虑单个CO气泡上浮过程中，其半径、上浮速率和气隙率应符合如下方程：

$$\mathrm{d}n_{CO}=4\pi\beta_{O-2}r_e^2([\mathrm{O}]-[\mathrm{O}]^*)\rho_L\frac{10}{M_O}\mathrm{d}t \tag{3.60}$$

$$\mathrm{d}n_N=4\pi\beta_N r_e^2([\mathrm{N}]-[\mathrm{N}]^*)\rho_L\frac{10}{M_N}\mathrm{d}t \tag{3.61}$$

$$n_{CO}+n_N/2=\frac{p_{CO}}{RT}\frac{4\pi r_e^3}{3}=\int_0^{n_{CO}}\left(\mathrm{d}n_{CO}+\frac{1}{2}\int_0^{n_N}\mathrm{d}n_N\right) \tag{3.62}$$

$$\mathrm{d}t=\frac{\mathrm{d}h}{v_{CO-2}+v_{steel}} \tag{3.63}$$

$$v_{CO-2}=1.02\sqrt{gr_e}(1-\chi')^{n-1},\chi'=\chi_0'r_e^3v_{CO-2,0}/(r_{e,0}^3(v_{CO-2}+v_{steel}))\tag{3.64}$$

式中 n_{CO}——单个CO气泡当前的摩尔量；

n_N——单个氮原子当前的摩尔量；

M_O——氧的摩尔质量；

v_{steel}——钢液上升速率；

v_{CO-2}——当前位置CO气泡上升的绝对速率；

χ'——当前位置气隙率；

$r_{e,0}$——气泡最初半径；

χ_0'——初始气隙率；

$v_{CO-2,0}$——最初速率，由气泡初始半径决定；

n——取2.39；气泡最初半径中取1mm，气隙率取0.01%。

传质系数以气泡当前直径为定性尺寸进行计算。

气泡在上浮过程中，直径达到一定值后发生破裂，破裂过程可用式3.53计算，当气泡破裂后，对式3.62进行修正：

$$n_{CO}=2\frac{p_{CO}}{RT}\frac{4\pi r_e^3}{3}=\int_0^{n_{CO}}\left(dn_{CO}+\frac{1}{2}\int_0^{n_N}dn_N\right)\tag{3.65}$$

从式3.64可看出，气泡破裂后，气泡相对钢液上升速率下降，而气隙率增大，此时钢液将被向上加速，以保证气泡及时上浮排出。

考虑到气泡在钢液里上浮过程中当气隙率达0.42时，气泡相对钢液空管速度最大，做如下假定：当气泡气隙率没有达到0.42时，钢液上升流速接近于0；当气隙率高于0.42时，钢液通过保持一定上升流速来维持气隙率在0.42左右。

联合式3.60~式3.65对式3.60和式3.61进行积分，则可以求出单个气泡从熔池底部上升一直到排出的脱氮量和脱碳量；根据气泡初始半径和初始气隙率，可以求出单位时间内通过反应区底部横截面的气泡数量：

$$N_b=v_{CO-2,0}S\chi_0'/(4\pi r_{e,0}^3/3)\tag{3.66}$$

这样可求出此反应区的脱氮速率和脱碳速率。

对于本反应区脱氮和脱碳过程的求解，对单个CO气泡上升过程进行分析，然后根据初始CO气泡的总数计算出此反应区总的氮反应和脱碳速率。这种计算方法与对式3.30进行积分在本质上是一致的，只是对一个气泡进行分析使得编程变得简易。

通过以上分析，则可以编程计算冶炼过程各个反应区的脱氮速率和脱碳速率，最终模拟出氮含量随时间的变化。

3.3.3　氮反应模型的验证[16]

利用上述氮反应模型对安钢 150t 复吹转炉冶炼脱氮和吸氮过程进行模拟计算，模型计算对应操作工艺及初始条件如表 3.4 所示，总吹氧时间 15～17min。

表 3.4　转炉操作参数

铁水成分/%				铁水温度 T_{hm}/℃	终点成分控制/%			废钢 W_{sc}/t	渣料(石灰) W_s/t	吹氧强度(标态) /$m^3 \cdot h^{-1}$	铁水量/t
C	Si	S	N		C	Si	S				
4	0.4	0.025	0.0060	1310	0.04	0.002	0.01	20	7	2000	130

数学模型首先模拟出反应过程中碳、氧含量及温度随吹炼时间的变化，如图 3.22 所示。图中终点碳为 0.035%，终点氧为 0.1%，终点温度 1637℃。模拟假定废钢和石灰加入后很快就熔融，所以图中的温度和碳曲线出现了下降转折点，实际生产中温度下降和碳含量下降相对温和，模型如此假定对氮反应过程基本没有影响。

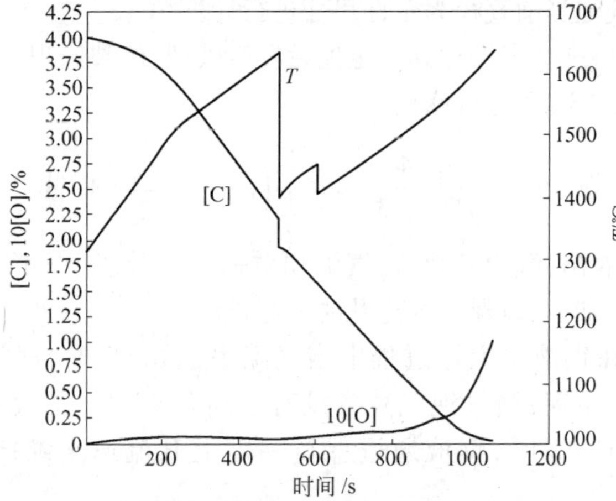

图 3.22　转炉冶炼过程碳、氧含量及温度随吹炼时间的变化

从图 3.22 可以看出，当吹氧时间超过 870s（占总吹氧时间的 80%）后，钢中氧含量超过 0.0200%，且急剧上升直至 0.1%，对应的碳含量大约 0.5%，此时钢中氧含量对氮反应过程有强烈的阻碍作用。

根据图 3.22 中碳、氧含量变化曲线，绘制的碳氧关系曲线如图 3.23 所示。从图中同样可以看出，当碳含量约为 0.5% 时，氧含量急剧升高。

在现场试验通过测定吹炼末期钢液碳、氧含量绘制的曲线如图 3.24 所示。对比图 3.23 和图 3.24，碳、氧含量关系基本是一致的。由于在冶炼过程中测定碳、氧含量时需停氧操作，停氧时刻与取样时刻有一个时间差，此阶段钢液仍然存在脱碳反应过程，所以测到的氧含量比停氧时要低一些。在图 3.24 中，碳高情况下的氧含量比图 3.23 计算的值要低 0.0050%。计算值更能反映冶炼实际情况。

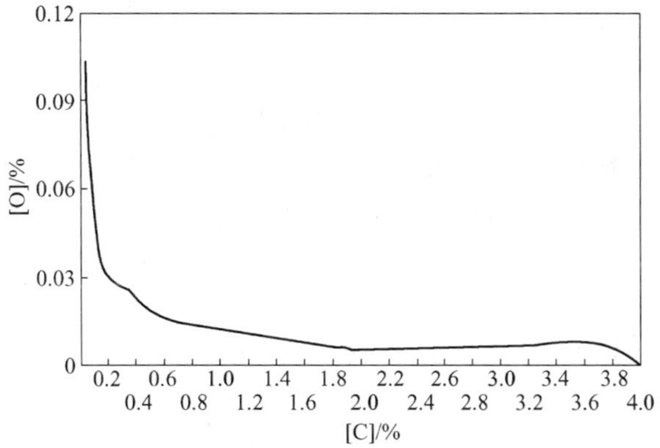

图 3.23　转炉冶炼过程碳、氧含量关系曲线

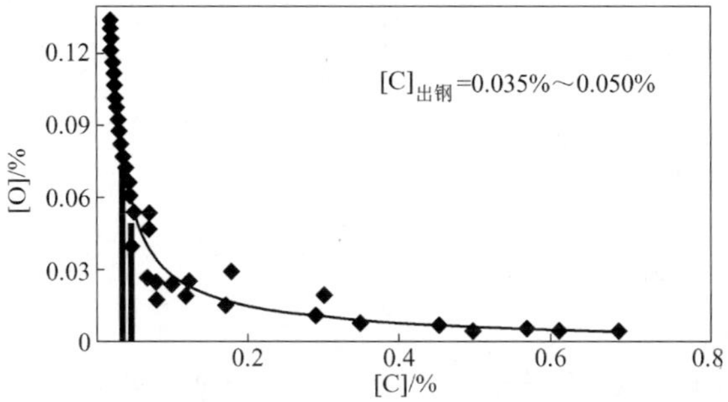

图 3.24　电炉冶炼过程实际碳、氧含量关系曲线

在对炉内脱碳及碳、氧含量关系分析的基础上，以下将重点分析氮反应过程。

钢液在底吹 Ar 和全程底吹不同流量 N_2 条件下计算得出的氮含量变化如图 3.25 所示。由图 3.25 可见，当底吹氮流量相对较低时，终点氮含量与全程吹 Ar 的终点氮含量相当。

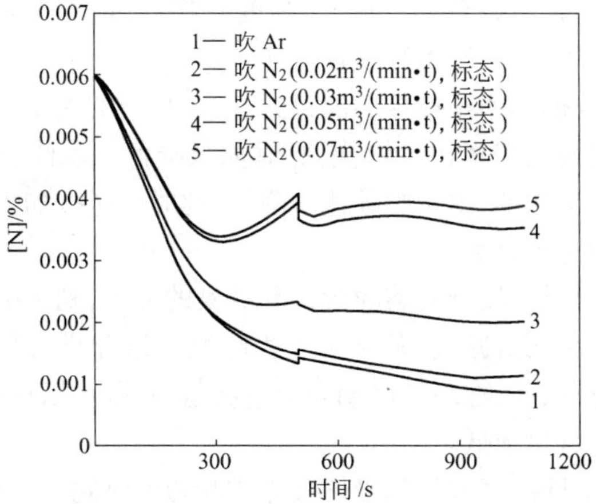

图 3.25　转炉冶炼不同底吹条件下氮含量变化

为了具体分析钢液中脱氮和吸氮过程，针对全程底吹氮（标态）$0.02m^3/(min \cdot t)$和$0.05m^3/(min \cdot t)$的两种操作条件进行分析，计算结果如图3.26和图3.27所示。分析单一脱氮过程可以看出，由于冶炼初期吹入的氧更多与硅等元素反应，熔池脱碳速率较低，导致了脱氮速率也较低；当硅被脱除后，脱碳速率增大，此时脱氮速率也增大；到了冶炼末期，由于钢中碳含量较低、氧含量较高，脱氮速率变低，吸氮速率也较低。吹氮强度不同，变化幅度有差别，但规律相同。

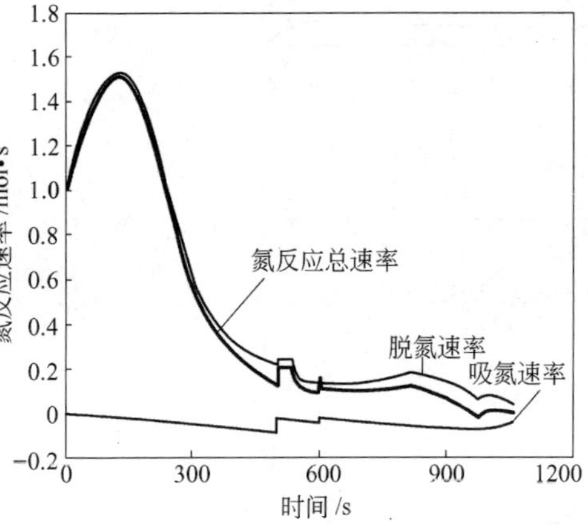

图3.26　转炉冶炼底吹氮气条件下脱氮和吸氮速率
（吹氮强度：$0.02m^3/(min \cdot t)$，标态）

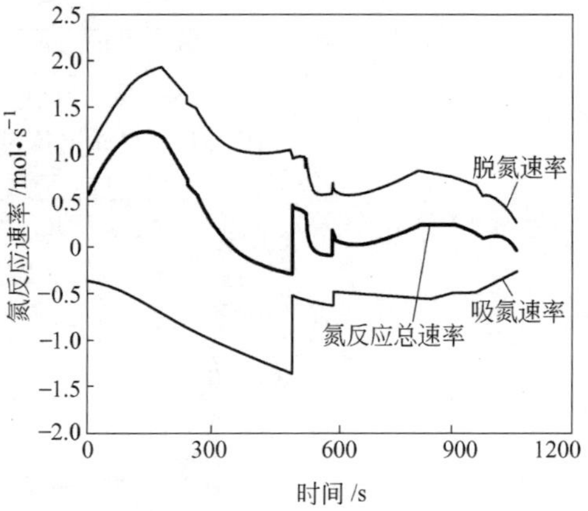

图3.27　转炉冶炼底吹氮气条件下脱氮和吸氮速率
（吹氮强度：$0.05m^3/(min \cdot t)$，标态）

比较图3.26和图3.27可以看出，底吹氮气强度小时，吸氮速率远低于脱氮速率；而底吹氮气强度大时，所吹入的氮气有一小部分可能以微小气泡弥散到钢液当中，因而吸氮速率增大，特别是在加入冷料前，由于熔池温度很高，氧含量很低，吸氮速率尤其快。同时还可以看出，对于大强度底吹氮，到了吹氧末期，总的氮反应速率为正值，表示在吹氧末期，熔池呈现脱氮现象。

转炉或电炉底吹的作用是搅拌熔池，加快碳氧反应的速率。在冶炼中前期，由于钢液碳含量较高，脱碳速率相对较快，此时如果降低底吹流量，对脱碳速率影响不是很大；而到了反应后期，由于脱碳速率降低，此时应考虑加大底吹流量，以加快反应速率，防止熔池过氧化。

根据前面利用氮反应模型对熔池脱氮和吸氮的分析，到了冶炼后期，由于钢中氧含量提高，吸氮速率相对减慢，甚至不发生吸氮。结合脱碳和氮反应的特点，如果在冶炼前期低流量吹氮，在冶炼后期高流量吹氮，则既可以保证脱碳速率不受影响，又能保证终点氮含量很低。

利用模型针对不同的底吹氮流量切换方式和切换时间，计算了终点氮含量，如图3.28所示。从图3.28可以看出，底吹氮流量从低向高切换的终点氮含量要低

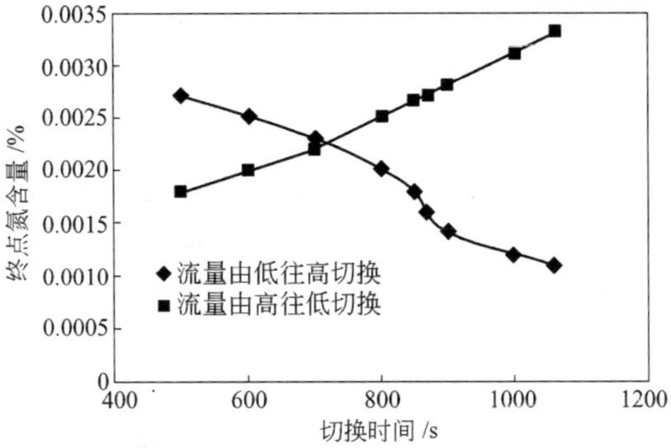

图 3.28 终点氮含量与底吹氮流量切换方式和切换时间的关系

于从高向低切换，综合考虑脱碳对底吹要求，底吹流量从低向高切换是更好的切换方式。

利用图 3.28 的计算结果，可以确定合理的切换时间。根据前面对氧含量变化的分析结果，吹氧时间超过 870s（总吹氧时间的 80%），钢中氧含量急剧增大，如果此时从低到高切换氮气流量，最终计算的氮含量大约在 0.0015%。

总之，试验分析和理论计算结果表明：实际生产采用全程底吹氮且流量由低向高切换技术是可行的，既不会影响脱碳速率，又可以保证较低的终点氮含量，合理的切换时间在总吹氧时间的 75% ~85% 之间。

为了验证模型的可靠性，在生产现场底吹不同流量的氮气，测定出钢氮含量与计算值比较，如图 3.29 所示。测量结果与计算值基本一致，这在一定程度上验证了模型的可靠性。下节进一步讨论在工业中应用有关氮控制理论问题。

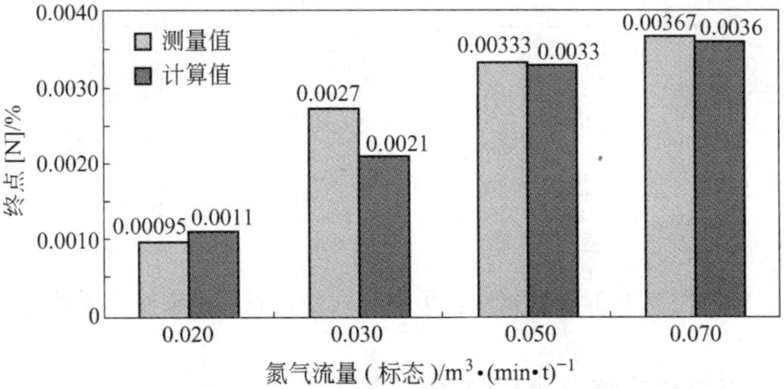

图 3.29 终点氮含量与底吹氮气流量的关系

3.4 氮控制理论的工业应用[16]

3.4.1 全程底吹氮工艺研究

根据实验研究，当钢液中氧含量[O]≥0.0200% ~0.0300% 时，钢中的表面活性元素氧多聚集在液气界面，可以阻碍钢液吸氮，将这一实验室实验结果应用于韶钢 90t Consteel 电炉和珠钢 150t 烟道竖炉电炉，实现了电炉全程底吹氮，成功地用于生产。

在这一基础上，又先后在唐钢、安钢 150t 顶底复吹转炉上，进行了全程底吹氮试验研究，发现在全程底吹氮条件下，电炉出钢氮可低于 0.0030%，转炉出钢氮含量为 0.0010% 左右。分别如图 3.30 ~ 图 3.32 所示。

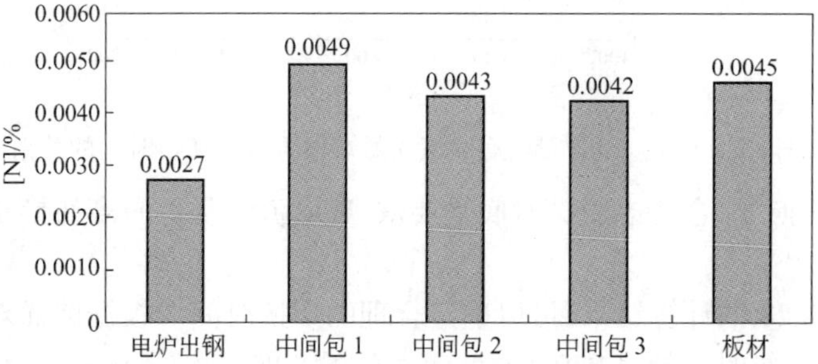

图 3.30　珠钢电炉—CSP 过程中钢中氮含量的变化(连浇 3 炉平均值)

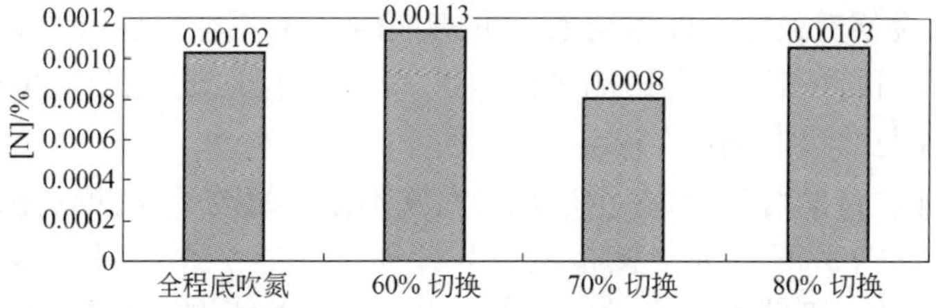

图 3.31　唐钢 150t 顶底复吹转炉 N_2、Ar 切换点对终点样氮含量的影响

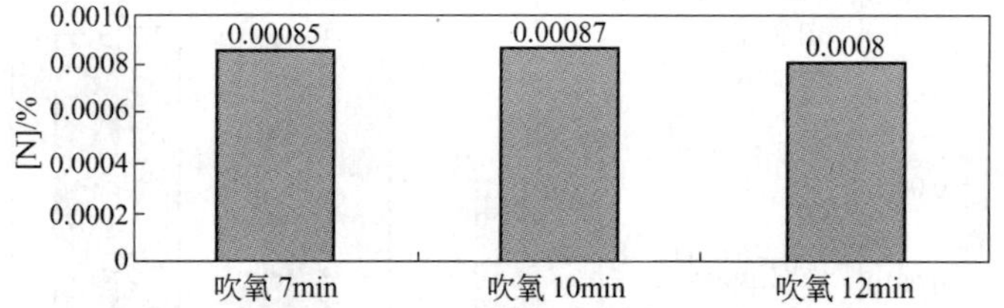

图 3.32　安钢 150t 顶底复吹转炉 N_2、Ar 切换点对出钢样氮含量的影响

3.4.2　底吹氮流量对冶炼终点[N]的影响

底吹氮气流量对吹炼终点[N]的影响如图 3.33、图 3.34 所示。由图可见，随底吹氮强度增加，出钢氮含量增加。

3.4.3　变流量底吹氮对冶炼终点[N]的影响

图 3.33 和图 3.34 是在恒流量底吹氮条件下获得的，考虑到吹炼前期钢液中

[C]含量高,[O]含量低,吸氮多,导致出钢氮含量增高,进行了变流量底吹氮的试验,结果示于表3.5。

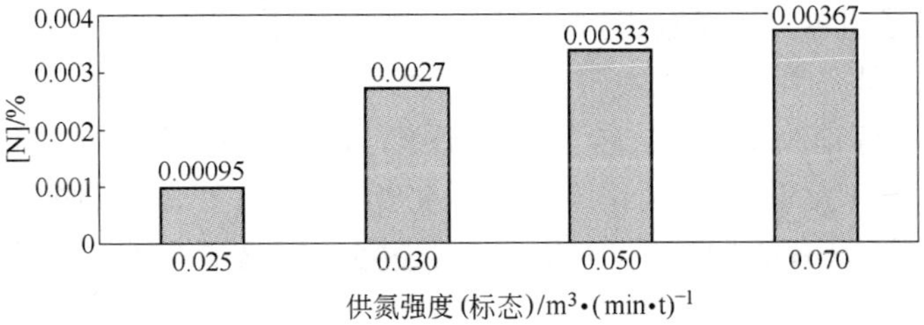

图3.33 底吹氮强度对唐钢150t顶底复吹转炉出钢氮含量的影响

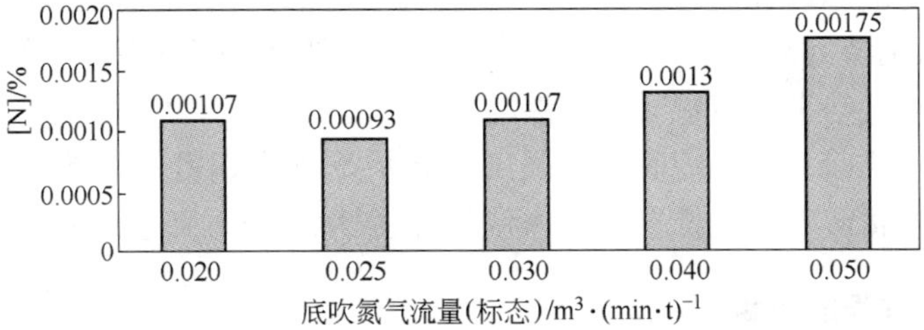

图3.34 底吹氮强度对安钢150t顶底复吹转炉出钢氮含量的影响

表3.5 顶底复吹冶炼过程中变流量全程底吹对出钢氮含量的影响

编号	设定底吹 N_2 流量(标态) $/m^3 \cdot h^{-1}$	设定底吹 N_2 强度(标态) $/m^3 \cdot (min \cdot t)^{-1}$	实际底吹 N_2 流量(标态) $/m^3 \cdot h^{-1}$	实际底吹 N_2 强度(标态) $/m^3 \cdot (min \cdot t)^{-1}$	出钢样 [N]/%
1	前期180 后期450	前期0.020 后期0.050	前期186 后期423	0.021 0.047	0.0012
2	前期180 后期450	前期0.020 后期0.050	前期220 后期456	0.024 0.051	0.0012
3	前期450 后期180	前期0.050 后期0.020	前期447 后期180	0.050 0.020	0.0016
4	前期450 后期180	前期0.050 后期0.020	前期420 后期180	0.047 0.020	0.0018

恒流量或前大后小的底吹氮改变对转炉冶炼出钢氮的影响主要是由于转炉前期[C]高、[O]低,吸氮,后期[C]低,脱氮量小造成的。

从表3.5及图3.34可以看出,前期底吹 N_2 流量大、后期底吹 N_2 流量小的模式转炉冶炼终点出钢样[N]明显大于前期底吹 N_2 流量小、后期底吹 N_2 流量大的模式,说明转炉冶炼前期比冶炼后期容易增氮。

在转炉吹氧脱碳过程中,存在着激烈的碳氧反应,生成大量的 CO 气泡,钢液能通过 CO 气泡携带法脱氮。钢液中的氮原子可以扩散到 CO 气泡与钢液的界面上形成 N_2 分子进入 CO 气泡,随 CO 气泡上浮从而自钢液中除去,其脱氮的机理与真空脱氮的机理一样,都可以用西华特定律来解释。

在转炉冶炼前期和中期,碳氧反应逐渐激烈,脱碳速度逐渐增大,脱氮速度也逐渐增大。大量的碳氧化生成 CO 将熔池中的氮带出,脱氮量大于吸氮量,碳氧反应可以有效脱氮。但吹氮强度过大,钢液吸氮可超过脱氮,使钢液氮增加。

冶炼后期,碳氧反应逐渐减弱,脱碳速度逐渐降低,脱氮量也逐渐减少。

随着转炉冶炼过程的进行,钢液中[C]越来越低,与之平衡的[O]越来越高,转炉冶炼后期,钢液为氧化性,钢中溶解氧达到 0.0200% ~0.0300%,可以阻碍吹入的氮气泡和空气与钢液接触时对钢液增氮。

大恒流量或前大后小的底吹氮强度对转炉冶炼出钢氮的影响,主要是由于转炉冶炼前期金属液碳高氧低易吸氮,后期碳低脱氧能力下降造成的。

3.4.4　连铸过程的增氮

电炉流程中钢中氮含量的变化示于图 3.35,转炉流程中钢中氮含量的变化如图 3.36 所示。

由图 3.35 及图 3.36 可见,增氮主要发生在精炼结束后,第一包钢水开浇前期,这时候中间包覆盖剂没有加入或加入后没有铺展好,钢液直接暴露在大气下,由于[O]低,钢液从空气中吸氮能力很强,导致钢液增氮。

综上所述,现代电炉、转炉炼钢过程中的钢液脱氮吸氮理论已成功地应用于生产实践,反过来也证明关于钢液氮反应控制理论符合客观实际。

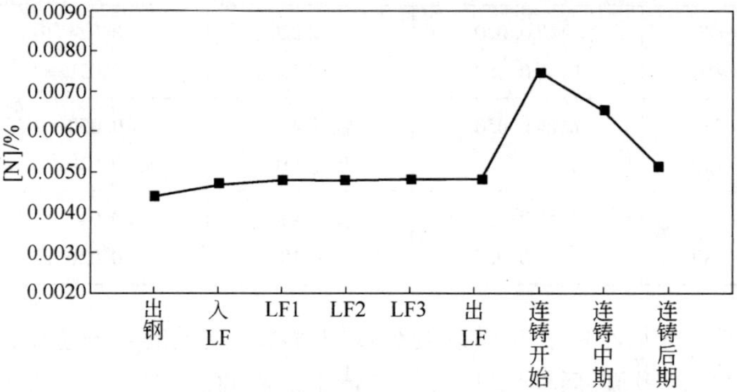

图 3.35　电炉—CSP 流程过程中钢中氮含量的变化

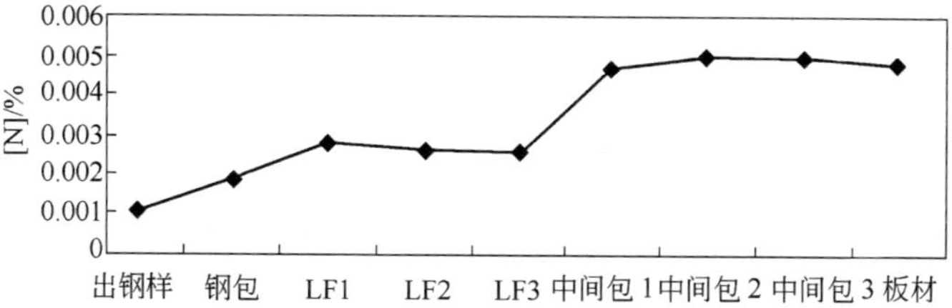

图 3.36 转炉薄板坯流程钢中氮含量的变化

参考文献

[1] Liewllyn D T. Nitrogen in steel[J]. Ironmaking and Steelmaking, 1993, 20(1): 264.

[2] 宋维锡, 主编. 金属学[M]. 北京: 冶金工业出版社, 1994:264.

[3] Marrison W B. Nitrogen in steel product[J]. Ironmaking and Steelmaking, 1989, 16(2): 123.

[4] Bertil Tivelius, Xu Kuangdi. Production procedures and material requirements of line pipe steel for severe applications Part I[J]. General Review Haganas, Aug. 22, 1984.

[5] Garcia C I, Tokarz C, Vazqurz M, et al. 含铌高强度低合金钢薄板坯连铸工艺的生产: 热轧产品的种类、性能和应用[A]. 2002 年薄板坯连铸连轧国际研讨会论文集[C]. 广州, 2002: 153 - 168.

[6] Glodowski R J. Vanadium-nitrogen microalloyed HSLC strip steels produced by thin slab casting [A]. HSLC Steels' 2000. Beijing: Metallurgical Industry Press, 2000: 313 - 318.

[7] 傅杰. 新一代低碳钢——HSLC 钢[A]. 中国有色金属学报, 冶金、材料与化工现状及发展策略——中国工程院化工、冶金与材料工程学部第四届学术会议论文集. 北京: 科学出版社, 2004: 82 - 90.

[8] 柴毅忠. EAF—CSP 生产汽车结构用热轧低碳高强钢板冶金工艺及质量研究[D]. 北京: 北京科技大学, 2007.

[9] 徐晓达. 电弧炉冶炼过程中的终点控制及脱氮模型研究[D]. 北京: 北京科技大学, 1999.

[10] 唱鹤鸣. 熔渣下钢液真空吹气脱氮的研究[D]. 北京: 北京科技大学, 1996.

[11] 唱鹤鸣. 感应炉熔炼与特种铸造技术[M]. 北京: 冶金工业出版社, 2007.

[12] 周世祥. 钢液脱氮机理及 VD 脱氮模型的研究[D]. 北京: 北京科技大学, 1996.

[13] 迪林. 现代炼钢过程氮的控制理论与工艺研究[D]. 北京: 北京科技大学, 2001.

[14] 王中丙. EAF—LF—CSP 生产集装箱板工艺与理论研究[D]. 北京: 北京科技大学, 2001.

[15] 刘阳春. 薄板坯连铸连轧流程氮、铝的控制与作用研究[D]. 北京: 北京科技大学,2007.

[16] 史美伦. 转炉—炉卷轧机流程生产 HSLA 钢和 HSLC 钢的工艺与质量研究[D]. 北京: 北京科技大学, 2007.

[17] Koin Ito, Kazuo Amano, Hiroshi Sakao. Kinetic study on nitrogen absorption and desorption of molten iron[J]. Transaction ISIJ, 1988, 28: 42.

[18] 周世祥, 迪林, 傅杰, 王平. VD 真空吹氩脱氮模型[J]. 钢铁研究学报, 2001, (6).

[19] Pehlke R D, Elliott J F. Solubitity of nitrogen in liquid iron alloys I: thermodynamics[J]. Transactions of the Metallurgical Society of AIME, 1960, 218(12): 1088 - 1101; Solubitity of nitrogen in liquid iron alloys II: kinetics[J]. Transactions of the Metallurgical Society of AIME, 1963, 227: 844 - 855.

[20] 傅杰，著. 钢冶金过程动力学[M]. 北京: 冶金工业出版社，2001(冶金反应工程学丛书).

[21] 凌天鹰，徐匡迪. 浇注过程钢液脱氮的研究[J]. 钢铁研究，1989，(2): 7 - 12，117.

[22] Fruhan R J, et al. A model for nitrogen absorption in steelmaking processes[J]. I&SM, 1987, (4): 31 - 35.

[23] 奥特斯 F，著. 钢冶金学[M]. 倪瑞明，等译. 北京: 冶金工业出版社，1997(冶金反应工程学丛书).

[24] 萧泽强. 钢包喷吹时气泡泵现象的全浮力模型[J]. 东北工学院学报，1981，27(2): 67 - 80.

4 现代电炉冶炼终点控制

现代电炉冶炼终点是冶炼过程时间轴上的一个时间点，冶炼周期 $\tau=\tau'+\tau''$，τ' 代表供能时间，通常从一炉钢送电开始到出钢这一段时间为 τ'，在冶炼过程的时间轴上，以开始通电时间为原点，τ' 为终点。

终点控制分经验控制和自动控制两种。自从计算机用于冶炼控制以来，电炉冶炼自动控制得到了迅速发展，虽然没有达到转炉“一键”炼钢的水平，但也开发了多种静态控制和动态控制模型及获取冶炼过程信息的手段，朝智能化炼钢发展。可以对冶炼过程中各种复杂参数进行快速、高效率的计算和管理，并给出综合动作指令，精确控制电炉冶炼过程及终点。

在作者以前的著作中，电炉冶炼终点控制基本上属于经验控制，理论基础是质量平衡、能量平衡、冶金过程热力学，例如根据碳氧反应和铁氧反应的选择性氧化原理，确定低碳钢冶炼过程的终点碳含量，对电炉出钢碳含量进行控制。经验控制也能得到高的命中率，取得良好的效果。例如，珠钢冶炼品种钢大部分要求[C]≤0.06%，碳氧、铁氧选择氧化的平衡点为0.035%，电炉出钢的脱氧、合金化、包衬（钢包和中间包）、中间包覆盖剂、连铸结晶器保护渣等导致钢液增碳0.005%～0.010%，故要求出钢碳含量即终点碳控制在0.040%～0.055%，实际上能够做到这一点。2005年钢材碳合格率达到99.8%以上，上连铸平台钢水[C]统计结果表明：SPA-H为0.042%；ZJ330为0.045%，4个班48小时内当目标值为0.055%时，第一班至第四班所炼钢材中碳含量的平均值分别为0.053%、0.054%、0.056%、0.058%。

本章重点介绍现代电炉冶炼终点的自动控制，或称电炉冶炼过程计算机控制，属于动态控制，严格地说应是电炉冶炼终点动态控制的理论基础。

4.1 电炉自动化炼钢技术概述

电炉自动化冶炼的内涵可以分为三个层次：基础自动化控制、过程自动化控制和管理自动化控制。基础自动化控制目的是代替人来实现吹氧、供电及加料操作；过程自动化控制是利用仪表对冶炼状况的检测信息配合数学模型代替人脑实现对冶炼等的优化控制，如终点动态控制、功率曲线优化、电极调节、供电优化（电压及电流调整）及吹氧优化（吹氧与喷碳的匹配、吹氧与供电的匹配）等，这一层次通常被称作智能炼钢[1]；管理自动化控制是利用计算机网络实现电炉生产优化管理，包括电炉流程的物流控制、成本控制、质量控制等。

目前转炉自动化冶炼技术已实现了“一键”炼钢，即计算机模型可准确判断冶炼终点，整个炼钢过程无需人工干预。电炉自动炼钢技术相对落后，其原因是电炉冶炼状况复杂且难以检测。用仪表检测废钢熔化、化学反应、泡沫渣状况、氧燃烧嘴工作状态等信息难度大。为此，电炉自动化冶炼技术进步首先要通过先进的仪表检测冶炼状况信息和通过冶金数学模型模拟电炉冶金过程，在此基础上开发商业软件，实现电炉冶炼过程的反馈控制和终点动态控制。

用来检测冶炼状况信息的仪表及相关技术主要有：炉气分析技术；泡沫渣指数检测技术（一般是通过测量炉壳震动的噪声或电流、电压的谐波变形指数来预测泡沫渣的发泡性能[2,3]）；连续测温技术[4]；电炉装料和冶炼过程的摄像技术[5,6]，包括在料场把废钢装入料篮过程的拍照技术。最新开发的用来检测冶炼状况信息的仪表及相关技术主要有：

（1）炉内冶炼状况观测技术[6]。目前大量电炉采用关闭渣门操作，把红外线照相机安装在炉壁喷枪后侧，可观测废钢熔化下塌过程、泡沫渣发泡程度以及出钢过程，这种特定红外线照相机选择 0.4 ~ 0.8μm 波长的光谱，以避免炉内烟尘和燃烧火焰对拍照效果的影响。照相机的安装及拍照范围如图 4.1 所示，所拍照片如图 4.2 所表示，从图 4.2 中 2 号图片可看出大量冷废钢保护住电弧，图 4.2 中 3 号图片可看出钢液熔池面已形成。显然，利用此观测信息可很好地判断炉内的冶炼状况，以便更好地优化控制冶炼过程。

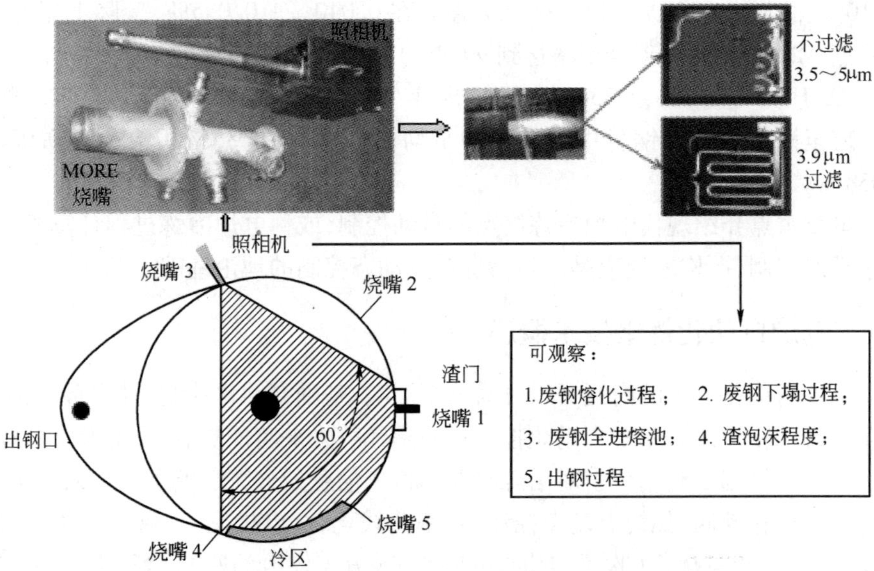

图 4.1 红外线照相机观测电炉示意图[6]

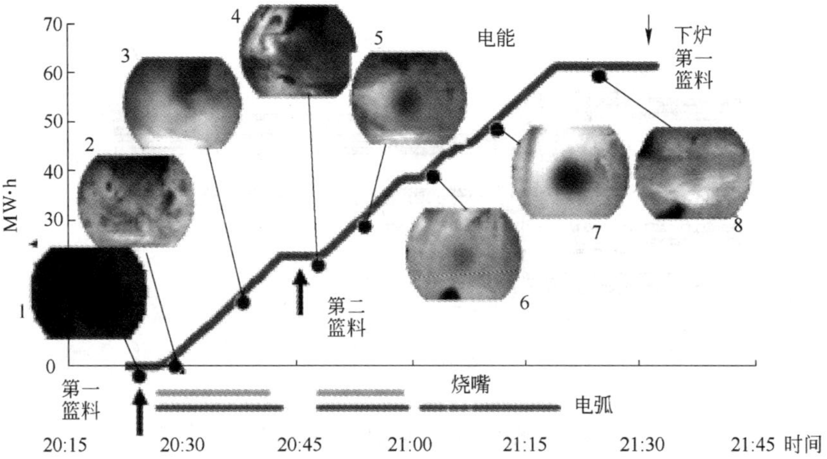

图 4.2 电炉冶炼过程中红外线照相机所拍照片[6]

(2)炉气成分快速分析技术[7]。用激光炉气分析仪快速测定炉气成分，解决了常规炉气分析仪有 20s 以上延时不能有效控制炉内的二次燃烧的缺点。根据所测炉气中 CO 与 O_2 的含量比来判断是否要增加供氧强化二次燃烧，判断标准如图 4.3 所示。

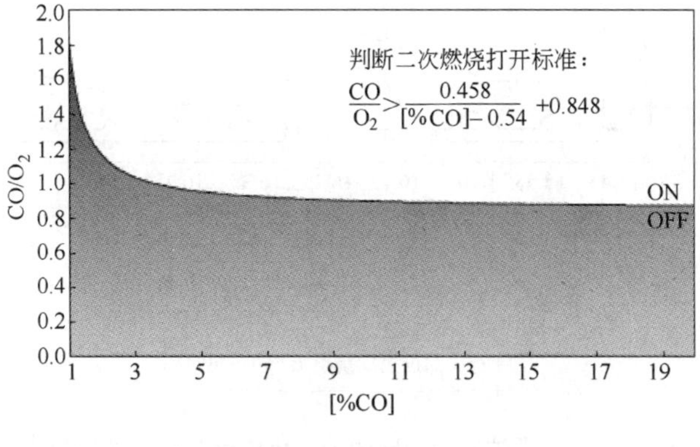

图 4.3 根据炉气成分判断是否强化二次燃烧的标准[7]

(3)氧燃烧嘴前废钢距离测量技术[8]。把激光测量仪安装在氧燃烧嘴后侧，用来测定未熔化废钢与喷头的距离，从而控制烧嘴的吹氧和燃料供应操作。激光探头在氧燃烧嘴内的安装位置如图 4.4 所示，氧燃烧嘴实际工作过程中，如果未熔化废钢与喷头之间的距离在很长时间内较短，表明氧燃烧嘴可能过热，燃烧火焰有回喷的可能，如图 4.5 所示。

以上技术的应用为电炉自动化炼钢技术提供了强大的支撑，然而靠这些技术

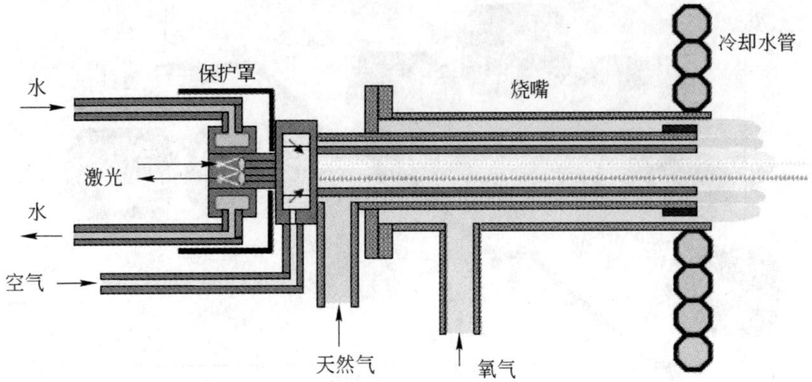

图 4.4　激光探头在氧燃烧嘴内的安装位置[8]

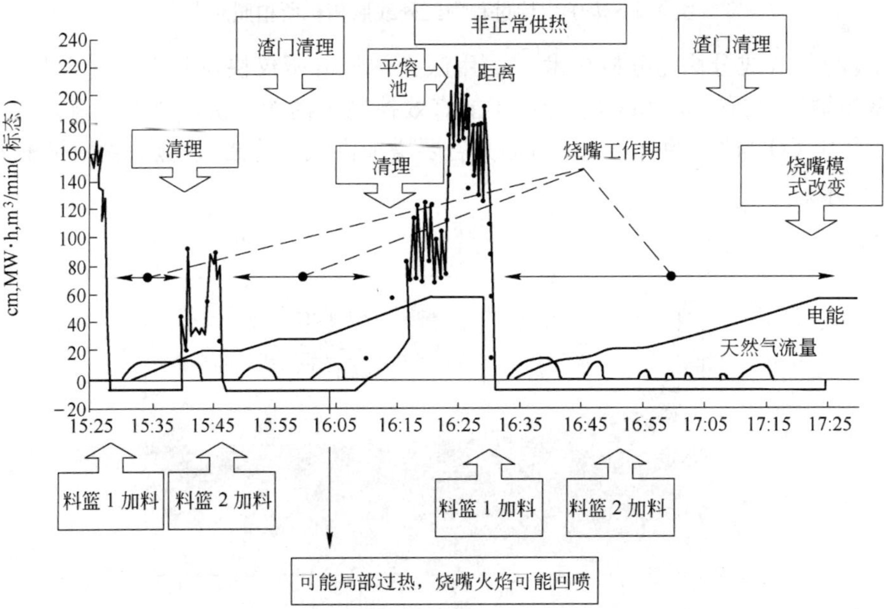

图 4.5　不正常炉次中测定的未熔化废钢与喷头的距离[8]

并不能预测电炉内冶金反应和能量供应的进程,更不能实现电炉冶炼终点的动态控制。由于电炉冶炼过程的工作环境相对恶劣,如上介绍的先进仪表的缺点使工作不够稳定,其相关设备维护难度大。

通过开发冶金数学模型对电炉冶炼过程进行模拟,可实现对冶炼状况的软检测,实现对电炉冶炼终点的动态控制,结合先进仪表所测定的信息,最终可进一步提高电炉自动化炼钢水平。提高电炉冶炼终点控制的命中率。

电炉冶金数学模型包括三个层次：

(1)第一是宏观优化模型，宏观优化模型是通过对电炉冶炼过程物料平衡和能量平衡的计算，得出满足冶炼周期和终点目标(主要是碳含量和温度)的物料供应和能量供应之间的关系，最终宏观实现炉料结构、供电曲线及吹氧喷碳操作的优化，显然，利用宏观模型可制定合理的操作工艺。

(2) 第二是建立数学模型对电炉冶炼过程进行模拟，根据模拟结果，可很好地判定冶炼进程，预测当前炉内冶炼状况，这样的数学模型又可以分为理论模型和经验模型。理论模型是利用冶金热力学、动力学、传热学等基础理论知识对电炉内发生的物质和能量传递进行计算，最终模拟出钢液、渣和炉气的成分变化，同时还可得出废钢的熔化进程。经验模型通常利用统计的数据来实现终点预报，不能模拟电炉冶炼的具体进程。数学模型如能充分利用仪表测定的数据，可以大大提高其模拟的准确性。

(3) 第三是动态优化数学模型，此模型根据仪表测定的信息和数学模拟给出的数据，根据冶炼周期、冶炼终点目标和电耗控制的要求，得出下一阶段最佳的操作方案，包括设定供电参数、设定氧枪或氧燃烧嘴参数以及如何加料等，最终实现电炉终点动态控制，大大提高电炉自动化冶炼水平，提高命中率。

总之，先进检测仪表和冶金数学模型的研发是提升现代电炉自动化冶炼水平的基础，电炉自动化冶炼商务软件(如 EFSOP[9])就是在这样的基础上开发的，应重视电炉终点动态控制技术。

4.2 电炉终点动态控制的目标

电炉终点动态控制的目标是在最小的能量消耗和物料消耗(即成本最低)的条件下，保证冶炼周期要求的时间节点上的钢液成分(主要是碳含量)和温度同时命中，并保证废钢等固体物料完全熔清。而转炉终点动态控制的目标仅仅是在保证冶炼周期要求的时间节点上的钢液成分和温度同时命中。

实现电炉终点动态控制的意义重大。如果钢液成分和温度不能同时命中，在冶炼周期要求的时间节点上钢液温度符合要求，而碳含量过低，会导致熔池过氧化严重，金属收得率低；在冶炼周期要求的时间节点上钢液温度符合要求，而碳含量偏高，则需延长吹氧时间，导致实际冶炼时间延长。

电炉终点动态控制可进一步完善电炉冶炼自动化系统，其核心是依靠冶金数学模型模拟出当前的冶金反应和能量供应的进程，根据模拟结果，给出下一阶段的供电、供化学能和吹氧的策略。而自动化系统可根据这样的策略，结合仪表所测定的冶炼状况信息，最终给出当前的最佳操作，在确保设备安全前提下提高供电和氧燃烧嘴的能量利用率并降低耐火材料等消耗。

在电炉冶炼的不同阶段，动态控制的任务是不一样的，对于烟道竖炉电炉：

(1)在一炉钢开始冶炼前,根据钢种和冶炼周期要求,以经济效益最佳为优化目标,通过宏观优化模型计算出最佳的原料结构(包括配碳量)并预设冶炼过程中的工艺参数(如供电强度、吹氧强度)。如计算的最佳原料结构现场不能满足,则根据现场原料供应情况修正最佳原料结构。

(2)废钢熔化前期,此阶段由于电弧、氧燃烧嘴均被废钢料保护住,供电曲线、吹氧曲线和化学能供应曲线一般是根据预定的曲线进行操作,数学模型计算此阶段的废钢熔化、能量供应及化学反应过程,可模拟废钢料向熔池的下塌过程,预测此阶段的结束时间,即出现平坦钢液面,电弧不再被废钢包围,炉壁喷枪(或氧燃烧嘴)也不受到保护,此时要求造泡沫渣,继续包围电弧,同时调整氧燃烧嘴的操作,或要求加下一篮料。

由于生产存在不稳定性,仅依赖数学模型不能准确预测此阶段的电弧不再被废钢包围或氧燃烧嘴不受到废钢保护的时间点,这两个时间点对改变供电、供氧和供化学能操作非常重要。依赖自动化系统测定的数据或观测的结果可相对准确预测这两个时间点,可根据冷却水温度变化[10]、电弧的谐波变形指数[3]、炉气成分进行预测[7],也可根据照相机的观测结果进行预测[6]。有的电炉通过渣门人工观测来进行判定,不免会有偏差。

(3)废钢熔化后期和精炼阶段,此阶段电弧和氧燃烧嘴的火焰需要用泡沫渣包围,在精炼阶段可能不再喷吹燃料,而是增大吹氧强度高速脱碳。供电曲线、吹氧曲线和化学能供应曲线需根据终点动态控制给出的策略进行操作。具体思路如下:利用数学模型计算当前钢液及渣的成分、温度和未熔化废钢量,进一步计算满足冶炼终点目标的能量需求和脱碳任务,根据脱碳任务可预计脱碳反应所能提供的化学能,同时根据常规操作预计氧燃烧嘴提供的化学能,从而计算出满足终点目标所需要的电能,根据电能需求和脱碳任务,并考虑满足冶炼周期的时间节点要求,从而动态规划出下一步的供电强度、吹氧强度和喷碳(配碳)量,并制定出具体的供电曲线、吹氧曲线和喷碳(配碳)量。一般来说如果脱碳任务轻,则需要进一步喷碳(配碳),防止泡沫渣性能下降,同时防止钢液过氧化,如果脱碳任务重,应加大吹氧强度。如果电能需求或脱碳任务非常大,即使采用最强的供电模式或吹氧模式均不能在冶炼周期规定的时间节点上达到终点目标,则考虑适当延长冶炼周期。电炉冶炼自动化系统根据模型制定的供电曲线、吹氧曲线,并根据其仪表检测的冶炼状况信息,最终给出当前最合理的操作。

在此阶段,熔清时间点对指导操作非常重要,数学模型可计算出此时间点,利用连续测温装置可更为准确确定此时间点[4],连续测温装置的维护较难。需要说明的是,熔清指钢液熔池内没有固体金属料存在,而生产上观测的钢液表面没有固定废钢出现并不意味着熔池内部没有固定金属料。

对于一些特定的电炉,如 Consteel 电炉,采取连续加料方式,电炉冶炼不同阶段的划分与上述不一样,这要根据具体的设备和操作工艺决定。

总之,电炉终点动态控制是在每炉钢液冶炼前就开始计划其冶炼过程,根据满足冶炼周期时间节点的终点目标要求,在冶炼不同阶段通过数学模拟、动态策划,并结合电炉自动化系统,最终给出最理想的操作,可实现电炉生产节奏稳定且能耗和物料消耗低,大大降低生产成本。

数学模型是电炉终点动态控制的基础,本章将重点介绍宏观优化模型、废钢熔化及温度计算模型、脱碳计算模型,从这些模型的应用上进一步阐述电炉终点动态控制的基本理论。

4.3 宏观优化模型

宏观优化模型是根据钢种要求对原料结构(包括配碳量)和相应的工艺参数进行优化,是在电炉冶炼前进行的策划。宏观优化模型是保证在最合适的冶炼周期内实现钢液、温度双命中的基础,同时又要保证电炉流程的高效、低成本运行。

高效、低成本运行可大大提高电炉钢生产竞争力,德国巴登(Badische)公司提出了高效、低成本运行的基本思想[11],如图4.6所示。可以看出,必须从人员培训、原料选择、效益管理和优化生产上入手,才能确保经济效益最佳,强调不再以追求吨钢利润最大或追求产量最大作为策划产品和组织生产的目标,而是以追求利润速率(或称为利润能力)最大为目标,综合考虑成本和生产率的辩证关系来策划产品和组织生产。

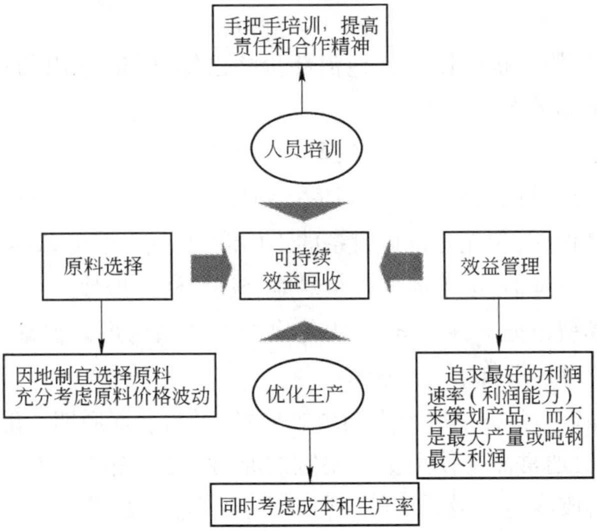

图4.6 高效、低成本运行的基本思想

巴登公司提出的概念“利润速率”与本书提出的“工序效益”本质是一致的，均指单位时间内电炉生产线所能取得的利润，以工序效益最佳为目标建立宏观优化模型电炉流程取得最佳的经济效益。有学者提出[12]，在钢铁市场需求膨胀阶段，电炉流程应以生产率最大为目标进行优化；而当市场需求萎缩时，应以生产成本最低为目标进行优化，充分提高电炉运行效率。这种思想与以工序效益最佳进行优化是一致的。

宏观优化模型的对象是炉料结构、能量结构以及操作工艺参数，在热装铁水、预热废钢或加重型物料的条件下，不同的炉料结构会影响到冶炼周期及电弧供电热效率，也会改变能量结构，工序效益可以把不同炉料结构带来的成本和生产率变化统一起来，如前所述：

$$\varphi = \left(E - \sum_{i=1}^{N} (p_i x_i) - \sum_{i=N}^{M} (p_i c_i) \right) \Big/ \tau - R_f$$

如果能以炉料结构和操作工艺参数为变量来预计冶炼周期，进一步计算工序效益，通过相关的优化算法则可以计算出工序效益最佳时对应的炉料结构和相关工艺参数。

在前述冶炼周期综合控制关系式中，脱碳需要的氧量 O_N 由炉料结构 $\boldsymbol{X}$ 决定，冶炼周期可表达成 $\boldsymbol{X}$、$S\cos\varphi$、V_O 及热效率向量 $\boldsymbol{\eta}$ 的函数，如式 4.1 所示，热效率向量可由能量结构模型计算确定[13]：

$$\tau = F(\boldsymbol{X}, S\cos\varphi, V_O, \boldsymbol{\eta}) \tag{4.1}$$

预计电耗可表示为：

$$C_e = S\cos\varphi\tau_e$$

如钢水价格、原料价格以及其他消耗价格已知，假定 $\boldsymbol{\eta}$ 内的参数保持不变，φ 可以表示成如下函数的形式：

$$\varphi = \Psi(\boldsymbol{X}, S\cos\varphi, V_O) \tag{4.2}$$

这样就可以通过优化算法求出满足 φ 最佳时刻对应的 $\boldsymbol{X}$、$S\cos\varphi$ 和 V_O。

实际生产过程中，为充分发挥设备的工作能力，供电强度 $S\cos\varphi$ 和吹氧流量 V_O 为其设备工作的额定值，冶炼周期最短对应着经济效益最佳。

宏观优化模型根据 $\tau_e + \tau_c = \tau_O$ 优化出的原料结构可以保证在最短的冶炼周期内实现钢液化学成分和温度双命中。

在市场紧缩时，并不是冶炼周期越短越好，当然冶炼周期不能太长，那样会破坏连铸节奏，此时通常需要使用更为便宜的原料，同时提高电炉运行效率，优化的结果通常是炉料成本达到最低。模型通过调整供电强度、吹氧流量和配碳量，可采取相对低的供电强度。

在实际生产过程中，有可能电炉工序不是整个流程的瓶颈，电炉冶炼周期通常要求为一固定值,以满足流程节奏要求。在这样的约束条件下,为满足终点动态控制的要求,宏观优化模型计算出供电强度或供氧强度也可能低于其设备工作的额定值。电炉终点动态控制有时还要求供电或供氧强度均应处于其设备工作的最佳状态,对应的炉料结构不一定满足炉料成本最低,为了使生产保持稳定,也可以放弃对炉料成本最低的要求。

如果宏观优化模型计算的最佳原料结构现场不能满足,如铁水量的供应不足,此时可对优化模型中 $\boldsymbol{X}(x_1,x_2,\cdots,x_N)$ 某个变量进行约束,在此基础上进行模型优化计算。

宏观优化计算出的最佳炉料结构可直接进行实施,而计算出的最佳供电强度和吹氧流量为一个炉次冶炼的平均值,实际操作过程中的供电曲线和供氧曲线可参考这样的计算值进行预设计。

总之,通过宏观优化模型计算,可给出不同钢铁市场需求状态下的最佳炉料结构和相应的供电、吹氧操作,并预设最为合理的冶炼周期,计算结果可使电炉冶炼在此冶炼周期内实现钢液成分、温度双命中,能够为实际冶炼过程的终点动态控制打下基础。

4.4 废钢熔化及钢液温度计算模型

4.4.1 废钢熔化数学描述

在废钢熔清前,通过对废钢熔化的计算,可模拟出废钢的下塌过程,了解熔池内固、液相比例,为合理操作提供参考。只有废钢熔清后,计算钢液温度才有实际意义。这里仍以安钢100t烟道竖炉电炉为研究对象来建立废钢熔化与钢液温度计算模型。

烟道竖炉电炉冶炼过程中的废钢熔化与普通超高功率电炉中的废钢熔化是有区别的。对于烟道竖炉电炉每一次加料,所加的料一部分留在竖井当中进行预热,另一部分将会进入熔池,当熔池内废钢熔化一定量后,竖炉内废钢开始慢慢从电炉一侧下料;进入熔池的废钢具有一定的预热温度,此温度并不是烟道竖井下口的入炉废钢温度,这是由于废钢在离开竖井进入熔池前熔池和氧燃烧嘴要对它进行进一步预热。而对于普通超高功率电炉的每一次加料,炉料全部进入炉内,然后随着冶炼的进行,逐步从中间开始塌料,所加的料的初始温度为常温。

烟道竖炉电炉废钢熔化过程属于金属物料在金属熔池内的熔化过程,熔化的主要特征是熔池内已有部分熔融钢液,进入熔池的废钢浸没在钢液中。对于这样的熔化过程,我们做如下合理假定:

(1)熔池搅拌良好,钢液和炉渣理想混合;

(2)废钢与钢液之间的传热为对流传热;

(3)废钢的熔化速率依据钢液成分的变化,可由传热控制[14],或元素的传质控制[15],或两者都有。

讨论的废钢或其他固体金属物料有三种基本形态即平板、圆柱和球形,块状物料可看成是球形,棒线料可看成圆柱形。在下面的论述中,为了方便表示把废钢、生铁等金属物料统称为废钢。在已经浸没在钢液中的废钢表面之外存在一个传热边界层,边界层外表面温度为钢液温度,内表面温度为熔化温度,如图4.7所示。图中各物理量含义为:θ:温度;λ:热导率;c:比热容;L_F:熔化热;ρ:密度;δ:温度边界层厚度;V:体积;F:传热面积;r_0:初始半径;x,r:分别表示某位置距中心距离和钢液凝固层半径。图中各个物理量的符号上标含义为:不带“′”的量表示与熔体有关的量;带“′”表示与固态料有关的量;带“″”的表示熔体边界层内有关量。

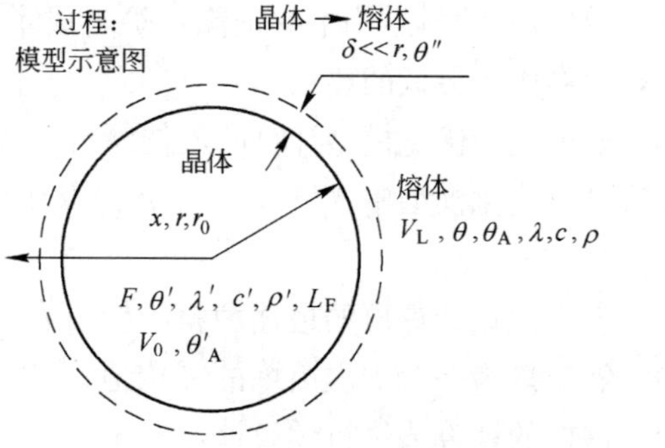

图4.7　块状废钢在强搅拌钢液中熔化模型示意图

钢液向废钢输送的能量用于三个部分即:加热废钢到熔化温度、熔化废钢以及把熔化后的废钢加热到钢液温度,其传热关系可表示如下:

$$\lambda \left.\frac{\partial\theta''}{\partial x}\right|_{x=r+\delta} = -c\rho(\theta_U - \theta_F)\frac{dr}{dt} + \lambda \left.\frac{\partial\theta''}{\partial x}\right|_{x=r} \tag{4.3}$$

式中　θ_U——熔化体周围环境温度,即钢液温度;

θ_F——凝固层表面温度。

式4.3左边项为边界层外侧热通量,即钢液向废钢传输的能量,式右边第一项表示边界层液体从熔点升到钢液温度所需热通量,而式右边第二项即边界层内侧传热通量,表示熔化和加热废钢的所需能量之和:

$$\lambda \left.\frac{\partial\theta''}{\partial x}\right|_{x=r} = -L_F\rho'\frac{dr}{dt} + \lambda'\left.\frac{\partial\theta'}{\partial x}\right|_{x=r} \tag{4.4}$$

式中　L_F——熔化热。

由于$\delta << r$,边界层内的传热可以看成是一维的,边界层内温度梯度可以看成常数,于是内边界热通量可表示为:

$$\lambda \left.\frac{\partial\theta''}{\partial x}\right|_{x=r} = \frac{\lambda}{\delta}(\theta_U - \theta_F) = \alpha(\theta_U - \theta_F) \tag{4.5}$$

联合式4.4和式4.5有:

$$\alpha(\theta_U - \theta_F) = -L_F\rho'\frac{dr}{dt} + \lambda'\frac{\partial\theta'}{\partial x}\bigg|_{x=r} \tag{4.6}$$

式4.6中，θ_U 和 θ_F 相对比较恒定，这意味着钢液向边界层内表面传递的热流密度是相对恒定的。然而式4.6中的 $\lambda'\frac{\partial\theta'}{\partial x}\Big|_{x=r}$ 项可能大于也可能小于 $\alpha(\theta_U - \theta_F)$ 项。当废钢刚进入钢液熔池时，由于废钢与钢液温差很大，此时，在边界层内侧形成很陡的温度梯度，因此，$\lambda'\frac{\partial\theta'}{\partial x}\Big|_{x=r}$ 项通常会大于 $\alpha(\theta_U - \theta_F)$ 项，式4.6中的 dr/dt 项为正值，这表示在废钢刚入熔池时表面将会有一层钢液冷凝，冷凝过程主要由于边界层内侧的固液相界面的固相侧和液相侧热流密度是相等的，当在液相侧出现了相对于固相侧的热流密度亏损时，就必须借助钢液冷凝释放能量来补偿这部分亏损。此后，当 $\lambda'\frac{\partial\theta'}{\partial x}\Big|_{x=r} = \alpha(\theta_U - \theta_F)$ 时，钢液停止冷凝。当 $\lambda'\frac{\partial\theta'}{\partial x}\Big|_{x=r} < \alpha(\theta_U - \theta_F)$ 时，废钢冷凝层开始熔化，直到废钢熔融为止。

由于废钢等铁基金属物料的导热性能很好，经过论证[16]，可以把半径小于10cm的块状和棒形废钢以及厚度小于20cm的板类废钢的熔化过程看成是 $\lambda'\to\infty$ 的炉料在熔池的熔化，显然，电炉生产所需的金属料的尺寸基本符合上述要求。

基于上述简化，得出这样的熔化规律：当废钢进入熔池，表面立即形成冷凝层，冷凝层形成所释放的凝固潜热用来加热废钢到熔化温度（即熔点），然后是通过对流传热从钢液吸收能量先熔化冷凝层，最后熔化已经达到熔化温度的废钢。

废钢料原始体积用 V_0 表示，冷凝结束后的体积用 V 表示，在假定 $\lambda'\to\infty$ 的条件下，有：

$$\frac{V}{V_0} = 1 + \frac{c'(\theta_F - \theta_A)}{L_F + c\frac{\rho}{\rho'}(\theta_U - \theta_F)} \tag{4.7}$$

$$\frac{r_{max}}{r_0} = \left(\frac{V_{max}}{V_0}\right)^{1/n} \tag{4.8}$$

式中 r_{max}——冷凝后的最大半径；

n——对称度，平板取1，圆柱取2，球体取3。

可进一步推导出废钢进入熔池后总的熔化时间为：

$$t_{tol} = \frac{L_F}{\alpha(\theta_U - \theta_F)}\rho' r_{max} = \frac{L_F}{\alpha(\theta_U - \theta_F)}\rho' r_0\left[1 + \frac{c'(\theta_F - \theta_A)}{L_F + c\frac{\rho}{\rho'}(\theta_U - \theta_F)}\right]^{1/n} \tag{4.9}$$

废钢的熔化速率为：

$$\dot{r} = -\frac{\alpha(\theta_U - \theta_F)}{L_F \rho'} \tag{4.10}$$

可以看出,只要环境温度和表面熔化温度不变,不管对于块类废钢、棒类废钢还是平板类废钢,半径变化率在熔化过程中是一个定值。

对于加铁水冶炼的电炉,熔池中的碳含量可能达1%以上,而废钢自身的碳一般要低于1%,这种情况下需要考虑熔池和废钢液相线温度的差别及碳在扩散边界层中的传质对熔化过程的影响。表面熔化温度即为废钢或冷却层在熔化过程中的表面的液相线温度,表示如下:

$$\theta_F = 1536 - 90C_F \tag{4.11}$$

式中　C_F——熔化过程中表面碳含量。

对于冷凝层的熔化,其表面碳含量就是熔池内部碳含量,经推导[16],废钢在熔化过程中表面碳含量可表示如下:

$$C_F = C_{SC} + (C_L - C_{SC})e^{-\dot{r}\delta_N/D_C} \tag{4.12}$$

$$\dot{r}\delta_N/D_C = (a/D_C)^{2/3}\ln\left[1 + \frac{c\rho(\theta_U - \theta_F)}{L_F\rho'}\right] \tag{4.13}$$

式中　C_{SC}——废钢自身碳含量;
C_L——熔池内部碳含量;
$\dot{r}$——熔化速率;
δ_N——传质边界层厚度;
D_C——碳的扩散系数;
a——热扩散系数。

理论上可以通过联合求解式4.11~式4.13来确定θ_F的大小,直接用数学方法解方程组是很难的,模型中采用了数值求解法。

以上从微观上分析了单个废钢的熔化特性,而要研究整个废钢料的熔化过程,还需要从宏观上计算单位时间内废钢吸收钢液的总能量以及废钢总熔化量,在此基础上,计算竖井内废钢的下料速度。

根据式4.3、式4.5及式4.10可以得出钢液单位时间内用于废钢熔化和熔化后升温所需的能量:

$$Q_S = -F\left[\frac{c\rho\alpha(\theta_U - \theta_F)^2}{L_F\rho'} + \alpha(\theta_U - \theta_F)\right] \tag{4.14}$$

利用式4.14进行计算时,固液相之间接触面积即传热面积是动态变化的,是求解的关键。

假定熔池内的废钢(不包括冷凝层)的空隙度是一定的,钢液自炉底朝上填充废钢空隙。在冶炼过程中,当一定质量的废钢熔化变成钢液后,炉内废钢支撑竖井内废钢的能力下降,竖井内已经预热的废钢将依靠自身的重量进入熔池,使熔池内废钢的空隙度保持不变。

对于烟道竖炉电炉,当一篮废钢料入竖井时,一部分立即进入熔池,大部分留在竖井中,按自下而上的方向将废钢料柱分成 m 等份,有:

$$F = \sum_{i=1}^{m} \gamma_i \overline{\omega}_i S_i \tag{4.15}$$

式中 γ_i ——i 单元是否进入钢液熔池,如进入取 1,否则取 0;

$\overline{\omega}_i$ ——i 单元是否已经熔化完毕,如已经全部熔成钢液取 0,否则取 1;

S_i ——i 单元当前表面积。

S_i 可根据废钢的形状确定,板形废钢的表面积一般保持不变,球形和棒形废钢的面积均与其当前半径有关。

对于 γ_i 初始值取 0,表示废钢刚开始都没有进入熔池,打开手指后有下列方程:

$$\left(\sum_{i=1}^{m} \gamma_i \overline{\omega}_i m_i\right)\left(\frac{\rho}{\rho''} - \frac{\rho}{\rho'}\right) = M_s \tag{4.16}$$

式中 m_i ——当前 i 单元废钢除了冷凝层的质量;

ρ'' ——废钢的堆密度;

ρ ——钢液密度;

M_s ——当前钢液质量。

当 i 单元废钢的冷凝层熔化后,有:

$$m_i = m_i^0 \left(\frac{r_i}{r_i^0}\right)^n \tag{4.17}$$

这里,n 表示对称度。

对于 M_s,当 i 单元的废钢刚入熔池时,M_s 需要减去 i 单元的废钢冷凝的质量,废钢开始熔化时,M_s 需要加上废钢在单位时间内的熔化量。

由于废钢是依次连续进入熔池的,$\gamma_i(i=1\sim m)$ 由 0 变成 1 是根据 i 的从小到大依次进行的,这样就可以根据方程式 4.16 确定特定时刻 γ_i 的值,即现在留在熔池中还没有熔化完的废钢单元究竟为多少,由此也确定了整个下料过程。

对于 $\overline{\omega}_i(i=1\sim m)$ 初始值为 1, 当 r_i 小于零时,$\overline{\omega}_i$ 由 1 变为 0。

以上以烟道竖炉电炉为例,描述了单块废钢的熔化特性及熔池内废钢熔化的宏观特性。对于普通电炉,由于入炉废钢没有得到有效的预热,可认为其温度接近常温,同时在废钢料层划分上做一些改动,上述方程同样可以描述普通电炉的废钢熔化过程。

根据以上数学描述,建立废钢熔化模型,其计算框图如图 4.8 所示。

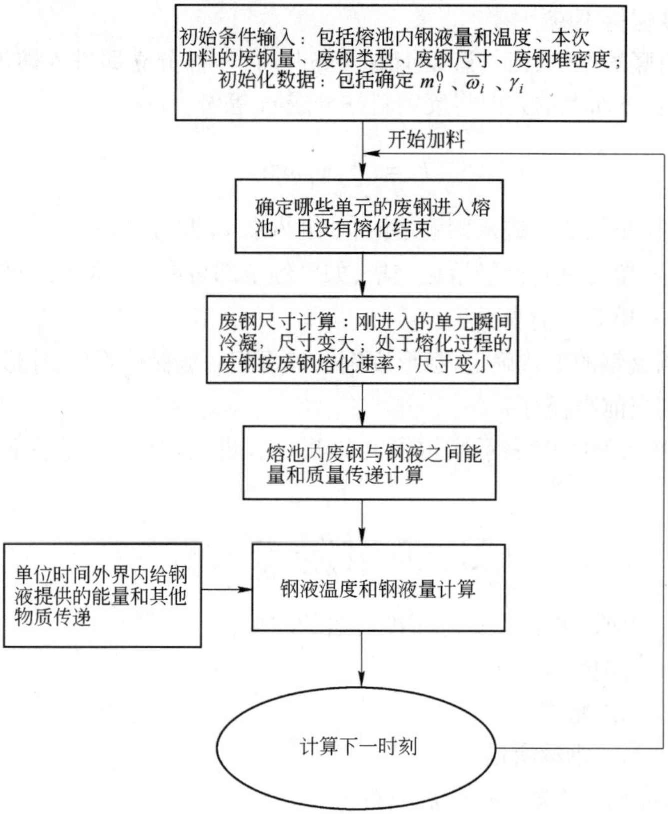

图 4.8 废钢熔化计算框图

4.4.2 电炉冶炼过程温度计算模型

电炉冶炼过程中，当废钢熔清之前，熔池内存在的是固相废钢、液相钢液和渣相，根据上一节的传热分析，钢液温度与废钢表面熔化温度之差是用来熔化废钢的驱动力，此时钢液温度由固液相之间的传热决定，传热条件越好，钢液温度越接近于废钢表面的熔化温度，即 θ_F；当熔池内废钢熔清后，此时计算钢液温度才有实际意义。不管废钢是否熔清，熔池具有的能量是随着外界对熔池的供能不断上升的，图 4.9 可很好地反映冶炼过程能量供给和支出的进程，为终点动态控制提供实用数据。

烟道竖炉电炉冶炼过程的能量传递过程如图 4.9 所表示，由图可以看出，能量输入主要来自：电弧、金属原料的物理热和炉内化学反应产生的能量，炉内化学反应又可分为氧燃烧嘴的化学反应和主吹氧反应区（即所吹氧与钢液间的反应区）的化学反应；能量支出是：熔池吸收能量、冷却水带走能量、炉气及烟尘带走能量及炉

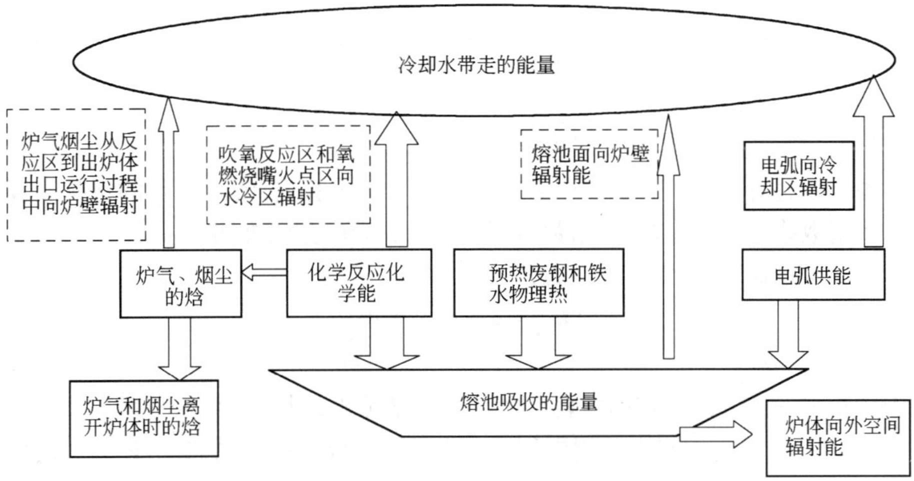

图 4.9 烟道竖炉电炉冶炼过程中能量传递图

体向外界辐射带走能量。在能量输入项方面,电弧的有效能量可等于有功功率减去电路上损失的电阻热功率;对于金属原料的物理热,如果是铁水,可根据其温度计算得出,如果是预热的废钢,则参考文献[17]所给出的算法计算得出;炉内吹氧与钢液反应的化学热,可根据下节论述的有关化学反应的计算得出,也可根据炉气检测的结果推算出,氧燃烧嘴的能量供给为其运行的实际功率。在能量支出项方面,冷却水带走的能量可根据冷却水进出口温度差求出;炉气及烟尘带走能量可根据炉气分析仪表检测的温度和成分求出;炉体向外界辐射的功率可根据实测的外壳温度求出。这样就可以根据输入和输出功率的动态平衡估算出熔池吸收能量的功率。

根据上述方法推算熔池吸收能量功率有一定的局限性,一方面冷却水温度检测具有一定的滞后性,另一方面,炉气成分和温度检测具有较大误差。所以,还需通过理论计算的方法对电弧热效率、炉内化学反应的热效率及熔池面向炉壁辐射功率进行计算:

(1)电弧热效率计算。

电弧热效率可定义为电弧能量进入熔池的功率与电弧总功率之比,其大小与电弧的稳定性、电弧长短和埋弧状况相关,同时在不同的冶炼阶段其热效率值是不一样的,可把冶炼阶段分为:穿井、主熔化和精炼三个阶段。对于直流电弧,南条敏夫通过对直流电弧现象[18]进行研究,得出了电弧的温度、速度分布,最终求出了电弧的热效率。对于交流电弧,这里给出安钢烟道竖炉电炉交流电弧热效率的经验算法,有:

穿井阶段:
$$\eta_{弧} = 0.1 + 0.66\frac{L_{protect}}{L_{arc}} \tag{4.18}$$

主熔化和精炼阶段：　$$\eta_{弧}=0.2+0.66\frac{L_{protect}}{L_{arc}}\tag{4.19}$$

式中　L_{arc}——电弧长度；

$L_{protect}$——固体金属或渣对电弧的保护高度。

固体金属对电弧的保护根据废钢的下塌情况推算出，渣对电弧的保护高度与泡沫渣指数线性相关，泡沫渣指数可根据前面介绍的方法推测。

对于电弧长度，可由以下经验公式[18]确定：

$$\begin{aligned}L_{arc}&=K_u(U_{arc}-40)\\&=K_u(U\cos\varphi-40-Ir_0)\end{aligned}\tag{4.20}$$

式中　K_u——弧长影响系数，表示电弧主体部分电位梯度，弧长与弧压在电流密度一定和电弧周围环境一定条件下成线性关系，其值还与电流值和是否埋弧相关；

U_{arc}——弧压；

U——相电压；

r_0——短网电阻。

工业生产理想电弧的特性要求在电弧敞开的状态下，电位梯度在 1 ± 0.3V/mm；在电弧被泡沫渣包围条件下电位梯度 2 ± 0.5V/mm。

交流电炉电极调节控制性能的好坏会影响到电弧的热效率，对于不同的电炉，式4.18 和式4.19 应根据具体情况加以调整。

(2)炉内化学反应的热效率。

对于主吹氧反应区，其能量的传递过程如图4.9所示。假定反应生成的炉气和烟尘离开反应区时具有与钢液同样的温度，可计算出这些物质带走的能量。当凹坑处废钢熔化结束后，反应区没有渣覆盖保护，会向冷却区辐射很大一部分能量，其功率为：

$$W_3=\varepsilon_1C_0\left[\left(\frac{T_f}{100}\right)^4-\left(\frac{T_0}{100}\right)^4\right]F_1\tag{4.21}$$

式中　ε_1——高温火焰黑度；

C_0——黑体的辐射系数，取 5.67W/($m^2\cdot K^4$)；

T_f——火焰区温度，K；

T_0——冷却区炉壁表面温度，K；

F_1——火焰区上表面积，m^2。

从文献[19]得知，反应区温度高达2500℃以上；认为凹坑区为半椭圆球面，通过转炉吹氧模型[20]和作者的工作(见第3章)可以计算凹坑的大小，求出 F_1。由此可以计算整个反应区对外界辐射功率 W_3。

对于氧燃烧嘴,如果其不被废钢或泡沫渣保护,其向钢液传输能量的热效率将非常低,这样状态下一般会停止其工作。对于安钢烟道竖炉电炉,氧燃烧嘴有保护的条件下,可假定其能量传递给了钢液熔池和手指的冷却系统,根据手指冷却水的进出口温度差可确定其热效率。

(3)熔池面向炉壁辐射。

对于熔池面(一般是渣面)向冷却区的辐射,根据辐射计算公式计算:

$$q_{slag\_cool} = \frac{5.675}{\frac{1}{F_{slag}}\left(\frac{1}{\varepsilon_{slag}} - 1\right) + \frac{1}{F_{cool}}\left(\frac{1}{\varepsilon_{cool}} - 1\right) + \frac{1}{F_{slag}A_{slag}}}\left[\left(\frac{T_1 + 273}{100}\right)^4 - \left(\frac{T_0 + 273}{100}\right)^4\right] \tag{4.22}$$

式中 q_{slag_cool}——辐射热流,W;

ε_{slag}——熔池的表面黑度,渣面取0.6;

ε_{cool}——水冷挂渣炉壁黑度,取0.6;

T_1——熔池表面平均温度,℃;

T_0——水冷挂渣炉壁表面温度,℃;

F_{slag}——辐射面积,m^2;

F_{cool}——冷却面积,m^2;

A——辐射角。

通过对上述供能单元热效率和熔池向外界辐射能量的计算,则可以计算出熔池吸收能量率。假定熔池吸收的能量全部供给钢液,钢液再将其能量传递给未熔化的废钢,当废钢熔清后,这部分能量用来对钢液和渣进行升温,直至钢液温度达到终点目标。

根据计算当前熔池具有的能量,并与钢液具有终点温度时具有的能量比较,则得出熔池还需求的能量,达到冶炼周期时间点与当前时刻时间差是已知的,则可动态规划出后序供能的方案,特别是供电的强度,对常规供电曲线做一定的修正,最终保证在冶炼周期要求的时间点上钢液温度合格。

4.5 电炉冶炼过程脱碳模型

现代电炉通过吹氧脱碳生产大量CO,为造出良好的泡沫渣提供气源,同时向钢液吹氧产生大量的化学能,可大大缩短冶炼时间并降低电耗。碳含量的终点动态控制非常重要,如果终点碳含量过低,会大大降低钢液的金属收得率,并造成在精炼后期渣内FeO含量过高,渣的发泡性能大大降低。建立电炉冶炼过程脱碳模型,可模拟出电炉冶炼过程中碳含量随时间的变化,是终点碳动态控制的基础。

脱碳反应主要在氧气射流冲击钢液处乳化反应区(下面简称乳化反应区)和钢渣界面反应区进行,同时伴随着与硅、锰、磷的竞争氧化。对于某个区域的氧化反应,需知道外界对其提供氧源的速率,这就要求描述氧传递过程,在此基础上才能具体的分析化学反应速率,如果在某个区域,计算的脱碳速率超过了供氧的速率,显然是不符合逻辑的。以下还是以安钢烟道竖炉电炉冶炼过程为研究对象,逐一介绍氧传递过程、乳化反应区的脱碳计算以及钢渣界面反应区的脱碳计算,最终通过计算编程建立脱碳模型。

4.5.1　氧传递过程描述

整个炉内的化学反应可以看成是氧化反应过程,其氧源来自三个方面:(1)炉门氧枪喷吹的氧气;(2)氧油烧嘴吹入的氧气;(3)空气。柴油和所喷炭粉的氧化可看成是一个独立的过程,假设炉内杂质元素和碳的氧化为间接氧化。根据氧的传递过程把氧源分为三级:一级氧源为外界氧,即上面所介绍来自三个方面的氧源;二级氧源为一级氧源与钢液反应生成的 FeO;三级氧源为进入炉渣的(FeO)。有了氧源的划分,可以清楚的看出炉内氧化反应的氧传递过程。

为了简化模型,认为氧油烧嘴吹入的氧气和空气中的氧气只与钢液中的 Fe 生成二级氧源 FeO,并全部进入渣中变为三级氧源。在 Δt 时间内:氧传递过程中的质量平衡可用方程组表示:

$$\begin{cases} OX_{\mathrm{I},tol} = OX_{\mathrm{I},1} + OX_{\mathrm{I},2} + OX_{\mathrm{I},3} \\ OX_{\mathrm{II},tol} = OX_{\mathrm{II},1} + OX_{\mathrm{II},2} + OX_{\mathrm{II},3} \\ OX_{\mathrm{III},tol} = OX_{\mathrm{III},1} + OX_{\mathrm{III},2} + OX_{\mathrm{III},3} \\ OX_{\mathrm{III},2} = OX_{\mathrm{II},2} = OX_{\mathrm{I},2} \\ OX_{\mathrm{III},3} = OX_{\mathrm{II},3} = OX_{\mathrm{I},3} \\ OX_{\mathrm{II},1} = \eta_1 OX_{\mathrm{I},1} \\ OX_{\mathrm{III},1} = (1-\eta_2\eta_3) OX_{\mathrm{II},1} \end{cases} \tag{4.23}$$

式中　$OX_{\mathrm{I},tol}, OX_{\mathrm{II},tol}, OX_{\mathrm{III},tol}$——分别表示一级、二级、三级氧源的总摩尔量;

$OX_{\mathrm{I},1}, OX_{\mathrm{I},2}, OX_{\mathrm{I},3}$——分别表示从炉门氧枪、氧油烧嘴以及空气来的一级氧源;

$OX_{\mathrm{II},1}, OX_{\mathrm{II},2}, OX_{\mathrm{II},3}$——分别表示由上述一级氧源转化而来的二级氧源;

$OX_{\mathrm{III},1}, OX_{\mathrm{III},2}, OX_{\mathrm{III},3}$——分别表示由上述二级氧源转化而来的三级氧源;

η_1——炉门氧枪吹入的一级氧源向二级氧源转化的转化率,在氧枪气流、压力以及喷吹角度一定条件下,它为一定值;

η_2 ——由炉门氧枪来的二级氧源在其乳化反应区能够提供与钢中碳和其他杂质元素反应的效率，在氧枪气流、压力以及喷吹角度一定条件下，它也为一定值；

η_3 ——在乳化反应区，氧化反应由于动力学原因，实际消耗的二级氧源与乳化反应区能够提供其反应的二级氧源之比。当钢中碳含量和其他杂质元素含量很高时，η_3 为1。

对于上述方程组，$OX_{I,1}$、$OX_{I,2}$、$OX_{I,3}$ 为已知条件，剩下来就是要求解 η_1、η_2、η_3，即需要分析从炉门氧枪吹入的一级氧源的走向。要求解 η_1、η_2、η_3，还需要详细分析炉门氧枪吹氧冲击乳化区以及钢渣界面上具体化学反应的热力学和动力学。

4.5.2 乳化反应区的脱碳计算

4.5.2.1 乳化反应区一级氧源反应

在炉门氧枪或炉壁氧气射流冲击钢液处将形成由多相界面组成的乳化反应区，作为一级氧源的氧气射流将发生如下反应：

氧气射流在凹坑表面上与钢液内元素进行直接氧化反应：

$$\frac{1}{2}O_2 + Fe = FeO \tag{4.24}$$

$$\frac{1}{2}O_2 + C = CO \tag{4.25}$$

$$\frac{1}{2}O_2 + Mn = MnO \tag{4.26}$$

$$O_2 + Si = SiO_2 \tag{4.27}$$

生成物有两种形态，一种是 FeO、MnO 和 SiO_2 液滴，由于凹坑处温度远高于熔池温度，生成的 MnO 和 SiO_2 非常稳定，同时氧气接触铁元素的概率远高于接触 Mn、Si 等其他杂质元素，所以可认为生成的液态氧化物只有 FeO，FeO 液滴大部分弥散到乳化反应区，为脱碳反应提供了二级氧源；另一种生成物 CO 为气体，很快被氧气流氧化成 CO_2，CO_2 被氧气流带走进入炉气，这也是通常所说的直接氧化脱碳。直接氧化脱碳可看成是自由表面上的传质过程，由于气液相界面处存在的是大量 O_2，可认为 CO 分压很低，平衡碳含量可看成接近于0，在 Δt 内其脱碳量表示如下：

$$\Delta C_{dir} = \beta_C \frac{([C] - 0)}{100} \rho \frac{1000}{M_C} S_{dir} \Delta t \tag{4.28}$$

$$\beta_C = 0.32 D_C^{1/2} (0.3 u_\infty)^{3/2} \rho^{1/2} \sigma_M^{-1/2} \tag{4.29}$$ [21]

式中　β_C——C 向吹氧凹坑表面传质系数；

M_C——碳的原子量；

D_C——碳的扩散系数；

S_{dir}——表示凹坑表面积，可通过计算吹氧凹坑大小求出；

u_∞——凹坑处钢液流速；

σ_M——钢液表面张力。

由于生成 CO 转化为 CO_2 还需消耗氧，这样直接氧化脱碳消耗的氧 OX_{CO_2} 为 $2\Delta C_{dir}$。

部分 FeO 液滴与氧再反应，最后随烟尘排出外界：

$$\frac{1}{2}O_2 + 2FeO = Fe_2O_3 \tag{4.30}$$

如果铁损速度不随时间变化，那么就可以确定铁损造成的氧耗 $OX_{Fe_2O_3}$：

$$OX_{Fe_2O_3} = MFe_{out}/\tau_O \tag{4.31}$$

式中　MFe_{out}——物料平衡计算的烟尘中铁原子的摩尔量；

τ_O——总的吹氧时间。

根据生产经验炉门氧枪氧气利用率为 90% 左右，10% 的氧气随炉气流出，有：

$$OX_{out} = 0.1\ OX_{Ⅰ,1} \tag{4.32}$$

根据质量平衡有：

$$OX_{Ⅰ,1} = OX_{Ⅱ,1} + OX_{CO_2} + OX_{Fe_2O_3} + OX_{out} \tag{4.33}$$

这样就可以求出：

$$\eta_1 = (OX_{Ⅰ,1} - OX_{Fe_2O_3} - OX_{out})/OX_{Ⅰ,1} \tag{4.34}$$

4.5.2.2　乳化反应区二级氧源的脱碳速率计算

在乳化区生成的二级氧源 FeO 大部分在高速气流的作用下，弥散到乳化反应区与钢中碳和其他杂质元素在气—液—液多相界面上进行间接氧化反应，还有一部分 FeO 被卷入渣中，形成了三次氧源。根据前面的分析，能够进行多相界面反应的二次氧源量为 $\eta_2 OX_{Ⅱ,1}$，当钢中碳和其他杂质含量很高时，这部分氧源将全部被消耗掉，化学反应的限制性环节是此二级氧源的提供速度；当钢中碳和其他杂质含量低时，反应的限制性环节是碳和其他杂质元素向反应界面的传递。

通过热力学分析我们可以得知，由于生成的 P_2O_5 得不到 CaO 的固定，很不稳定，可假定磷在乳化区基本不参与反应；碳的氧化反应都不改变 FeO 液滴的活度；对于硅的氧化反应，根据 FeO-SiO_2 相图及活度线图[21]，可认为 FeO-SiO_2 液滴中

FeO 摩尔分数小于 0.5 时，FeO 活度为 0.5，SiO_2 活度为 1，当 FeO 摩尔分数大于 0.5 时，FeO 活度为其摩尔分数，SiO_2 活度为其摩尔分数的两倍；对于 Mn 的氧化反应，生成物 FeO-MnO 为理想溶液，FeO、MnO 活度均可以用它们的摩尔分数来表示，在此基础上进行脱碳的动力学分析[16]。

乳化反应区存在的多相反应可以分为两类：第一类是弥散液体氧化物（可看成为渣相）与钢液间的钢渣反应；第二类是气液相界面上发生的脱碳反应和脱氮反应，脱氮反应对脱碳影响小，可不考虑。根据钢渣间反应的动力学条件的不同，有两种计算脱碳速率的方法。

第一种方法是认为乳化反应区内的氧化物 FeO、SiO_2 和 MnO 不直接参与脱碳反应，而是将氧释放到钢液中，钢液中氧和碳扩散到 CO 气泡表面进行脱碳，同时认为二次氧源 FeO 液滴平均直径非常小（小于 10μm[14]），且 FeO 液滴在反应区停留时间相对较长，FeO 释放氧和其与硅、锰反应的动力学条件非常好，可假定反应区内硅、锰和铁的氧化反应达平衡，则可确定反应区的平衡氧含量。钢中碳、氧向反应产物 CO 气泡表面传递的通量可表示为：

$$J_i = \beta_i \frac{([i]_B - [i]^*)}{100} \rho \frac{1000}{M_i} \tag{4.35}$$

式中 i——C、O 中的一个；

$[i]_B$，$[i]^*$——钢液内部 i 元素含量和 CO 气泡表面 i 元素含量；

β_i——i 元素向气泡表面的传质系数。

在 CO 气泡表面上，反应$[C]+[O]=CO(g)$可达平衡，同时碳、氧传递通量应相等，有：

$$J_C = J_O \tag{4.36}$$

$$[C]^*[O]^* = \frac{p_{CO}}{f_C f_O K_{CO}} \tag{4.37}$$

式中 p_{CO}——CO 分压力，可假定为 0.1MPa；

K_{CO}——反应$[C]+[O]=CO(g)$平衡常数。

有关气泡表面传质系数的计算，可参考文献[22]或参考相关书籍，联合式 4.35～式 4.37 可求出脱碳的传递通量。假定乳化反应区为半径 R 高度 H 的（椭）圆柱体，采用积分算法，最终求出乳化反应区的脱碳速率：

$$\dot{m}_C = \int_0^H \int_0^R 2\pi r J_C \chi \frac{3}{r_{bub}} \mathrm{d}r\mathrm{d}h \tag{4.38}$$

式中 χ——气体分率，即某具体位置气体 CO 所占比例；

r_{bub}——CO 气泡半径。

乳化反应区半径 R 为吹氧凹坑上端横截面半径，乳化反应区高度 H 为吹氧凹坑的深度；根据文献[23]的观察，CO 气泡平均半径约为 2cm 左右；而对于反应区域 CO 的平均气体分率χ，转炉中心反应区为 0.8，二次反应区为 0.44，对于电炉乳化反应区其大小可选择在 0.44 ~ 0.8 范围之间。考虑到脱碳用氧不能超过 $\eta_2 OX_{Ⅱ,1}$，最终在单位时间内，脱碳量表示如下：

当 $\dot{m}_C \Delta t > \eta_2 OX_{Ⅱ,1}$ 时：

$$\Delta C_{in-d} = \eta_2 OX_{Ⅱ,1} \tag{4.39}$$

此时用来进行氧化反应的二级氧源全部用来进行脱碳，脱碳反应速率受供氧强度制约。

当 $\dot{m}_C \Delta t \leqslant \eta_2 OX_{Ⅱ,1}$ 时：

$$\Delta C_{in-d} = \dot{m}_C \Delta t \tag{4.40}$$

用来进行氧化反应的二级氧源部分用来脱碳，脱碳反应速率受碳、氧元素向反应表面扩散传递制约。在这样的情况下，剩余氧源将在 Si、Mn 和铁之间进行分配，由于假定了氧化物液滴与钢液间的反应达平衡，可反算出平衡条件下 $FeO-SiO_2-MnO$ 各个氧化物的摩尔分数，最终确定剩余氧源将在 Si、Mn 和铁之间进行分配。

根据第一种计算脱碳速率的方法对影响脱碳速率的因素进行分析。如果乳化反应区 Si 含量较高，氧化物液滴中 SiO_2 的活度接近于 1，则与之平衡的氧含量较低，脱碳反应速率将大大降低，甚至不发生脱碳反应，这与生产实际也是吻合的；如果吹氧射流冲击力大，则吹氧凹坑体积更大，乳化反应区的体积也相应更大，根据式 4.38，脱碳反应速率可得到大大的提高，这也与生产实际吻合。

第一种计算脱碳速率方法计算的前提条件是吹氧产生的 FeO 液滴平均直径非常小，转炉生产氧气射流冲击大，可能满足这一条件，而电炉侧吹氧射流冲击力相对小些，产生的 FeO 液滴平均直径并不能满足小于 10μm，且此液滴在反应区停留时间较短，这就需要开发第二种计算脱碳速率方法。

第二种计算脱碳速率方法是根据反应器理论[14]，充分考虑 FeO 液滴平均直径和其在乳化反应区的停留时间，来计算 FeO 液滴提取 C、Si 和 Mn 的速率的。

假定 FeO 液滴与 CO 气泡接近后，FeO 液滴释放氧与碳作用进行脱碳，如图 4.10 所表示，将球状 FeO 液滴和球冠状 CO 气泡近似看成两个圆柱体，圆柱体的底面彼此相对，如图 4.11 所示，这样可采用柱坐标系统分析出碳转化为 CO 的物流密度。

如图 4.11 所示，此区域由面积 $A = 2\pi r_T Z$ 的外侧面围成，r_T 是 FeO 液滴的半径，Z 为 FeO 液滴与 CO 气泡之间距离。外侧面将外部熔体与 FeO 液滴-CO 气泡间的反应区分开。根据 $r = r_T$ 处的碳含量梯度可求得 CO 气泡表面上 C 转化成 CO 的物质流密度。在柱坐标下，在内半径为 r 高度为 Z 的圆柱面上，沿 r 方向碳扩散物质流的散度为与氧反应消耗的碳量，有：

$$\frac{1}{\xi}\frac{\partial}{\partial\xi}\left(\xi\frac{\partial C}{\partial\xi}\right)=F_g\left[k_1-\frac{k_2}{[C]}\right]\qquad 0<\xi\leqslant 1 \tag{4.41}$$

$$F_g=\frac{12}{16}\left(\frac{r_T}{Z}\right)^2,\quad k_1=\frac{D_O}{D_C}[O]',\quad k_2=\frac{D_O}{D_C}K_C p_{CO},\quad \xi=\frac{r}{r_T}$$

式中 $[O]'$——与 FeO 平衡的饱和氧含量；

K_C——一定 CO 气压下的碳氧积；

F_g——FeO 液滴与 CO 气泡的位置关系；

k_1——与 FeO 液滴平衡 O 的相对扩散能力；

$\frac{k_2}{[C]}$——与 C 平衡 O 的相对扩散能力。

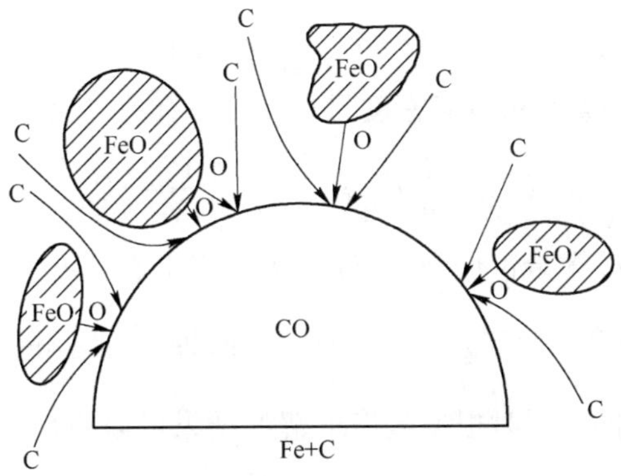

图 4.10 FeO 液滴在乳化反应区释放氧向 CO 气泡扩散进行脱碳示意图

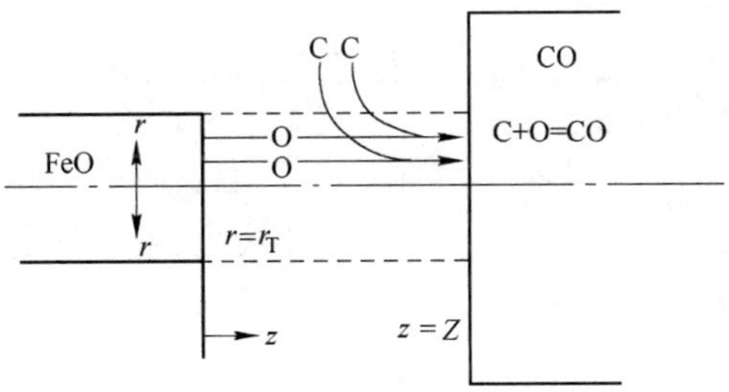

图 4.11 FeO、Fe、CO 气泡三相区与氧、碳传递的示意图

可采用数值计算法求解，对式 4.41 进行积分。考虑到钢液碳含量较高的情况下，式 4.41 右边近似为一个常数，方程可以进行简单积分，得：

$$\frac{d[C]}{d\xi}=\frac{\xi}{2}F_g\left[k_1-\frac{k_2}{[C]}\right] \tag{4.42}$$

$$[C]=\frac{\xi^2}{4}F_g\left[k_1-\frac{k_2}{[C]}\right]+[C]_{\xi=0} \tag{4.43}$$

式中　$[C]_{\xi=0}$——中心 $\xi=0$ 处的碳含量。

根据 $\xi=1$ 时，$[C]=[C]_B$，$[C]_B$ 表示外界碳含量，$\xi=1$ 处碳的物质流密度为：

$$\frac{1}{r_T}\left.\frac{d[C]}{d\xi}\right|_{\xi=1}=\frac{1}{2}F_g\left[k_1-\frac{k_2}{[C]}\right]\frac{1}{r_T} \tag{4.44}$$

同时中心处碳含量可表示为：

$$[C]_{\xi=0}=[C]_B-\frac{1}{4}F_g\left[k_1-\frac{k_2}{[C]}\right]\frac{1}{r_T} \tag{4.45}$$

根据 FeO 脱碳的热力学条件，$[C]_{\xi=0}$ 不小于与纯 FeO 液滴平衡的碳含量 $[C]'$，可看出，要保证碳的物质流密度只与氧传递有关，需满足：

$$[C]_B>\frac{1}{4}F_g\left[k_1-\frac{k_2}{[C]}\right]\frac{1}{r_T}+[C]' \tag{4.46}$$

否则，由于外界碳含量过低，碳还没有传递到中心处就已经达到 $[C]'$，关于式 4.41 右边近似为一个常数的假定不成立，根据文献[24]论证，$\left.\frac{d[C]}{d\xi}\right|_{\xi=1}$ 与 $\sqrt{[C]_B-[C]'}$ 成正比。同时根据数值求解的结果可以看出，随着 $[C]_B$ 的进一步减小，$\frac{1}{r_T}\left.\frac{d[C]}{d\xi}\right|_{\xi=1}$ 与 $([C]_B-[C]')$ 成正比。

这样对于单个 FeO 液滴接近 CO 气泡时的脱碳速率可表示为 $\xi=1$ 处碳的物质流密度乘以碳流过的外侧面积：

$$\dot{m}_C=2\pi r_T Z\frac{1}{r_T}\left.\frac{d[C]}{d\xi}\right|_{\xi=1}\frac{10\rho}{12} \tag{4.47}$$

假定在 Δt 时间内，每个 FeO 液滴在 CO 气泡表面平均停留时间为 Δt_w，从 Δt 内进入乳化区进行反应的 $\eta_2 OX_{Ⅱ,1}$ mol 的 FeO 液滴，可计算出 FeO 液滴总数，最终求出脱碳的摩尔量为：

当 $[C]_B\geqslant\frac{1}{4}F_g\left[k_1-\frac{k_2}{[C]}\right]\frac{1}{r_T}+[C]'$，有：

$$\Delta C_{in-d}=\frac{\eta_2 OX_{Ⅱ,1}}{\rho_{FeO}}\frac{15}{32}\frac{1}{Zr_T}D[O]'\rho\Delta t_w \tag{4.48}$$

如果 $\Delta C_{in-d}>\eta_2 OX_{Ⅱ,1}$，有：

$$\Delta C_{in-d}=\eta_2 OX_{Ⅱ,1} \tag{4.49}$$

在这样的情况下，脱碳速率与钢液碳含量无关，受供氧强度的控制。

当$[C]_B$略小于$\frac{1}{4}F_g\left[k_1-\frac{k_2}{[C]}\right]\frac{1}{r_T}+[C]'$，有：

$$\Delta C_{in-d} \propto \sqrt{[C]_B-[C]'} \tag{4.50}$$

当$[C]_B$进一步减小：

$$\Delta C_{in-d}=k_{C-1}([C]_B-[C]')\Delta t \tag{4.51}$$

式中 k_{C-1}——脱碳系数。

可以看出，在这样的情况下，脱碳速率受碳向反应界面扩散控制。

以上是不考虑硅锰元素对脱碳影响进行的脱碳速率计算，而实际情况硅锰元素的氧化会对脱碳造成一定的影响，有必要从Si-C、Mn-C竞争氧化的角度进一步分析脱碳速率。

对于Si、C之间的竞争氧化，氧化反应方程及热平衡常数为：

$$\{2CO\}+[Si]=(SiO_2)+2[C] \tag{4.52}$$

$$\lg K_{C-Si}=\lg\left(\frac{a_{SiO_2}f_C^2[\%C]^2}{p_{CO}^2 f_{Si}[\%Si]}\right)=\frac{27790}{T}-15.406 \tag{4.53}$$

如果反应正向进行，Si优先氧化，此时由于C氧化的动力学条件较好，也有部分C会被氧化。假定Si还原CO反应的表面积与CO气泡数量成正比，经分析[24]，有：

$$\Delta C_{in-d}=\frac{\eta_2 OX_{Ⅱ,1}-2\Delta Si}{1+2H_{Si\_CO}[\%Si]-\frac{2\Delta Si}{\eta_2 OX_{Ⅱ,1}}} \tag{4.54}$$

$$\Delta Si_{in-d}=\frac{1}{2}(\eta_2 OX_{Ⅱ,1}-\Delta C_{in-d}) \tag{4.55}$$

如果反应达平衡或接近平衡，有：

$$\Delta C_{in-d}=\frac{7\eta_2 OX_{Ⅱ,1}-5(K_{C-Si}[\%Si]-[\%C]^2)M_{steel}}{7K_{C-Si}+12[\%C]} \tag{4.56}$$

$$\Delta Si_{in-d}=\frac{1}{2}(\eta_2 OX_{Ⅱ,1}-\Delta C_{in-d}) \tag{4.57}$$

如果反应逆向进行，C优先氧化，在钢中生成的SiO_2会像FeO液滴一样，扩散到CO气泡表面与C反应，由于CO气泡大量生成，SiO_2与C的反应动力学条件会特别好，所以此时可以不考虑Si的氧化。

以上式中，H_{Si_CO}：每1mol CO气泡提供的反应面积乘以Si的传质系数；ΔSi：当FeO液滴只提取硅，单位时间Δt内硅的氧化量。

假定单位时间内$\eta_2 OX_{Ⅱ,1}$ mol的FeO液滴平均半径为$\bar{R}_0$，平均停留时间为$\bar{t}_V$，

根据反应器理论,分析得出提取的 Si 的摩尔量为:

$$当\bar{t}_V \geqslant \frac{R_0\rho_{FeO}}{2j_{Si}}时, \Delta Si = 0.5\eta_2 OX_{Ⅱ,1} \tag{4.58}$$

$$当\bar{t}_V < \frac{R_0\rho_{FeO}}{2j_{Si}}时, \Delta Si = \left(4\left(\frac{\bar{t}_V j_{Si}}{R_0\rho_{FeO}}\right)^3 - 6\left(\frac{\bar{t}_V j_{Si}}{R_0\rho_{FeO}}\right)^2 + 3\left(\frac{\bar{t}_V j_{Si}}{R_0\rho_{FeO}}\right)\right)0.5\eta_2 OX_{Ⅱ,1} \tag{4.59}$$

式中　j_{Si}——Si 向 FeO 液滴传质系数。

对于 Mn、C 之间的竞争氧化，反应方程及热平衡常数为:

$$[C] + (MnO) = \{CO\} + [Mn] \tag{4.60}$$

$$\lg K_{C-Mn} = \lg\left(\frac{p_{CO} f_{Mn}[\%Mn]}{a_{MnO} f_C[\%C]}\right) = -\frac{11560}{T} + 7.687 \tag{4.61}$$

如果反应正向进行,即使生成了 MnO 也会与 FeO 一样与 C 反应,此时不考虑 Mn 的氧化。

如果反应逆向进行,当钢中碳含量低时,则 Mn 实际的氧化量为:

$$\Delta Mn_{in-d} = c_{MnO}^{Ⅱ}(\eta_2 OX_{Ⅱ,1} - \Delta C_{in-d}) \tag{4.62}$$

式中　ΔMn_{in-d}——单位时间内 Mn 的氧化量;

$c_{MnO}^{Ⅱ}$——FeO 液滴中 MnO 的摩尔浓度;

ΔC_{in-d}——乳化区只氧化 C 时的氧化量。

可假定 FeO 液滴提取 Mn 达到平衡,从而求出 $c_{MnO}^{Ⅱ}$。

根据以上对乳化反应区脱碳动力学的分析,得出了脱碳反应速率的第二种计算方法,通过计算机编程,可建立乳化反应区的脱碳模型。建模过程中,重点考虑的是 Si、C 之间的竞争氧化,Si、C 氧化后的剩余氧源可用来氧化 Mn。模型的计算过程如图 4.12 所表示。

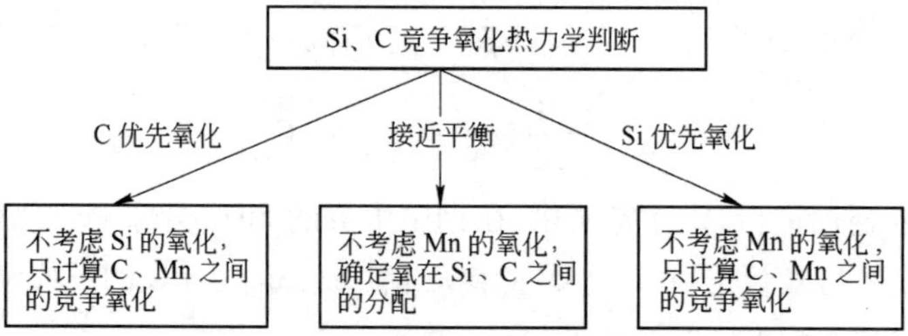

图 4.12　乳化反应区脱碳模型计算框图

以上介绍了脱碳速率计算的两种方法,可以看出:有关碳动力学分析得出的结论是一致的,与其他研究得出的结论也是一致的,那就是脱碳过程分为两个主要区域：碳含量高于临界值$[C]_{crit}$时，脱碳速度与含碳量无关，由供氧强度控制；碳含量降低到临界值以下时，脱碳反应为一级反应，脱碳速率由碳的扩散传递控制。

4.5.3 钢渣界面反应区脱碳速率计算

钢渣界面反应是三级氧源渣中 FeO 与钢中 C、Si、Mn 和 P 之间的反应，反应能力可以用渣中 FeO 活度表示。渣侧向钢渣界面传递的 O 与从钢液侧向钢渣界面传递过来的 Si、Mn 和 P 反应，反应产物进入渣中；如果渣侧传递过来的 O 与 Si、Mn 和 P 反应后，钢渣界面氧含量高于钢中氧含量，则钢渣界面的氧会继续向钢液内部传递，在钢液内部继续进行氧化碳反应。钢渣界面区也会有一定的乳化现象，表现为渣滴进入钢液中，或钢液滴进入渣中，这里认为乳化现象大大增大了界面反应面积，不再单独对某一乳化现象带来的脱碳或其他钢渣反应进行分析。

钢渣界面反应区的脱碳更为准确的描述应为通过钢渣界面传氧而在钢液熔池内部形成的脱碳过程，假定熔池底部的耐火材料空隙促使了 CO 最初形核，对单个 CO 气泡在上升过程中的脱碳过程进行积分，可得出其上升至排出过程的脱碳量：

当钢液内部 CO 气泡表面 O 的传递是限制性环节时，单位时间的 C 氧化量为[24]：

$$n_{CO} = X([O] - [O]_s)^2 \tag{4.63}$$

$$X = \frac{5.7\pi D_O^{4/3}\rho^2 RTH^2}{256 v_{CO} \nu_{Steel}^{1/3}} \tag{4.64}$$

当气泡表面 C 的传递是限制性环节时：

$$n_{CO} = X'([C]_B - [C]_s)^2 \tag{4.65}$$

$$X' = \frac{5.7\pi D_C^{4/3}\rho^2 RTH^2}{144 v_{CO} \nu_{Steel}^{1/3}} \tag{4.66}$$

式中 n_{CO}——CO 气泡离开熔池时的摩尔量；

$[O]_s$——CO 气泡表面氧含量；

$[C]_s$——CO 气泡表面碳的浓度；

ν_{Steel}——钢液运动黏度；

H——熔池深度；

v_{CO}——CO 气泡上升平均速度。

根据以上分析，钢渣界面传 O 的氧化 C 反应速度与钢中 C 或 O 的饱和度成正比。

假定在单位时间内产生的微小 CO 气泡数目是一定的，则在 Δt 时间内的脱碳量为：

$$\Delta C_{S-S} = Num_{CO} \times n_{CO} \tag{4.67}$$

在熔池温度、钢液量不变的前提下，钢中溶解氧含量[O]决定了钢渣反应区的脱碳速率。钢液碳含量低，$\eta_2 OX_{\mathrm{II},1}$ mol 的氧量在乳化反应区脱碳、脱硅和脱锰剩余后有一部分会熔解到钢液中，主要依靠钢渣界面传氧向脱碳反应提供氧源，钢渣界面氧传递的速度可以表示为[24]：

$$N_{O-1} = \beta_O \frac{10\rho_M}{16} F'_{slag\_steel}([O]_{slag\_steel} - [O])\Delta t \tag{4.68}$$

式中　β_O——钢渣界面靠钢液侧氧的传质系数；

$[O]_{slag\_steel}$——钢渣界面氧含量；

F'_{slag_steel}——钢渣反应界面有效面积，包括钢液滴进入渣中增加的钢渣接触面积。

根据反应区的脱碳消耗氧速率和钢渣界面提供氧的速率可计算出钢中氧含量变化速率，当碳含量较低时，应考虑吹氧乳化反应区直接提供的氧源。

计算钢渣界面氧需综合考虑 Si、Mn 和 P 的界面反应过程，钢渣界面渣侧传递的氧通量应等于 Si、Mn 和 P 氧化消耗的氧通量加上钢液侧向钢液传递的氧通量，有[24]：

$$\beta_O \frac{10\rho_M}{16}([O]_{slag\_steel} - [O]) = k_O \frac{10\rho_M}{16}([O]_b - [O]_{slag\_steel}) - \sum \frac{1}{\frac{1}{\beta_M \rho_M} + \frac{1}{k_M \rho_{slag}}}[([M] - (M)/L_M)] \quad (M = Si, Mn, P) \tag{4.69}$$

式中　k_O——渣侧 FeO 的传质系数；

$[O]_b$——与渣中 FeO 平衡的饱和氧含量；

L_M——M 元素在钢渣间平衡分配系数；

ρ_M——M 元素的密度；

ρ_{slag}——渣密度；

β_M——钢液侧 M 元素的传质系数；

k_M——渣侧 M 元素氧化物的传质系数。

求解方程式 4.69 可求出钢渣界面氧含量，得出渣向钢液传递氧的速率，从而可求出钢渣界面反应区的脱碳速率。

最终求出在 Δt 时间内电炉熔池内的脱碳量为：

$$\Delta C = \Delta C_{dir} + \Delta C_{in-d} + \Delta C_{S-S} \tag{4.70}$$

由此可开发出电炉冶炼过程吹氧脱碳模型。脱碳模型在脱碳动力学的基础上能够分析影响脱碳速率的因素，模型还有一部分参数是不可测量的，所以本模型还需根据实际生产数据进行调试，最终确定出模型内的参数。

以上针对的是安钢烟道竖炉电炉建立的脱碳模型。模型只考虑了一支炉门氧枪，如果其他电炉存在多支氧枪，可把每支氧枪的脱碳速率相加，可得出总的脱碳速率。

除了考虑熔池内上述主要化学反应外，还应考虑渣层内发生的二次燃烧反应、氧燃烧嘴的化学反应、石灰熔化过程，最终开发的数学模型可模拟冶炼过程中钢液成分、渣的成分以及炉气成分的变化，详细描述参考文献[24]。

4.6 电炉冶炼终点动态控制相关数学模型的应用

前面所论述宏观优化模型、废钢熔化及温度计算模型、脱碳模型是电炉终点动态控制的基础，其中宏观优化模型已经应用到最佳铁水加入比计算、以工序效益最佳为目标的优化计算中，其应用结果在第 2 章中已有展现，本节重点描述废钢熔化及温度计算模型及脱碳模型的应用，仍以安钢 100t 烟道竖炉电炉冶炼过程为模拟对象。

冶炼过程通常操作方式如下：冶炼开始添加第一篮废钢料 50t，随后从炉子后侧连续兑加铁水 35t，在冶炼的第 13min 添加第二篮废钢料 40t，冶炼过程中手指一直打开；冶炼过程平均供电有功功率 55MW，吹氧流量（标态）为 5500m^3/h；氧燃烧嘴功率 5 ×3MW，单个烧嘴氧气供应流量为 800m^3/h，轻柴油供应流量为 200L/h，留钢 10t，留渣 6t。

4.6.1 废钢熔化及钢液温度计算模型的应用

利用废钢熔化及温度计算模型模拟了液态熔池上方废钢料柱高度随时间的变化以及废钢塌料过程，如图 4.13 所示。加料初期废钢料大部分留在用于预热的竖井中，经过两次加料，冶炼进行到时间点为 27min 时，料柱高度为零，这表示废钢料全部进入液态熔池，此时通常认为已经熔清，操作进入精炼期。模型模拟的料柱高度可预报冶炼阶段切换的时间点，例如电弧不再受废钢料包围的时间点、氧燃烧嘴不再受到废钢料的保护时间点、废钢料全部进入液态熔池时间点，这些时间点为动态改变供电模式或氧燃烧嘴工作模式提供了参考。当然，如果有观测冶炼状况仪表的配合，以上时间点的正确预报可更为精确。

由图 4.13 可以看出，废钢熔化导致的塌料过程是间断性的。电炉终点动态控制还要求生产稳定顺行，从生产安全角度考虑，每次塌料量不宜过大。为了分析第二篮料的加料时机对废钢塌料过程的影响，在冶炼的第 16min 添加第二篮，计算的废钢的塌料进程如图 4. 14 表示。比较图 4. 13 和图 4. 14 可以看出:如果第二篮料及时加入,整个塌料相对温和;一旦第二篮料推迟加入,第二篮料熔化的后期可能出现大幅度的塌料,大幅度塌料可能砸坏电极和氧枪,在实际生产过程中,如果竖井中料柱下料不顺畅,也有可能出现大幅度塌料,操作人员必须时刻谨防这种情况的发生。

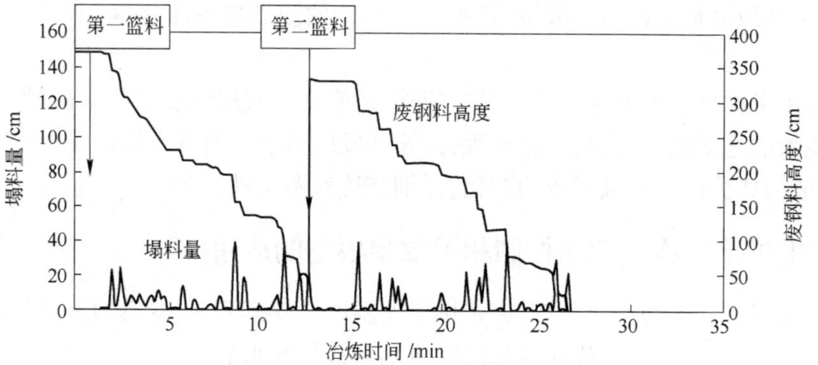

图 4. 13 冶炼过程中的塌料过程及废钢料柱高度随时间变化

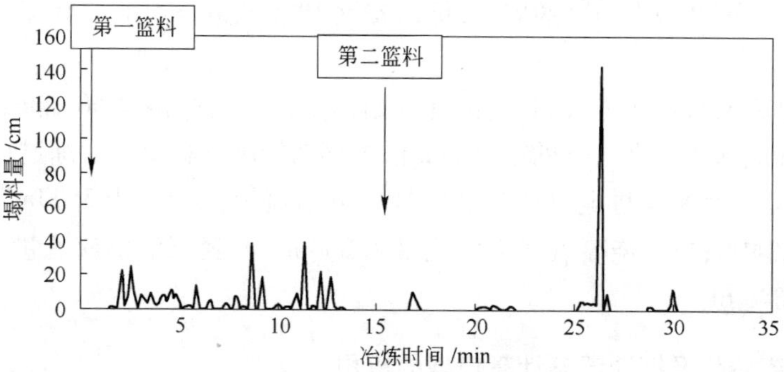

图 4. 14 冶炼过程中的塌料过程(推迟加第二篮料)

本模型通过计算废钢熔化过程可模拟出冶炼过程钢液量随时间的变化,如图 4. 15 所表示。可以看出,钢液量是波动上升的,原因是新进入的冷料会冷凝一部分钢液,在 29min 时,钢液量达最大,这表明熔池内的废钢已经全部熔清,此时间点是真正意义上的熔清点。在精炼阶段,钢液质量随着吹炼的进行是缓慢下降的,这是由于钢中碳含量较低,吹入的氧气氧化了钢中的铁所致。

计算的钢液温度随冶炼时间的变化见图 4. 16。为了方便分析,图中还表示出了钢液液相线温度。由于固液共存时,固体料很难过热,从图中可以看出,在加入第一篮料后,由于铁的装入钢液温度要高于钢的液相线温度很多;而从加入第二篮料到废钢熔化结束,钢液温度在废钢熔化过程中受液相线温度的控制,略微高于液相线温度;废钢熔化结束后,钢液温度直线上升。

废钢熔化过程中,外界提供给熔池的能量主要用于废钢熔化,钢液温度受废钢

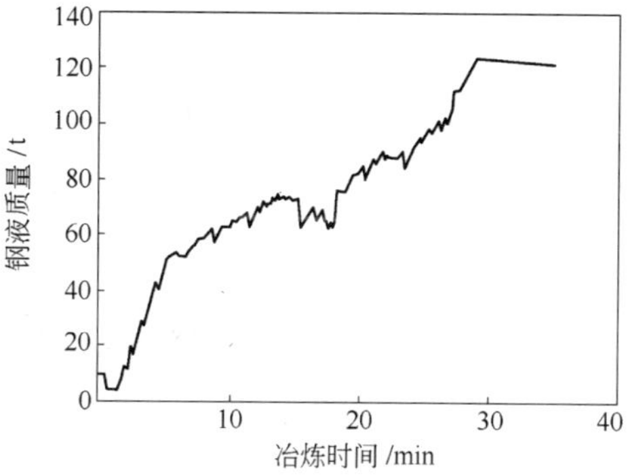

图 4.15 冶炼过程中钢液量随时间的变化

熔化影响。根据废钢熔化过程的理论分析可知:冷凝层的表面熔化温度就是钢液的液相线温度,而对于废钢自身表面的熔化温度的计算,需要分析钢中碳通过边界层向废钢表面的扩散。在第一篮料的熔化过程中,由于加入了铁水,钢液中的碳含量急剧上升,废钢自身的熔化速率受废钢熔化表面边界层内碳扩散和热量扩散的综合控制,模型通过求解式 4.12 ~ 式 4.13 得知,废钢表面的熔化温度要高出熔池的液相线温度,此时,钢液温度要高出液相线温度。加入第二篮料后,由于钢液中碳含量的降低,废钢自身熔化时表面碳含量与钢液中碳含量比较接近,表面熔化温度与液相线温度也比较接近,此时,钢液温度略高于液相线温度。废钢熔化结束后,外界提供的能量全部用于升温,钢液温度将直线上升,图中废钢熔清后钢液升温速度为 22℃/min,而现场测得的平均升温速度为 20℃/min。

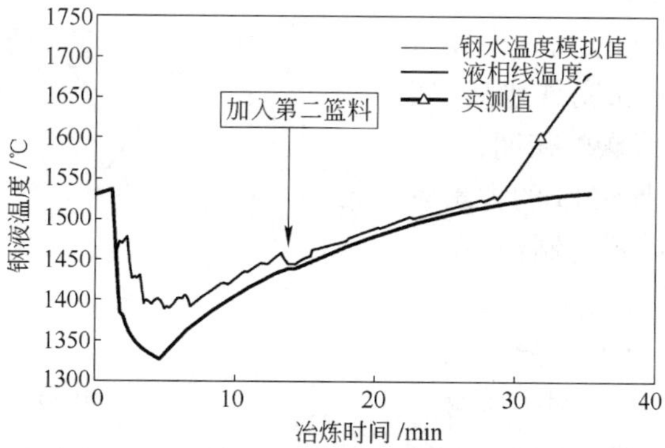

图 4.16 冶炼过程中钢液温度随冶炼时间的变化

从温度曲线的走势来看,在废钢完全熔清时,温度变化率存在一个明显的转折点,冶炼终点动态控制可利用此转折点来判断废钢是否完全熔清,只有废钢完全熔清才可以出钢。在废钢完全熔清后,温度终点动态控制可根据当前的温度来设定下阶段的供电策略,保证在冶炼周期要求的时间点上终点温度合格。

以上是针对加铁水冶炼的情况,如果采取全废钢操作,模型计算的钢液量和钢液温度随时间的变化如图 4.17 所表示。可以看出,全废钢冶炼钢液温度均高于 1500℃,对比图 4.16 中钢液温度很多时候在 1450℃,可看出全废钢冶炼前期钢液温度偏高,这对脱磷是不利的。

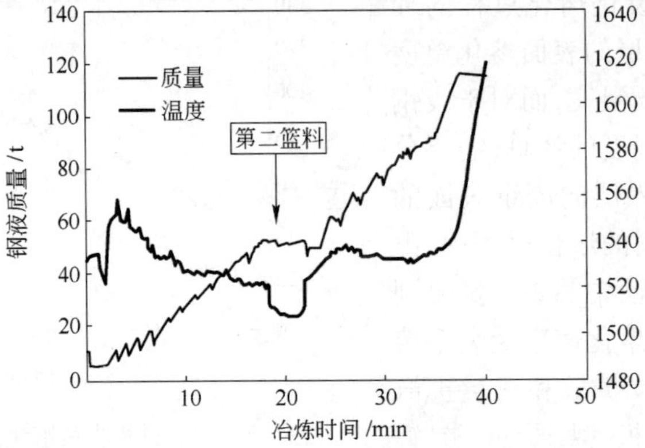

图 4.17　全废钢冶炼过程中钢液温度随冶炼时间的变化

4.6.2　脱碳模型的应用

利用脱碳模型计算了加铁水冶炼过程中碳含量随时间的变化,如图 4.18 所表示,操作方式与上一模型的相同。为了方便分析,模型还计算了脱碳速率随时间的变化,如图 4.19 所表示。

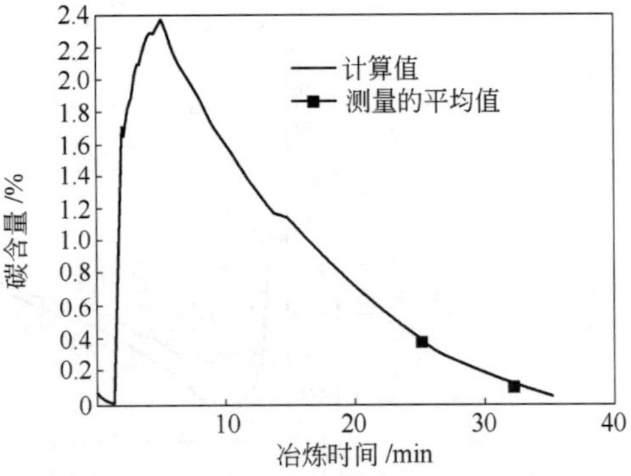

图 4.18　冶炼过程中碳含量随冶炼时间的变化

从图 4.18 和图 4.19 可以看出,在兑加 35t 铁水的条件下,钢中碳含量最高可达 2.3%,加完铁水后,碳含量开始下降。在脱碳的初期,由于熔池温度相对较低导致 Si 的大量氧化,脱碳速度受到强烈的制约,在 Si 去除以后,脱碳可以最大限度的进行,此时脱碳速度受供氧强度的制约;到了吹炼末期,由于钢中碳含量的降低,脱碳速度受钢中 C 传递的制约,脱碳速度开始下降。从图中还可以进一步看出,钢-渣反应的脱碳速度在吹氧末期出现了一个反弹,因为在吹氧末期渣中 FeO 含量急剧升高,温度也快速升高,而钢渣间的 Si、Mn、P 反应已经很弱,这就导致渣中 O 能快速的向钢液内传递,从而导致钢渣反应的脱碳速度增加,当然,随着冶炼接近终点,钢中碳含量极低($<0.05\%$),此时钢渣反应的脱碳速度受钢中 C 传递的制约,钢渣反应的脱碳速度急剧下降。

图 4.20 给出了脱碳速率与碳含量的关系。可以看出,随着碳含量的降低,脱碳速度的下降曲线有两个拐点,第一个拐点在碳含量为 0.4 % 左右,此时吹氧脱碳的限制性环节由吹氧强度变为了碳的传递;第二个拐点在 0.07% 左右,此时钢渣传

氧脱碳的限制性环节由钢渣界面靠钢液侧氧传递变为了炉内碳氧反应碳的传递。还进一步看出，当含碳量低于 0.04% 时，脱碳速度极低，炉内基本不具有脱碳的能力。图 4.20 还表示出了现场实验测量的脱碳速度，实验结果与计算值基本吻合。结合图 4.20 的计算结果以及对生产采集的数据的分析，在吹氧流量一定条件下，可计算把当前碳脱到终点目标值所需要时间，或直接计算出所需的吹氧量，例如，把本电炉碳含量从 0.06% 脱到 0.04% 需要 $275m^3$（标态）的氧，在吹氧流量 $5500m^3/h$（标态）条件下，需要 3min。

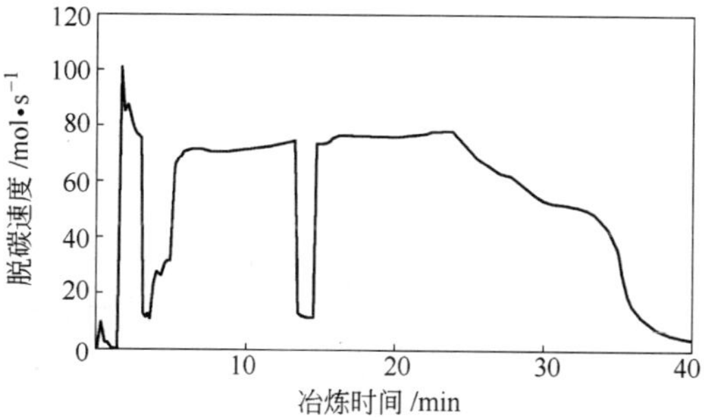

图 4.19 冶炼过程中脱碳速率随冶炼时间的变化

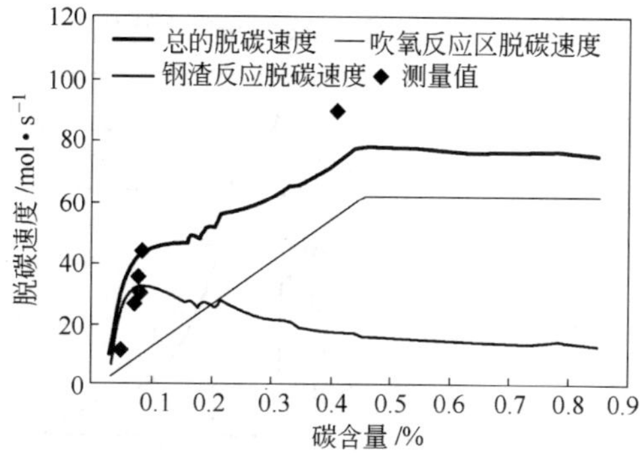

图 4.20 冶炼过程中脱碳速率与碳含量的关系

这样，根据脱碳模型计算出当前碳含量及还需要的吹氧量，并根据冶炼周期要求，可设定下一阶段的供氧强度。如果当前碳含量低于预期很多，则需降低吹氧强度，或向渣面配入一定的炭粉；如果当前碳含量高于预期很多，则需提高吹氧强度，最终保证在冶炼周期设定的时间点上碳含量为目标碳含量。碳含量预计值为按常规操作脱碳当前应具有的碳含量值。这就是电炉冶炼终点碳含量的控制原理。

利用脱碳模型还模拟了硅、锰、磷含量随冶炼时间的变化，如图 4.21 ~ 图 4.23 所示。从模拟结果可以看出，冶炼末期存在回锰回磷现象，这就需要在冶炼末期及时排渣。

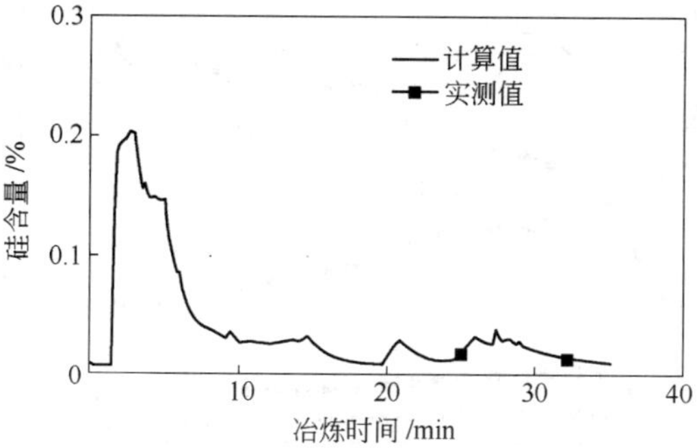

图 4.21 冶炼过程中硅含量随冶炼时间的变化

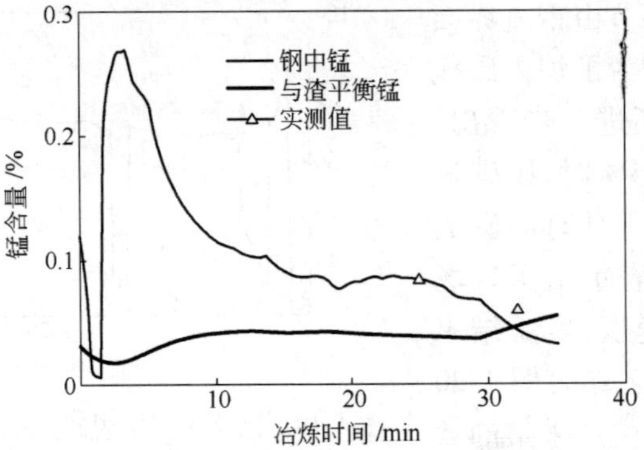

图 4.22 冶炼过程中锰含量随冶炼时间的变化

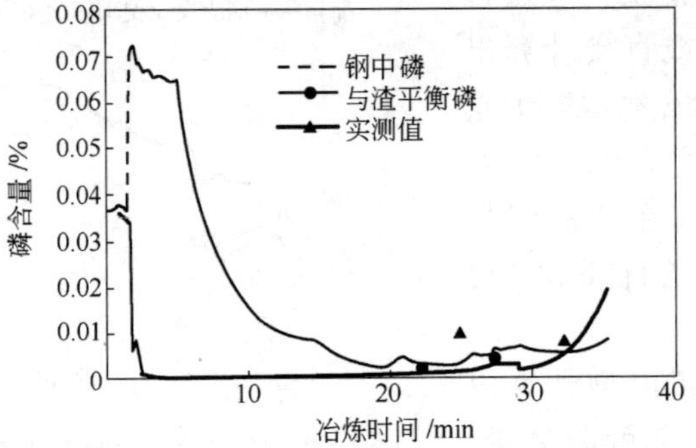

图 4.23 冶炼过程中磷含量随冶炼时间的变化

用脱碳模型还模拟了冶炼过程中渣成分的变化，如图 4.24 所示，在冶炼过程中碱度$R(=(\%CaO)/(SiO_2))$一直在 1.5 ~ 2.5 之间波动，当钢中 Si 大量氧化时，碱度 R 降低，Si 大量氧化结束后碱度 R 开始回升；渣中 FeO 最低能低于 20%，在冶炼末期为 34% 左右。

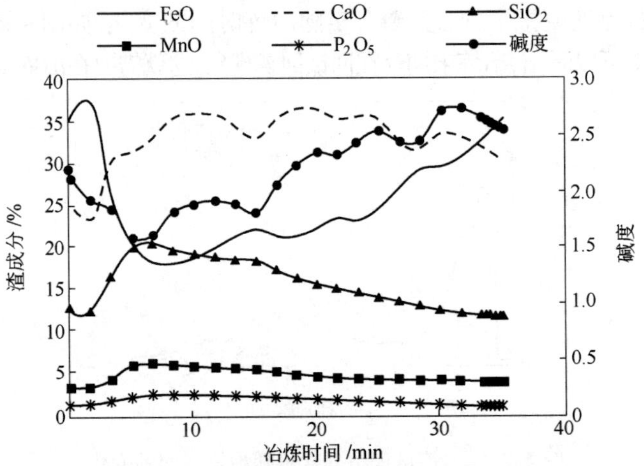

图 4.24 冶炼过程中渣成分随冶炼时间的变化

渣中 FeO 含量对渣的发泡性影响很大,终点动态控制还必须严格控制渣中 FeO 含量,一般要求不超过 30%。

冶炼终点动态控制还要求严格控制熔池过氧化,对钢液终点氧含量也非常关注。脱碳模型计算的终点碳、氧含量的关系如图 4.25 所示。可以看出,碳含量低于 0.1% 时,氧含量急剧上升,所以终点碳含量控制不宜过低。同时,钢液实际氧含量要比与碳平衡值高出很多,所以冶炼接近终点时,可考虑停止吹氧,如设备有底搅拌装置,可提高底搅拌强度,促使碳氧含量在冶炼终点时接近平衡。

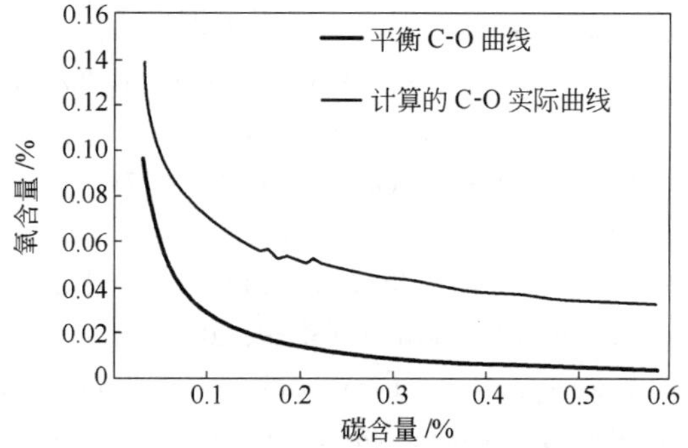

图 4.25 脱碳冶炼终点碳、氧平衡曲线

本章首先论述了电炉终点动态控制与电炉自动化炼钢的辩证关系,指出:电炉终点动态控制技术可大大提高现代电炉自动化冶炼水平,然后阐述了电炉终点动态控制的目标及在电炉冶炼不同阶段的任务,而冶金数学模型是实现电炉终点动态控制的基础。

本章简要地介绍了宏观优化模型、废钢熔化及钢液温度计算模型以及脱碳模型。宏观优化模型可根据生产实际情况计算出最佳原料结构及冶炼操作方案,废钢熔化及钢液温度计算模型可模拟出废钢下塌过程,确定废钢熔清的时间,预报钢液温度。脱碳模型可预报出当前碳含量,预计下阶段脱碳所需氧量,是碳含量终点动态控制的基础。

把以上模型结合起来,可开发相应软件,集成到电炉自动化炼钢系统中,最终实现电炉冶炼终点动态控制。

参考文献

[1] 崔健. 电弧炉炼钢技术若干问题的实践与认识. 钢铁,2005,41(2):1-5.

[2] Thomas Matschullat, Detlef Rieger, Klaus Kruger, Arno Dobbeler. Foaming slag and scrap melting behavior in electric arc furnaces - A new and very precise detection method with automatic carbon control[A]. 9th European Electric Steel Conference[C], Archives of Metallurgy and Materials (Poland), Krokow Poland, 2008, 53(2): 399-403.

[3] Christoph Sedivy, Richard Krump. Tools for foaming slag operation at EAF steelmaking[A].

9th European Electric Steel Conference[C], Archives of Metallurgy and Materials (Poland), Krokow Poland, 2008, 53(2): 404 -410.

[4] Kendall M, Thys M, Horrex A, Verhoeven J P. A window into the electric arc furnace, a continuous temperature sensor measuring the complete furnace cycle[A]. 9th European Electric Steel Conference[C], Archives of Metallurgy and Materials (Poland), Krokow Poland, 2008, 53(2): 451 -454.

[5] Baumert J C, Picoo M, Weiler C, et al. Automated assessment of scrap quality before loading into an EAF[A]. 9th European Electric Steel Conference[C], Archives of Metallurgy and Materials (Poland), Krokow Poland, 2008, 53(2): 345 -351.

[6] Millman M S, Nyssen P, Mathy C. Direct observation of the melting process in an EAF with a closed slag door[A]. 9th European Electric Steel Conference[C], Archives of Metallurgy and Materials (Poland), Krokow Poland, 2008, 53(2): 463 -473.

[7] Krassnig H J, Kleimt B, Voj L, Antrekowitsch H. EAF post-combustion control by on-line laser-based off-gas measurement[A]. 9th European Electric Steel Conference[C], Archives of Metallurgy and Materials (Poland), Krokow Poland, 2008, 53(2): 455 -462.

[8] Mathy C, Nyssen P, Brimmeyer M, ct al. Innovative technique for reliable operations and blowback prevention of EAF annular burners, combined burners and injectors[A]. 9th European Electric Steel Conference[C], Archives of Metallurgy and Materials (Poland), Krokow Poland, 2008, 53(2): 469 -473.

[9] Zuliani D, Goodfellow H, Ferri M B. EFSOP® Holistic Optimization™ of electric arc furnaces-past, present and future[A]. 9th European Electric Steel Conference[C], Archives of Metallurgy and Materials (Poland), Krokow Poland, 2008, 53(2): 323 -330.

[10] Treppschuh A, Krueger K, Kuehn R, Schliephake H. Thermal based power control of a DC-EAF[A]. 9th European Electric Steel Conference[C], Archives of Metallurgy and Materials (Poland), Krokow Poland, 2008, 53(2): 425 -430.

[11] Fleischer M, Greinacher J. Giving you the power to be your best[A]. 9th European Electric Steel Conference[C], Archives of Metallurgy and Materials (Poland), Krokow Poland, 2008, 53(2): 501 -507.

[12] Gottardi R, Miani S, Partyka A. A faster, more efficient EAF[A]. 9th European Electric Steel Conference[C], Archives of Metallurgy and Materials (Poland), Krokow Poland, 2008, 53(2): 475 -482.

[13] 徐迎铁,王新江,傅杰,李晶. 现代电弧炉冶炼能量结构模型. 钢铁.2005,40(4):35 -38.

[14] 奥特斯 F, 著. 钢冶金学[M]. 倪瑞明, 等译. 北京: 冶金工业出版社, 1997: 424 -500 (冶金反应工程学丛书).

[15] Kazumi Mori. Kinetics of fundamental reactions pertinent to steelmaking process[J]. Transactions ISIJ, 1988, 28:246 -261.

[16] 徐迎铁. 烟道竖炉电弧炉冶炼工艺优化与动态模拟研究[D]. 北京:北京科技大学, 2006: 99 -104.

[17] 徐迎铁,傅杰,李晶,王新江. 烟道竖炉电炉废钢预热特性研究[J]. 钢铁, 2005,40(12): 31 -33.

[18] 南条敏夫. 直流电弧的电弧现象[M]. 北京:冶金工业出版社, 1998: 216 -226.

[19] 巴普基滋曼斯基 B N. 氧气转炉炼钢过程理论[M]. 上海:上海科技出版社,1979: 267.

[20] 迪林. 现代炼钢过程氮的控制理论及工艺研究[D]. 北京:北京科技大学,2001: 40.

[21] 黄希祜. 钢铁冶金原理[M]. 北京:冶金工业出版社, 1997: 111.

[22] 徐迎铁, 陈兆平, 黄宗泽. VOD 冶炼铁素体不锈钢脱碳脱氮动力学[A]. 第 14 届全国炼钢学术会议论文集[C], 重庆, 2006: 316 -323.

[23] Subramanian K. N. , Richardson F D. Mass transfer across interfaces agitated by large bubbles [J]. J. Iron Steel Inst. , 1968, 206: 576 -583.

[24] 徐迎铁. 烟道竖炉电弧炉冶炼工艺优化与动态模拟研究[D]. 北京:北京科技大学, 2006: 119 -142.

5　电炉流程工程学

5.1　20 世纪 90 年代以来中国在冶金领域的若干理论贡献

20 世纪 90 年代以来是中国钢铁工业发生巨大变化、飞速发展的时代，1996 年中国钢产量首次超过 1 亿 t/a，居世界各国年钢产量首位。十几年来连续保持世界第一。与此同时，在冶金装备、工艺及理论研究上，也出现了许多创新性成果。作者认为，在理论成果中，冶金流程工程学、冶金反应工程学在中国的发展和现代电炉炼钢理论是中国对世界冶金理论发展做出贡献中较为重要的方面。

5.1.1　冶金流程工程学

冶金工业出版社 2004 年 5 月出版了殷瑞钰院士所著的《冶金流程工程学》一书，并于 2005 年 9 月对该书进行了第二次印刷[1]。殷瑞钰院士半个世纪以来长期在钢铁企业、科研单位、钢铁工业部门从事生产技术、科学研究和科技管理工作，经历了不同技术层面上的重大技术开发、工程实践、发展决策过程，积累了丰富的实践经验，并不断进行理论上的探索与思考，逐步形成了冶金流程工程学的理论框架，开创了“冶金流程工程学”并在我国技术进步和技术改造的实践中不断应用推广指明发展方向，取得了很好的成果。例如，他提出了以连铸为中心，发展我国的钢铁冶金工业，促进了我国 20 世纪 90 年代以来钢铁工业的崛起；1993 年，他在上海主办了当代电炉流程和电炉工程问题研讨会，促进了我国现代电炉流程的发展，使我国的电炉炼钢技术从近代走向现代等。

冶金流程工程学是在原子/分子时空尺度上的冶金基础科学（例如化学反应热力学和动力学）和工序、装置（反应器），介观尺度上的技术科学（例如，“三传一反”、控轧控冷等）基础上发展起来的属于生产制造流程（工厂）时空尺度上的宏观层次的工程科学的范畴。

由于现代钢铁工业要求综合地解决包括产量、物耗、能耗、质量、生产效率、投资效益等市场综合竞争力和包括资源—能源可供性、环境—生态和谐性在内的可持续发展等时代性、重大集成性命题。主要研究冶金制造（生产）流程的物理本质、结构和整体行为。旨在弄清楚冶金制造流程过程中相关的物质（和能量）流动（与存储）的驱动力；涉及从资源的获得开始直到产品的产出、使用、消费、回收的循环过程。研究制造流程中所涉及的有关功能—结构—效率问题,即空间和平面布置、时间和时序安排与控制、流程过程中排放和消纳(或再循环)的控制和优化等一系列知识。在制造流程的运行动力学方面,研究了三个要素:即"流"、"流程网络"和"程序"。制造流程运行的动力学特征就是"一种多因子流,在一个由不同性质的工序及工序之间连接器组成的复杂网络结构(流程网络框架)中,按一定的'程序',动态有序地运行,从而实现某些目标群"。

冶金流程工程学的基本原理也适用于其他流程制造业,适用于冶金工业中的各个流程,包括有色金属流程,适用于钢铁工业的各类流程包括电炉流程。相应地应该逐步地会有有色金属流程工程学、电炉流程工程学等分支的深化。

冶金流程工程学在理论上注重基础科学、技术科学和工程科学在微观—介观—宏观层次上的相互耦合与统一。基础科学、技术科学和工程科学是互相促进的。

在古代,我国发明了钢铁冶炼方法。在近代和现代,我国基本上是学外国先进的东西。为了赶超世界先进水平,引进外国先进技术是必要的,因为它可以提高我们赶超的起点,缩短我们达到或领先国际先进水平的时间。但是任何一个先进国家均不会把自己最新的、最先进的技术卖给别人,因为它要保持自己一直处于领先地位。为此,单靠引进或在消化引进的基础上有所创新又是不够的,一个钢铁强国必须有一些重大的创新,例如不同的炼钢方法(平炉、转炉、电炉炼钢等),不同的钢生产流程(薄板坯连铸连轧等),不同的关键技术(新一代的控轧控冷(NG-TMCP)等)。建立在工程创新基础上的基础理论研究与技术科学研究会加深对工程创新的理解,使工程更完善。

5.1.2 冶金反应工程学在中国的发展

早在 20 世纪 50 年代,中国冶金科学家叶渚沛就提出所有冶金过程都是化学反应、流体流动、热传递的结合;并且运用来研究高炉强化冶炼和复合铁矿的综合利用等问题。但当时国内有相同认识的人不多,也没有形成新的学科名称。

60 ~ 70 年代,鞭岩、丁 · 史凯利、孙鸿庸、F · 奥特斯等外国学者的研究工作和学术论著,把传输理论和冶金速率过程更好地结合起来,应用于连续铸钢、炉外精炼等工程领域,把冶金过程动力学理论从原子—分子尺度扩大到设备—反应器尺度,形成了"冶金反应工程学"这个新学科分支。而我国处于文革时期,没有及时跟上新的发展。

70 年代后期,我国许多冶金学者根据现代冶金学发展的趋势,急起直追,吸收国外迅速发展的学术理论知识,促进多学科的交叉和融合,使冶金反应工程学成为我国冶金学科中非常活跃的领域。从 1982 年到现在,已举办了十二届冶金反应工程学学术会议，而且均有学术论文集出版。各高等学校开设了研究生课程或选修课，出版了数种教材。高校、研究机构和工厂结合，在连续铸钢、电磁铸造、喷射冶金、转炉复合吹炼和控制、钢铁冶金过程动力学、有色金属的提纯等许多方面，开展了科学研究，取得了一定的理论成果，主要有：

（1）气体喷吹搅拌的全浮力模型。金属熔池喷入气体时的搅拌和混合是冶金过程最基本的单元过程，也是一种重要的操作手段。早期，熔池混合时间和搅拌功率的关系依靠经验关系式来计算，对其物理本质缺乏必要的说明和认识。萧泽强基于他在转炉侧吹氧技术的经验和对顶吹、底吹射流的比较，于20世纪70年代末期在瑞典MEFOS工作时提出了金属熔池喷吹搅拌的全浮力模型。该模型认为喷吹气体搅拌钢液的动力是气泡群在上浮过程中不断抽取周围钢液一同向上流动，被气泡抽引的钢液体积可达到气泡体积的数十倍至百倍，钢液到达顶部后脱离气泡区形成循环流动而使熔池趋于均匀化。循环流的流动速度为气体喷吹流量的1/3次方成比例。在MEFOS的支持下，先后在6t和60t钢包内进行了钢液流动速度的实际测量，证实了理论分析和水模型测量的结果。全浮力模型已被世界冶金界公认是描述吹氩钢包内汽液两相区结构和能量转换的正确方法，为数值模拟熔池流动现象和精炼效率提供了必要的前提。

（2）钢渣卷渣的临界条件，即钢包喷吹中渣-金属界面卷混现象的临界条件。熔池内钢液被喷吹气体带动做循环流动时，钢液顶部向四周的水平流动带动液面上的熔渣层沿同一方向流动。并且发生上下波动。流速增大到一定程度，渣层下表面被撕裂成小滴卷入金属中。曲英等在水模型中用二维激光测速法测定开始卷渣的临界流速为9～10cm/s。萧泽强等参考海洋运油船漏油时，用围堰将油污区隔离，但不能防止洋流将底层油污卷混到围堰以外的现象及其研究成果，提出了一个表征钢-渣卷混现象的特征数：

$$\frac{u_{\mathrm{m}}^{2}\rho_{\mathrm{m}}}{[\rho_{\mathrm{m-s}}g(\rho_{\mathrm{m}}-\rho_{\mathrm{s}})]^{1/2}}$$

该特征数等于We和Fr'的乘积。为了表示界面性质在卷渣中的意义，萧泽强又称之为渣钢界面的韦伯数。通过水模型实验，得到了发生卷渣现象的临界特征数值为12.3，与理论计算相符。瑞典学者拉·杨森利用这个临界条件计算界面卷混量进而计算了钢包精炼时顶部渣脱硫、脱氧反应效率，完成了三相间的数值模拟。这个临界值还用于判断渣卷入金属成为夹杂物的重要条件，以控制钢包喷吹。

（3）辐射传热数模计算时的随机热辐射传热数值计算的随机热流法。工业生产中，高温状态下的热状态分布既涉及介质中的对流传热，也涉及辐射传热。对流传热和温度是线性关系，辐射与温度的四次方有关。为了计算方便，把$(T_1^4-T_2^4)$因式分解成(T_1-T_2)和(T^3)的积，使辐射传热也符合线性条件，传热系数中包含了温度的影响。这种计算法称为热流法。但热流法不反映传递过程中伴随的随机性发射、散射和吸收等辐射特性。国外常用的蒙特卡洛法,计算精度较低。贺友多等提出了随机热流法,在热流方程中增加一个描述随机方向性的"比热流参数",把辐射的随机性和传输性统一在控制方程中,容易和流动方程、能量方程及燃烧方程耦合求解。用随机热流法求解加热炉内钢坯再加热过程,取得提高热效率和节能的显著效果。

(4)超高温度下脱氮和吸氮反应的速率研究,证明:超高温度下表面活性元素氧、硫对气-液两相间传质的阻碍作用削弱和消除。过去的钢冶金学理论认为,氧、硫等表面活性元素阻碍气-液两相间的传质,钢液中氧硫含量高时,难以脱氮,底吹氮气会导致钢液增氮,故电炉及顶底复吹转炉采用底吹氩或氮氩切换。本书作者研究了超高温度下表面活性元素氧、硫对钢液脱氮与吸氮动力学的影响,发现2600℃时超高温度下,氧、硫表面活性作用对脱氮的阻碍作用消失,碳氧反应区可以达到这样的超高温,CO气泡携带法可以脱氮,从而解释了EAF、BOF、VOD、AOD等过程中氧、硫含量高时,钢液可有效的脱氮。同理,在炼钢温度下(约1600℃左右),氧、硫含量高时,可阻碍吸氮,开发了全程底吹氮技术;

(5)铝电解槽内电磁场、流场、温度场的全息动态仿真数值计算。铝电解槽内电磁场、流场、温度场的全息动态仿真计算,为了获取被研究对象全面和完整的信息,梅炽发展了全息仿真的概念。全息仿真计算重视物理本质的整体性和统一性,尽量不将有关过程分离成孤立的现象;在建立数学模型时,尽量不采用割裂物理联系的假设。全息仿真的控制方程多,相互耦合作用强烈,参数之间相互影响大,计算工作量大,迭代收敛困难。因此,要开发适用的软件,例如积木式软件等。用全息动态仿真计算铝电解槽的电场、磁场、电流场、电磁力场、熔体流场、温度场(含槽膛内形),比从国外引进的"三场"计算技术能更多提高电流效率和节约电耗。全息仿真计算也可以用于提高有色金属或铁合金矿热电炉的效率。

以上为我国学者的创新研究成果,在国际冶金界具有一定的影响。我国冶金学者在80年代中期还讨论发布了冶金动力学和反应工程学的汉语科技名词方案,其中绝大部分已被吸纳到全国科技名词审定委员会公布的1999版《冶金学名词》中。

为了总结经验和相互交流,90年代中期萧泽强、曲英、蔡志鹏提议撰写和出版《冶金反应工程学丛书》。在我国有关学者的参加和支持下,从1995年到2002年,共出版了21种学术专著(包括一种译著)[2~22]。这一套《冶金反应工程学丛书》,不仅总结了近二三十年来冶金反应工程学领域在我国的发展历程和重要成就,也为今后进一步的研究和发展积累了资料,提供了前进的出发点。

5.1.3　现代电炉炼钢理论

当今世界钢铁制造流程包括高炉—转炉流程、电炉流程和特种熔炼。特种熔炼的产品年产量很少,但对国民经济及国防建设的作用是不容忽视的。从工业和国民经济发展看,世界钢生产流程主要是转炉流程和电炉流程。

冶金流程工程学将涉及所有冶金流程的理论、电炉流程工程学是冶金流程工程学的一大重要分支和重要内容。现代电炉炼钢理论属于冶金流程工程学的范畴,是钢铁冶金领域分子/原子及工厂时空尺度的冶金过程理论,它的时间尺度为 $<10^{-5}$ 到 10^4 s,空间尺度为 $<10^{-10}$ m 到 $>10^2$ m。

现代电炉炼钢理论是作者在近半个世纪,特别是近 20 年以来,基于对电炉流程的理论进行学习、实践、比较、总结逐步发展起来的,蕴含着中国电炉工作者集体成果的结晶。现代电炉炼钢理论,是将冶金流程工程学的若干理论观点与作者对电炉炼钢过程的领悟、理解相结合的理论表述。将冶金流程工程学的理论在某些问题上应用到电炉流程的点滴体会。

冶金流程工程学的原理和内容在《冶金流程工程学》一书中已有详尽深刻透彻的论述。现代电炉炼钢理论的内涵主要包括:

(1) 世界钢铁冶金的历史"分期"问题。世界炼钢方法分为古代炼钢方法、近代炼钢方法和现代炼钢方法。基于不同方法的功能演变,不同时期不同炼钢方法均有着它自身的技术特征,现代电炉必须要适应现代电炉流程(电炉—二次冶金—连铸—连轧流程)各工序装备的衔接匹配、协同运行的要求。

(2) 中国面临废钢短缺、电力紧缺的困难,发展现代电炉炼钢的策略,一是围绕缩短冶炼周期这一核心提高生产效率,降低生产成本,二是电炉坚持生产高附加值钢。作为现代电炉炼钢理论重要组成部分之一的是以工序效益最大化为目标的工序效益数学规模,它把电炉厂的品种与质量、效率与效益、成本与经济、投入与产出有机地紧密结合在一起,进行科学管理。

(3) 现代电炉炼钢技术是围绕缩短冶炼周期这一核心而发展起来的,缩短冶炼周期是现代电炉炼钢发展轨迹的核心技术。抓住并研究这一问题,电炉流程才能顺行。当电炉冶炼周期缩短到一定程度时,炉外精炼周期可能成为电炉流程顺行的制约因素,这就必须选择合适的炉外精炼设备及数量与电炉匹配,电炉冶炼周期的综合控制理论数学模型对发展现代电炉炼钢起了重要的理论指导作用,并成功地应用于实际。

(4) 电炉冶炼周期的综合控制和电炉冶炼终点控制紧密相关,电炉冶炼终点动态控制模型使冶金学与信息科学关联起来,是电炉自动化控制的基础,保证电炉流程连续、稳定运行。

(5) 电炉炼钢的一个缺点是钢中氮含量高,原料废钢中残余金属杂质元素含量高,给高性能、高附加值电炉钢生产带来困难。电炉钢中氮控制理论研究是分子/原子时空尺度上的基础研究,低氮电炉钢的开发和基于发现碳素钢中存在纳米析出物,HSLC 钢的开发及钢的综合强化机理和 TRC 技术等是电炉流程中从分子/原子到工厂时空尺度上基础理论与工程科学紧密结合的成功范例。现代电炉炼钢与现代转炉炼钢具有越来越多的“共性”,电炉加部分铁水冶炼是利用电炉的能量转换功能节能降耗,提高产能和金属纯洁度的有效措施。

(6) 电炉冶炼本身就是发展循环经济的产物。从一个企业、一个地区、一个国家直至全球视野看提高电炉钢比例,有利于钢铁工业的可持续发展,节约资源、节能、废弃物回收利用和减少有害气体排放。

5.2　电炉功能演变与现代电炉炼钢技术特征

不同时代或同一时代的不同阶段,电炉功能即电炉所起的作用是不同的。当前钢铁工业的可持续发展已成为时代的命题,促进循环经济发展在电炉功能演变中就显得特别突出。电炉流程的功能有三个,或电炉流程主要发挥三种作用:

(1)钢产品制造功能;

(2)能源转化功能;

(3)循环经济功能。

5.2.1　钢产品制造功能

自从电炉问世以来,电炉一直在发挥着钢产品制造功能。电炉一直在生产钢产品;电炉一直是一个将电能转化为热能的能量转化器;电炉以废钢为主要金属原料,起着处理,回收利用社会废钢的作用,电炉起着节约资源、能源和减少排放的作用,电炉本身就是循环经济的产物。

但是在不同时代(近代或现代),不同时代的不同阶段电炉发挥的功能或所起的作用,在三个方面中是有不同侧重的。在一个相当长的时间内,电炉发挥的主要是钢产品制造功能。

电炉在一个相当长的时间内,其主导产品是特殊钢、优质钢以及铸钢件,从电炉冶炼工艺流程来看,长期沿袭着熔化期、氧化期、还原期三期作业过程,传统电炉是废钢熔化器、升温器、能量转换器、钢中杂质元素的去除器。

随着科学技术的进步,电炉功能在演变,通过高效化生产的突破,现代电炉的制造功能逐渐演变为废钢快速熔化器、快速升温器、多种能源转换器、高效脱碳脱磷器、废弃塑料和轮胎等的处理器[23]。

5.2.2　能源转化功能

电炉以固态废钢为主要原料,冶炼过程中废钢的熔化和升温需要热量,这里就有一个热量的供给问题,传统电炉冶炼所需的热量主要是由电转化而来的,传统电炉冶炼过程中的能源转化主要是电能到热能的转化。

现代电炉冶炼的能源有三个,一个是电能,一个是化学热,一个是物理热,三者之间可以相互转换。由于电炉冶炼过程中,不同能源转化的效率是不同的,统一折算为可比能耗即标煤的消耗是不同的。在电炉冶炼过程中,化学热及物理热的比重加大。电炉的能源转化功能由单一的电-热转变功能,演变为多种能源转化功能。

我国火力发电每 1kW · h 电的能耗规定不应超过 0.35kgCE。

通常制氧能力超过 $10000m^3/h$(标态)的大型制氧机,生产 1 m^3O_2(标态),耗电 0.4kW · h,制氧能力为几千 m^3/h(标态)的中小型制氧机,生产 $1m^3O_2$(标态),耗电 0.6~0.7kW · h,某公司生产 1 m^3O_2(标态),平均耗电 0.586kW · h。

以上列举了电炉用氧过程由于制氧要消耗的标煤情况,但吹氧过程中发生下述碳氧反应,减少电耗,从而减少煤耗。

$$C_{(冷)} + 1/2O_{2(冷)} = CO_{(热)} + 2.35kW \cdot h/m^3\ O_2 \tag{5.1}$$

$$C_{(热)} + 1/2O_{2(冷)} = CO_{(热)} + 2.91kW \cdot h/m^3\ O_2 \tag{5.2}$$

$$C_{(冷)} + O_{2(冷)} = CO_{2(热)} + 6.84kW \cdot h/m^3\ O_2 \tag{5.3}$$

$$C_{(热)} + O_{2(冷)} = CO_{2(热)} + 7.41kW \cdot h/m^3\ O_2 \tag{5.4}$$

即 $1m^3\ O_2$ 理论上可以节电 6.84~7.41kW · h,实际节电取决于二次燃烧率的大小。总的来说,即使考虑到制氧能耗,电炉强化用氧也是节能的。

5.2.3　循环经济功能

表 5.1 是不同钢生产流程吨钢能耗的比较。

表 5.1　不同钢生产流程吨钢综合能耗(kgCE)[24]

工 序	高炉—转炉流程	电炉流程	备 注
焦化	94.17		
烧结	57.91		
炼铁	413.88		
炼钢	转炉 1.34	电炉 186.27	
连铸	16.53	LF30.0 16.53	不含煤气精制及生产不含球团
热轧	70.75	70.75	
冷轧	111.10	111.10	
总 计	699.13	343.90	

由表 5.1 可见,生产 1t 电炉钢比生产 1t 转炉钢,节约可比能耗约 355kgCE。

文献[1]作者用新的计算方法得出的高炉—转炉—薄板坯连铸—连轧流程生产 1t 钢的物质、能量消耗及排放情况如图 5.1 所示;电炉—薄板坯连铸—连轧流程生产 1t 钢的物质、能量消耗及排放情况如图 5.2 所示。

由图 5.1 及图 5.2 可见,高炉—转炉流程生产 1t 钢,CO_2 排放总为量

1756.4kg，电炉流程 CO_2 排放总量为 630.4kg 。

值得注意的是，高炉—转炉生产中，生产 1t 钢的高炉原料中加了 282.5kg 废钢，如用 100% 铁矿石作原料时，吨钢的能耗和排放还会更大些。

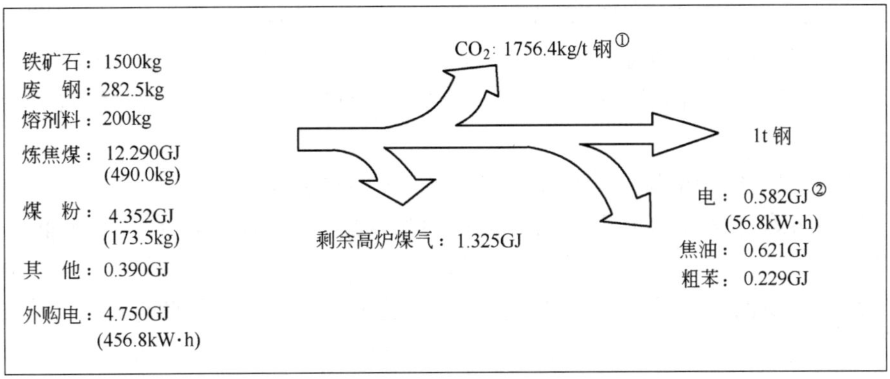

图 5.1 高炉—转炉—薄板坯连铸—连轧生产流程的物质、能源和环境负荷计算示意图（企业不设自备电厂）

①高炉—转炉—薄板坯连铸—连轧生产流程，年生产连铸坯 280 万 t，吨钢能耗 18.650GJ/t 钢（637.3kgCE/t 钢）；以 1t 钢（连铸坯）为计算基准，吨钢 CO_2 排放量 1756.4kg/t 钢，其中各生产工序排放的 CO_2 1376.4kg/t 钢，所耗电力由厂外电厂排放的 CO_2 380kg/t 钢，电的 CO_2 排放因子 0.95；②生产每吨钢由 CDQ 和 TRT 装置回收的电量 56.8kW · h/t 钢

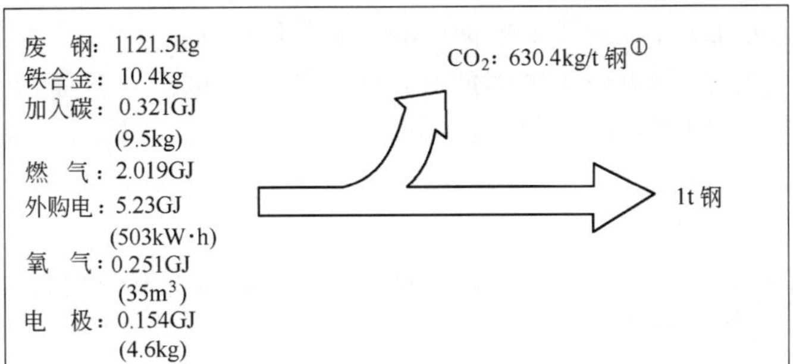

图 5.2 电炉—薄板坯连铸—连轧流程的物质、能源和环境负荷计算示意图

①电炉—薄板坯连铸—连轧生产流程，年生产连铸坯 200 万 t，吨钢能耗 8.91GJ/t 钢（304.2kgCE/t 钢）；以 1t 钢（连铸坯）为计算基准，吨钢 CO_2 排放量 630.4kg/t 钢，其中各生产工序排放 CO_2 152.5kg/t 钢，所耗电力由厂外电厂排放的 CO_2 478kg/t 钢

5.3 钢厂分类[25]与电炉钢生产流程的类型

钢可以分为普钢和特钢两大类型，特钢即特殊钢，包括优质合金钢与合金，合金可以不以铁为基，例如可以是镍基、铁镍基。特殊钢包括合金结构钢、合金弹簧

钢、合金工具钢、轴承钢、不锈钢、高温合金、精密合金等。

我国几十年来,把电炉厂称为特殊钢厂,把转炉厂或钢铁联合企业归属为普钢厂。中国特钢企业协会已开过8届会员大会,特钢协会的成员企业主要为电炉厂家。

随着20世纪下半世纪以来连铸及炉外处理(包括铁水预处理与钢的炉外精炼)技术的发展,钢的制备技术发生了根本的变化,现代钢生产流程主要是:

转炉流程:高炉冶炼—铁水预处理—转炉冶炼—炉外精炼—连铸—(热送热装)轧制;

电炉流程:电炉冶炼—炉外精炼—连铸—(热送热装)轧制;

特种熔炼:特种熔炼(真空感应熔炼、冷坩埚熔炼、电渣重熔、真空电弧重熔、电子束重熔、等离子熔炼或重熔等)—锭子锻造或轧制、挤压。

钢厂类型也发生了很大变化,国外(例如美国)主要有:钢铁联合企业(Integrated Iron and Steel Company)、现代电炉钢厂(Mini-mill)及专门的特钢厂(例如Cabot公司及Allvac公司等专门的电渣及真空冶金厂)。国内除钢铁联合企业(例如武钢、鞍钢、首钢等)、现代电炉钢厂(例如珠江钢铁)之外,出现了一批新型的带电炉的钢铁联合企业(New Type Integrated Iron and Steel Company with Mini-mill,例如宝钢、安钢、沙钢、兴澄特钢等)。他们有的是在钢铁联合企业里安装了现代电炉(宝钢、安钢等),有的是在原来只有电炉流程的企业中建了转炉流程(沙钢、兴澄特钢等)。由于我国用特种熔炼方法生产特钢的规模不大(美国一个专门的特种熔炼厂家年产量可达几十万吨),特种熔炼通常是作为现代电炉钢厂的一个分厂或车间,或是新兴钢铁联合企业中现代电炉钢厂的一个分厂或车间。

转炉与电炉冶炼具有越来越多的共性[26],转炉可以冶炼普通钢,也可以冶炼特殊钢;电炉可以冶炼特殊钢,也可以冶炼普通钢。继续将转炉厂称作普钢厂,将电炉厂称作特钢厂,已名不符实,影响钢厂的发展,特别是将电炉厂限于生产特钢,更会影响其发展。

本章讨论现代电炉钢厂及带电炉的钢铁联合企业或称混合型联合企业中的电炉钢厂中电炉流程的分类。

按原料结构分类,电炉流程分为全废钢作原料的电炉流程(图5.3)和加部分铁水作原料的电炉流程(图5.4)。在全废钢电炉流程中,为增加化学热输入而采用高配碳,碳可以用加生铁块或其他含碳的铁素材料配入。

由图5.3、图5.4可见:

(1) 现代电炉炼钢主流程为原料准备—电炉冶炼—LF精炼—连铸—轧制,形成"四位一体"或"三位一体"的紧凑式流程(短流程)。

(2) 现代电炉厂内产生的废钢(自产废钢、厂内加工废钢和折旧废钢)再作为原料返回电炉。在连铸车间里,这部分废钢大大减少了。电炉所用废钢主要为社会废钢。在采用加部分铁水冶炼时,将钢包底、中间包底、注余等热钢水倒入铁水包,经流槽直接加入电炉中,比它们作为冷废钢或经预热的废钢具有良好的节能效

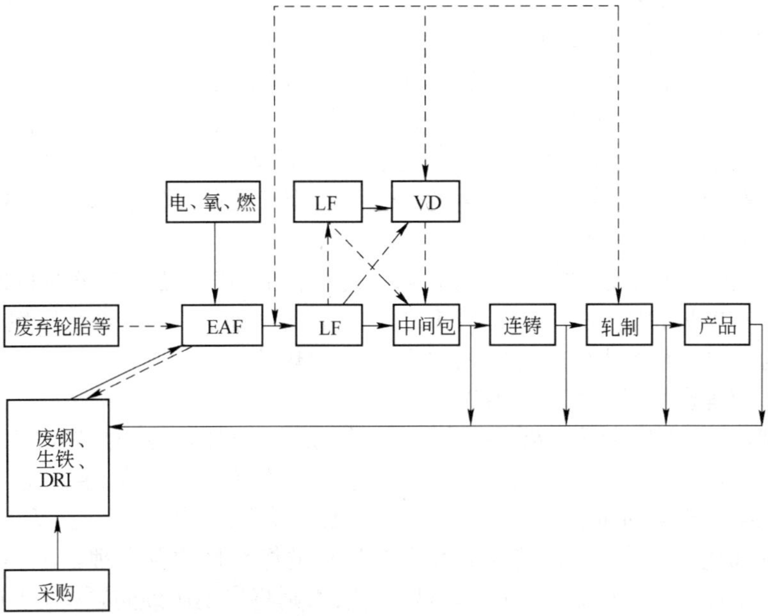

图 5.3 全废钢冶炼现代电炉炼钢流程示意图

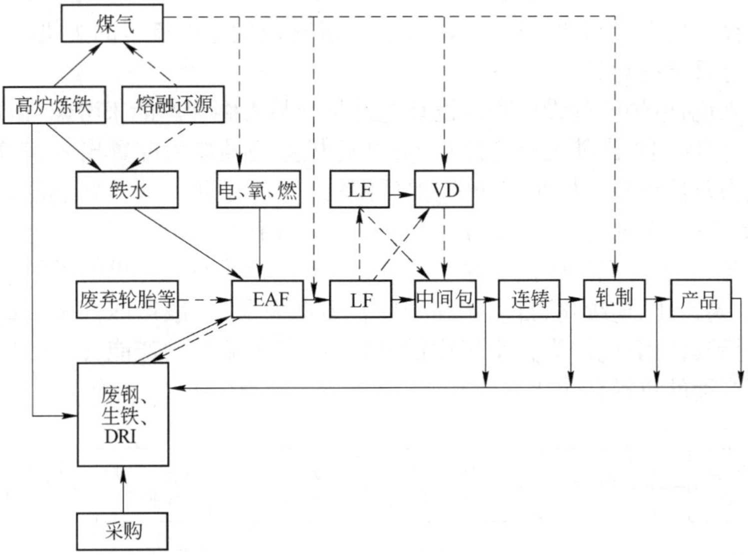

图 5.4 加部分铁水冶炼现代电炉炼钢流程示意图

果。当温度不够时,可用吹氧解决。

(3) 在原料准备中,为了节能降耗,采用加部分铁水冶炼,这时铁水供应成为了现代电炉炼钢流程的一个工序。铁水可以由高炉或熔融还原系统供应。采用高炉供应铁水时,高炉成为了现代电炉炼钢流程的一个部分,在高炉与电炉之间必要时可采用铁水包喷粉脱硫。在没有铁水的地方,应开发新的供氧技术和炉料预热技术以增加化学热和物理热。

(4) 在炉外精炼系统中,当现代电炉冶炼周期缩短到35min以下的水平,对于那些要求洁净度高、精炼时间较长的钢种,为使 $t_{LF} < t_{EAF}$,可以采用两个LF操作,两个LF之间用轨道连接,由LF至中间包用天车吊运。

(5) 高炉或熔融还原系统产生的煤气可以用于发电、烤包、轧钢加热炉、供给VD蒸汽喷射泵的蒸汽等。

(6) 现代电炉可能增加一个新的功能,即成为轮胎、塑料、橡胶等废弃物的处理器。

(7) 在电炉和废钢、生铁及DRI之间画了两个箭头,一个表示废钢、生铁和DRI作为主要原料加入电炉,另一个表示电炉预热炉料。

电炉流程也可以按产品类型进行分类。

现代电炉流程主要包括冶炼、精炼、连铸、加热、连轧及冷却控制等工艺环节。由于钢铁生产工序与工序之间的衔接越来越紧凑,效率越来越高,要求达到高效率低成本地生产出高质量、高性能钢材产品,就必须从全流程的各个工艺环节来进行合理设计和优化。单工序的优化必须和全流程的综合优化及合理匹配相结合,才能最大限度地发挥生产线投资的作用与效益,否则将出现瓶颈问题,不是前面工序不能充分发挥作用,就是后续工序不能充分发挥作用。因此,现代电炉流程设计都特别重视流程的综合优化和前后合理匹配衔接问题,充分发挥各工序设备的能力,特别是占投资比例最高的轧机的设备能力,研究现代电炉流程的炉机匹配问题无疑具有十分重要的意义[27]。

一般来说,电炉流程设计和建设首先是从产品大纲和产能来考虑,由后向前推算,当产品大纲和生产能力确定之后,先从轧机选型及能力配置出发,其次是加热和连铸能力及选型与轧机匹配问题,然后是精炼和冶炼能力及连铸、轧机的匹配问题(见图5.5)。无论从投资、效益基本分析和工序作用来看,轧机和电炉是两个最关键的设备,二者之间的匹配关系全局生产、投资和效益。轧机的投资最大,在向着大型化、高速化、连续化、自动化和智能化方向发展,一般产能都很高或比较高,应充分发挥其作用,电炉为整个工序的开端,决定全流程的产能,因此二者的合理匹配需要高度的重视和优化设计。

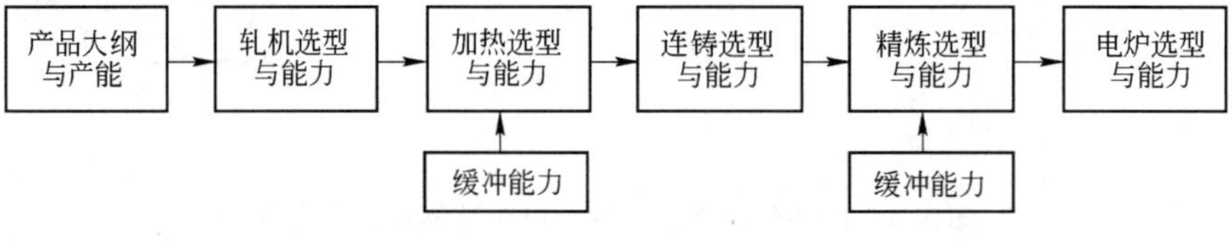

图5.5 电炉流程的选型和能力匹配关系示意图

从流程顺行考虑,应有:

$$t_{LF} < t_{EAF} \leqslant t_{CC};t_{CR} < t_{CC}$$

式中 t_{EAF},t_{LF},t_{CC},t_{CR}——分别为电炉冶炼周期、LF 处理一炉钢的时间、连铸一炉钢的浇铸时间和连轧每一炉钢所需的时间。

从生产能力考虑应保证:前后工序动态运行的能力是协同匹配的。若电炉容量小,电炉—轧机不匹配,轧机间隙时间过长;若轧机能力小,则有电炉能力过剩问题。从金属秒流量、轧机最大能力、投资以及轧机和电炉的最大能力计算综合考虑,一般轧机能力大于电炉能力的 10% ~20% 是合算的,若过大或过小,无论在经济性和流程顺畅方面都将产生问题。

过去在电炉流程中,多考虑电炉冶炼、精炼、连铸三位一体的合理匹配问题,而现在由三位一体向四位一体及其连续化发展,即:

电炉冶炼—精炼—连铸(无缺陷坯)—直接加热(连铸坯剪后温度达到 900 ~1000℃)—直接轧制,整个流程的时间越来越短,可以少于 2.5h。

实际上,电炉薄板坯连铸连轧的铸坯入炉温度可达 1000℃以上。在连铸与连轧的衔接、匹配上,除考虑产能和缓冲外,还要考虑坯料断面尺寸优化问题。

现代电炉钢的品种除普通碳素钢外,优质碳素钢、微合金钢和齿轮钢、轴承钢、弹簧钢等合金钢占有较大比例。电炉钢的品种规格包括扁平材(中厚板、薄板),长材(棒材、螺纹钢、线材)和管材等。表 5.2、表 5.3 为国内外一些电炉流程的电炉、精炼、连铸、轧机配置、产能和典型钢材品种情况。

从表 5.2、表 5.3 所示的国内外电炉流程设备配置实例可见,产能在 80 万 t/a 以上的生产线,其电炉容量至少在 80t 以上,后面配置 1 套棒线材连轧机组、或板带连轧机组、或钢管连轧机组、或中厚板轧机。精炼装置,基本上是 LF/VD 或 VOD,只有浦项公司用 LF、RH。根据电炉流程生产的品种,作者认为,对电炉流程,采用 LF/VD 较合适,当冶炼周期小于 35min 时,可考虑 2 台 LF/VD 的配置,以适应冶炼周期的进一步缩短的需要和减少投资。

表 5.2 国内电炉炼钢流程的产品结构及装备配置实例

企业名称	电炉容量/t	精炼	连 铸	轧机配置	钢坯(材)产量/万 t · a^{-1}	典 型 品 种
舞阳	90	LF + VD	板坯连铸	4200 中厚板轧机	128	压力容器板,管线钢,低合金钢等
天津钢管	普通 150	VD	4 流弧形圆管坯连铸 ϕ210mm、ϕ270mm、ϕ310mm	PQF 三辊连轧管机组	120(118)	无缝钢管,合金钢石油套管,锅炉管,气瓶管等
安阳	Fuchs 100	100tLF	1 机 1 流板坯连铸	中板初轧 + 精轧	108	普通碳素钢,优质碳素钢,合金钢,中厚板
韶关	Consteel 90	LF(VD/VOD)	板坯连铸	炉卷轧机 3500	80	优质钢,微合金钢等
宝钢股份	双壳直流电炉 150	150tLF 150tVD	6 流 ϕ178mm,ϕ153mm,160mm × 160mm	钢管,高线	112	碳钢,低合金无缝管(油井管,高压锅炉管,结构管),线材
一钢公司	交流 100 × 2	LF、VOD	200mm × (750 ~1600) mm 板坯	1780mm 板带热轧机组	144	奥氏体、铁素体、马氏体及双相不锈钢板材,超低碳氮不锈钢板

续表 5.2

企业名称	电炉容量/t	精炼	连 铸	轧机配置	钢坯(材)产量/万 $t \cdot a^{-1}$	典 型 品 种
湘钢公司	直流 100×2	LF、VD	板坯连铸	宽厚板轧机	80	碳钢、优质钢、中厚板
五钢公司	直流 100,交流 60	LF,VD,VD/VOD,AOD	方坯连铸,5 机 5 流 140mm×140mm,160mm×160mm,180mm×180mm,220mm×220mm,3 机 3 流 160mm×160mm	棒线材连轧机组	120	碳钢及低合金钢,轴承钢,易切削钢,齿轮钢,超高强度钢,中高合金钢,高温合金,精密合金等
广州珠钢	交流 150×2	150tLF×2	2 机 2 流薄板坯连铸,(50~60)mm×(950~1350)mm	6 机架板带连轧机组	180	低碳高强钢系列,高强耐候钢系列,高强汽车板系列,管线钢系列等
淮钢	70t 超高功率电炉	70tLF	5 机 5 流全弧形小方坯连铸	18 机架棒线材全连轧	65.9	优质钢,螺纹钢,碳结构合金钢,弹簧钢,轴承钢,齿轮钢,管坯钢,冷镦钢等
兴澄	直流电炉 100t	LF100t,VD100t	5 机 5 流 300mm×300mm 大方坯连铸	17 架连轧;15 架半连轧;23 架线材轧机	100	轴承钢,齿轮钢,不锈钢等特殊钢

表 5.3 国外电炉炼钢流程的产品结构及装备配置实例

企业名称	电炉容量/t	精炼	连 铸	轧机配置	钢坯(材)产量/万 $t \cdot a^{-1}$	典 型 品 种
Ferriere Nord 公司	90tDanarc 电炉	LF	1 机 6 流方坯连铸 100mm×100mm~160mm×160mm 方坯	棒线材轧机	90(75)	螺纹钢,低碳钢棒材,低合金钢棒材
浦项钢铁公司	130t 双壳直流电炉	LF,RH	1 机 1 流(45~60)mm×(900~1350)mm 板坯	2R+5F 机组	100	碳钢,微合金钢等
墨西哥 HYLSA	135t 电炉×2	LF×2	2 机 2 流 50mm×(890~1372)mm 板坯	1 套 6 机架精轧机组	150	低碳钢,微合金结构钢等
西班牙 ACB 厂	150t 电炉×2	130t LF×2	580mm×(790~1560)mm 板坯	1 套 6 架精轧机组	180	结构钢,电工钢,微合金钢等

从电炉流程的工序过程到产品,可以归纳成图 5.6 所示的示意图。

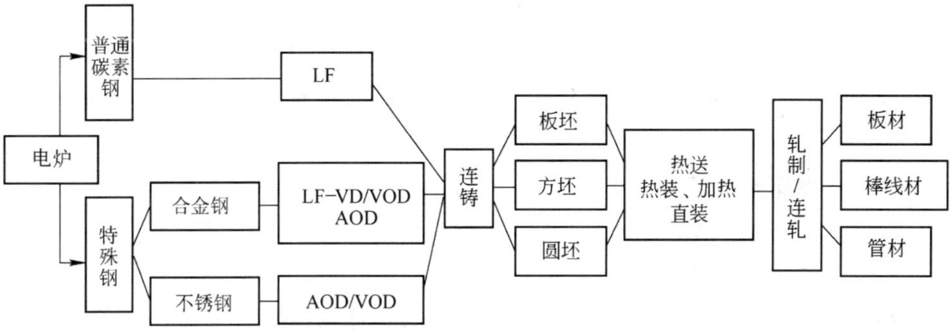

图 5.6 现代电炉流程从工序过程到产品示意图

按产品种类电炉流程可以分为:

(1) 棒材流程:电炉—炉外精炼—小方坯连铸“三位一体”短流程。

棒材在发展中国家的钢材消耗比例占有重要地位,棒材通常用于建筑、结构。多为碳素钢、低合金钢,直径一般为 ϕ12 ~ 40mm,大部分不超过 25mm。最好用容量为 50 ~ 100t 的电炉生产、连铸坯的断面为 120mm × 120mm ~ 150mm × 150mm 的小方坯。有的可用 160mm × 160mm 的小方坯。棒材轧机产能可达 80 万 ~ 120 万 t/a。

(2) 线材流程:电炉—炉外精炼—小方坯连铸—高速线材。

线材也是发展中国家的主要消费品种。用于建筑行业的线材直径一般为 ϕ5.5 ~ 16mm,卷重为 1.6 ~ 2.4t。铸坯断面一般为 135mm × 135mm ~ 150mm × 150mm,适合容量为 60 ~ 80t 的电炉冶炼。电炉线材轧机的产量可达 40 万 ~ 70 万 t/a。

(3) 合金钢棒材流程:棒材直径 ϕ16 ~ 75mm/90mm,产量 50 万 ~ 80 万 t/a。

棒材直径 ϕ16 ~ 75mm 或线材 ϕ5.5 ~ 22mm,相应轧机产量 50 万 ~ 70 万 t/a。

(4) 薄板坯连铸连轧流程:电炉(×2)—炉外精炼(×2)—薄板坯连铸(×2)—连轧机(×1)。厚度为 1 ~ 8mm。薄板坯连铸连轧薄板厚度可小于 1mm,主要厚度为 1.0 ~ 6.0mm。在厚度为 3mm 以下规格中,薄板坯占有很大的竞争优势。薄板坯连铸连轧产品将部分占有 1.0mm 到 2.2mm 冷轧带钢的市场。电炉薄板坯连铸连轧流程产量可达 180 万 ~ 200 万 t/a。

(5) 中板流程:电炉—炉外精炼—板坯连铸—中板轧机厚度为 4.5 ~ 50mm,宽度为 3300 ~ 4200mm。3.3 ~ 4.2mm 的中板轧机产量规模为 80 万 ~ 150 万 t/a。铸坯单重为 10 ~ 16t，电炉容量为 120 ~ 150t，铸坯宽为 1600 ~ 1800mm，厚度为 250 ~ 300mm。

（6）无缝钢管流程：电炉—炉外精炼—圆坯连铸。

无缝钢管具有不同的管径、不同管径的管轧机年产量不同。≥ϕ140mm 的无缝管轧机的产量为 50 万 ~ 70 万 t/a；<ϕ140mm 的无缝管轧机产量为 12 万 ~ 20 万 t/a。

（7）不锈钢板材流程：

1）电炉（×1）—转炉（×1）—真空冶金—板坯连铸（×1）—炉卷轧机。厚度为 2 ~ 8mm/12.7mm，产量为 80 万 ~ 100 万 t/a。

2）电炉（×1）—转炉（×1）—真空冶金—板坯连铸机—热带轧机。厚度为 2 ~ 12.7mm，产量为 100 万 ~ 150 万 t/a。

图 5.7 与图 5.8 分别是电炉 CSP 薄板坯连铸连轧“四位一体”及电炉—精炼炉—连铸“三位一体”中板流程的平面图[1,24]。

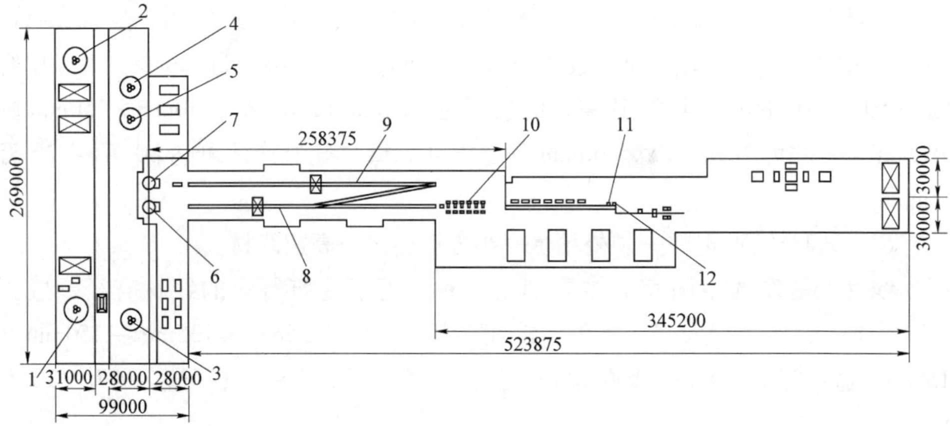

图 5.7　薄板坯连铸连轧作业线—紧凑型平面布置示意图

1—1 号电炉；2—2 号电炉；3—1 号 LF；4—2 号 LF；5—VD；6—1 号连铸；7—2 号连铸；8—1 号隧道式加热炉；9—2 号隧道式加热炉；10—6 机架连轧机；11—1 号卷取机；12—2 号卷取机

流程平面图属于冶金流程工程学三要素之一的“流程网络”范畴，流程平面图是否合理对流程的顺行、对生产率和效益具有重要影响。从图 5.8 可见，由于安钢一炼轧车间电炉三位一体流程是先建的，转炉三位一体流程是改造后建的，故如果要用转炉生产中板，车间调度就较困难。

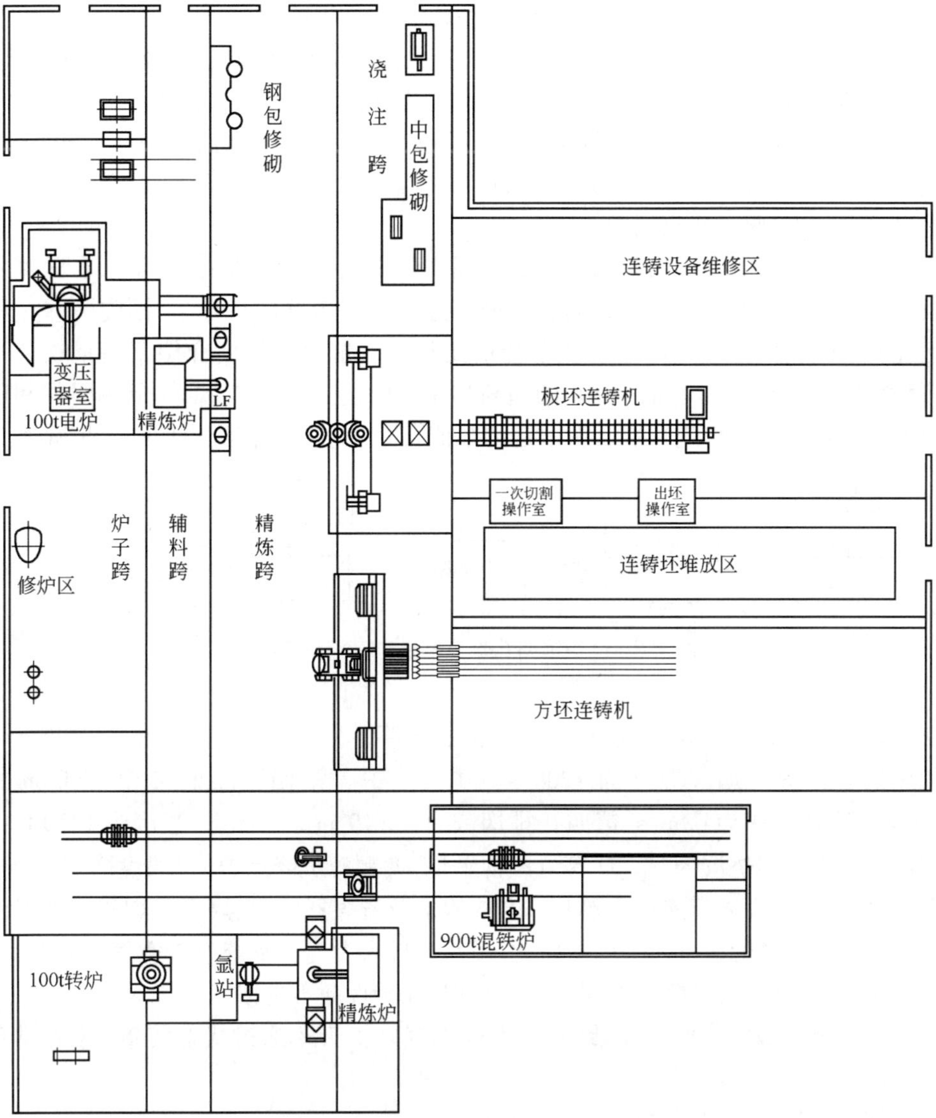

图 5.8 安钢股份公司第一炼轧厂炼钢—连铸车间平面图

5.4 电炉流程的节能减排

尽管电炉流程本身就是一个循环经济的产物，能耗、排放比高炉—转炉流程低，但也有进一步节能减排、减少污染的空间。采用和开发电炉节能减排的技术，有利于进一步促进我国钢铁工艺的可持续发展。在节能减排方面，近年来，我国在电炉烟尘处理(例如提锌)、废水处理、减少吨钢新水用量、熔渣利用电炉烟气余热回收和减少电炉烟气中 NO_x、SO_x 等方面做了大量工作。

从表 2.4 冶炼 1t 钢水实际能力平衡可知：电炉冶炼 1t 钢水过程中，有 251.24kW·h 的能量，将以各种不同形式损失掉，其中有的能够回收利用，有的不能回收利用，熔渣、炉气、烟尘、冷却水带走的部分显热有可能回收利用。

在节能方面，电炉烟气中带走的能量回收是重点，一是因为在熔渣、冷却水、烟气带走的热量中，烟气占有较大的份额；二是因为烟气的温度很高，并且连续不断地自炉中排出，便于回收利用。

烟气中带走的大量物理和化学热被损失掉是大家都知道的，近年来在国家发改委大力提倡节能减排，自主创新，走循环经济发展道路的指导下，国内一些企业已经着手做电炉流程如何进一步节能的工作了。这里只简要介绍莱芜钢铁公司（简称莱钢）一台公称容量为 50t 的超高功率电炉的工作[28]。烟气余热回收利用技术是结合除尘工作进行的。新改造的第四孔除尘系统工艺流程如图 5.9 所示。

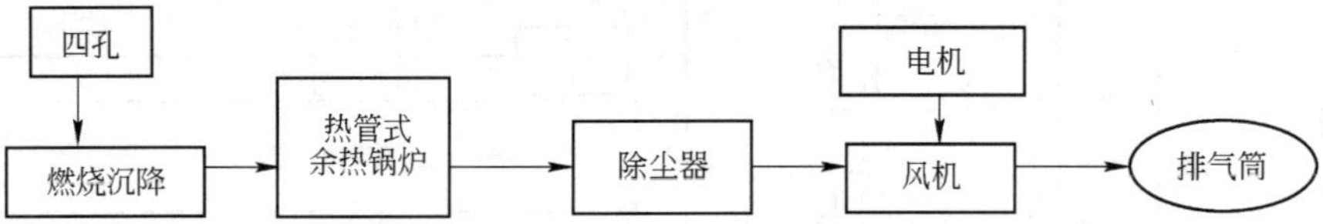

图 5.9　电炉第四孔除尘系统工程流程示意图

原理如下：

50t 电炉最大的出钢量 60t，在一定的条件下，脱碳烟气产生量约为 $5.6\times10^4m^3/h$（标态），烟气温度为 1200 ~ 1400℃。炉盖第四孔断面尺寸 1400mm × 700mm，出口流速为 60m/s，第四孔排烟量为 $4\times10^4m^3/h$（标态，温度为 1350℃）。高温烟气进入燃烧沉降室，CO 等可燃物燃烧，大颗粒沉降后，出口温度降至 800℃左右；烟气通过高温烟道进入热管式余热锅炉及省煤器后，经热交换烟气温度降到 140℃左右，通过管道进入除尘器净化，由风机排入大气。系统设有空气降温阀，当烟气温度过高时，打开降温阀混入空气降温，保护设备不受损坏。

另一部分烟气及加料、出钢时产生的烟气则由天车通过式捕集罩（原外排系统）收集。

烟气余热回收利用包括几个方面：

（1）供 VD 炉真空泵用汽。炼钢车间没有运行余热热管锅炉前，使用一台 15t/h 燃油蒸汽锅炉为 VD 炉真空泵提供蒸汽，VD 炉启动运行一次需 6.75t 蒸汽，消耗轻柴油 476kg。按 80% 炉次进行 VD 处理计算，每天启动运行 24 次、电炉作业率 95%，每吨国标柴油 4000 元，则每年消耗柴油 3961.3t，耗资 1584.5 万元。

余热回收产生蒸汽量为 20t/h，余热热管锅炉投入运行后，VD 炉真空泵全部使用余热锅炉产生的蒸汽。

（2）供生活用汽。没有余热热管锅炉前，炼钢区域冬季采暖和浴池用汽，全部由生活锅炉供应，采用新的回收系统后，该生活用水由新系统供给。

(3)除尘灰回收利用。将50t电炉除尘灰收集后与轧钢氧化铁皮、焦末等按一定比例制成冷压块,用作电炉炼钢原料,泡沫渣效果良好,脱磷速度明显加快,可缩短脱磷时间,降低钢铁料消耗,实现含铁二次资源的循环利用。

从图5.2可见,电炉冶炼1t钢,要排放CO、CO_2、SO_2、NO_x等155.61kg。它们对环境有污染作用。

在电炉烟气中有一种称为二噁英和呋喃(NO_x、SO_x)的有毒气体(白烟),这种气体对人的身体健康危害其大,以致欧洲的一些国家不主张采用废钢预热技术,因为他们认为在废钢预热中容易产生二噁英和呋喃。

日本Ecoarc炉子中,配备了一套烟气处理系统,用以处理和减少电炉烟气中的NO_x和SO_x。系统示意图为图5.10[29]。

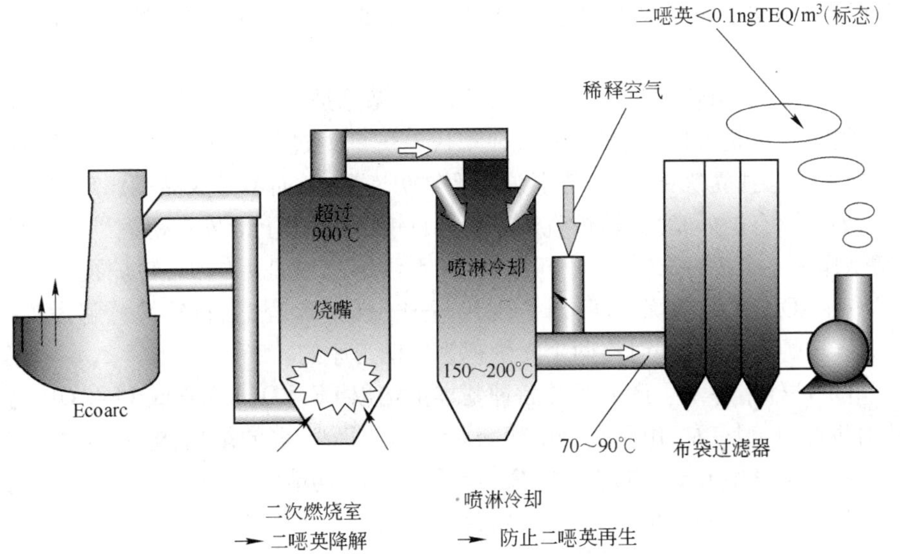

图5.10 Ecoarc的废气清洁系统

其原理如下,一台生产率为100t/h的Ecoarc炉子,从电炉中直接排出的气体的最大体积为600m^3/min(标态),温度为200℃,气体的CD数在0.6~0.7之间,这一气体被引导至二次燃烧室,烧嘴点燃废气中的CO、自燃烧导致气体温度超过900℃。燃烧室被设计用来容纳一定时间阶段产生的气体,以保证对废气的热处理,然后,该气体进入喷淋冷却室,被迅速冷到150~200℃,这一快速冷却避免了二噁英/呋喃的再生成。该气体然后再与稀薄空气混合,以进一步降低它的温度,以避免其被水蒸气饱和,由于这一气体低于饱和点,故可以利用通常的布袋过滤器而不致发生烟尘黏附问题。采用这一过程,二噁英/呋喃含量低于0.1ngTEQ/m^3(标态),同时使白烟和难闻气体物质分解。排放的气体能满足日本相应要求低于0.5ngTEQ/m^3(标态),由于应用了炉内自生成的CO,在燃烧室内的燃料消耗相应降低。

5.5　电炉流程的工序与“界面”

炼钢流程由若干工序与“界面”组成。

《冶金流程工程学》作者指出电炉流程正向着“一台大型超高功率电炉——一台与产品特征相应的精炼炉——一台连铸机——一部主力热连轧机”的优化工程体系演进，形成电炉—精炼—连铸—轧制四位一体的流程或炼钢—精炼—连铸三位一体的流程。

炼钢、连铸、轧制是工序，它们之间为“界面”，即炼钢与连铸的“界面”，连铸与轧制之间的“界面”。有关炼钢与连铸、连铸与轧制之间的“界面”技术，《冶金流程工程学》一书中已做了详细的介绍，本章只对炼钢连铸之间的精炼的属性发表一点认识。

精炼过程是由炼钢过程分解出来的，炉外精炼是一个独立的工序，但仍然属于炼钢过程，这也是现代炼钢的特点，在现代电炉炼钢过程中，电炉已经不像传统的电炉那样能够独立炼钢了，一般电炉产品是初炼钢水，而不是成品钢。现代转炉也一样，如果没有炉外精炼，转炉就难以冶炼特钢，更谈不上冶炼不锈钢了，因此将炉外精炼作为一个工序较合适。事实上，对不锈钢流程是将电炉、转炉视为炼钢工序，VOD/AOD 视为精炼工序；对于现代高炉—转炉流程，当将转炉分解为脱磷转炉、脱碳转炉时，也是同时将两个转炉视为炼钢工序的。

电炉炉外精炼对生产的各类品种基本上均以 LF/VD(VOD)或 LF/AOD 为佳。RH 对生产 IF 钢有利，由于废钢中残余元素 Cu、Ni、Cr 等的影响，电炉不生产 IF 薄板，故一般不采用 RH。电炉所生产的产品 LF/VD 均能满足，当冶炼周期与转炉流程相同时，为保证流程顺行，可采用两台 LF 流程，如图 5.3、图 5.4 所示。这时候，将电炉，两台 LF 作为一个整体均视为炼钢工序较合理。

参考文献

[1]　殷瑞钰. 冶金流程工程学[M]. 北京：冶金工业出版社，2005.

[2]　毕学工，著. 高炉过程数学模型及计算机控制[M]. 北京：冶金工业出版社，1996(冶金反应工程学丛书).

[3]　奥特斯 F，著. 钢冶金学[M]. 倪瑞明，等译. 北京：冶金工业出版社，1997(冶金反应工程学丛书).

[4]　肖兴国，谢蕴国，著. 冶金反应工程学基础[M]. 北京：冶金工业出版社，1997(冶金反应工程学丛书).

[5]　查金荣，陈家镛，著. 传递过程原理及应用[M]. 北京：冶金工业出版社，1997(冶金反应工程学丛书).

[6]　杨天钧，黄典冰，孔令坛，著. 熔融还原[M]. 北京：冶金工业出版社，1998(冶金反应工

程学丛书).
[7] 朱苗勇，萧泽强，著．钢的精炼过程数学物理模拟[M]．北京：冶金工业出版社，1998(冶金反应工程学丛书).
[8] 戴维，舒莉，著．铁合金冶金工程[M]．北京：冶金工业出版社，1999(冶金反应工程学丛书).
[9] 贺友多，等编著．传输理论和计算[M]．北京：冶金工业出版社，1999(冶金反应工程学丛书).
[10] 刘洪霖，包宏，著．化工冶金过程人工智能优化[M]．北京：冶金工业出版社，1999(冶金反应工程学丛书).
[11] 戴永年，杨斌，编著．有色金属材料的真空冶金[M]．北京：冶金工业出版社，2000(冶金反应工程学丛书).
[12] 沈颐身，李保卫，吴懋林，著．冶金传输原理基础[M]．北京：冶金工业出版社，2000(冶金反应工程学丛书).
[13] 王常珍，编著．固体电解质和化学传感器[M]．北京：冶金工业出版社，2000(冶金反应工程学丛书).
[14] 王国栋，刘相华，等著．金属轧制过程人工智能优化[M]．北京：冶金工业出版社，2000(冶金反应工程学丛书).
[15] 干勇，仇圣桃，萧泽强，著．连续铸钢过程数学物理模拟[M]．北京：冶金工业出版社，2001(冶金反应工程学丛书).
[16] 傅杰，著．钢冶金过程动力学[M]．北京：冶金工业出版社，2001(冶金反应工程学丛书).
[17] 任鸿九，等著．有色金属熔池熔炼[M]．北京：冶金工业出版社，2001(冶金反应工程学丛书).
[18] 王建军，包燕平，曲英，著．中间包冶金学[M]．北京：冶金工业出版社，2001(冶金反应工程学丛书).
[19] 韩至成，著．电磁冶金学[M]．北京：冶金工业出版社，2001(冶金反应工程学丛书).
[20] 蔡志鹏，梁云，张春霞，著．化工冶金模型实验研究及测试技术[M]．北京：冶金工业出版社，2001(冶金反应工程学丛书).
[21] 梅炽，等著．有色冶金炉窑仿真与优化[M]．北京：冶金工业出版社，2001(冶金反应工程学丛书).
[22] 刘纯鹏，著．Kinetics and New Technology in Nonferrous Metallurgy[M]．北京：冶金工业出版社，2002(冶金反应工程学丛书).
[23] 王新江，傅杰，李晶．现代电弧炉高效化生产与流程工程学问题[A]．现代电炉炼钢流程与工程论文集[C]．北京：冶金工业出版社，2005：142-146.
[24] 张春霞，胡长庆，殷瑞钰．新一代钢铁制造流程的生态化研究[A]．2008年两岸冶金学术研讨会论文集[C]，高雄：中国台湾中钢公司，2008：95-104.
[25] 傅杰．关于我国特钢发展的思考[J]．冶金管理，2006，(10).
[26] 傅杰，史美伦．现代炼钢流程冶炼工序的共性问题[J]．中国冶金，2005，(12).
[27] 康永林．现代电炉流程的电炉与轧机匹配问题探讨[A]．现代电炉炼钢流程与工程论文

集[C]. 北京:冶金工业出版社,2005: 168 - 172.
[28] 王连广, 李猛, 马估仓. 50t电炉节能与烟气余热回收技术[R]. 莱钢特殊钢厂技术资料, 2007.
[29] 傅杰, 王中丙, 兰德年, 等. 现代电炉炼钢技术的发展、问题及对策[A]. 电炉炼钢学术会议论文集[C]. 广州: 2002: 1 - 19.

6 电炉高附加值钢

6.1 电炉高附加值钢概述

2000 年,我国热轧钢板的市场价格很低,特别是普通热轧板价格更低。珠钢按产品大纲主要生产普通钢板,由于采用电炉—CSP 生产线,电炉生产的原材料价格高,当地电及氧气价格高,企业亏本,不少同志对企业的生存和发展没有信心,担心我国的薄板坯连铸连轧技术的前景是否光明。在这种情况下,作者和珠钢年轻的技术人员和工人们合作,提出了生产高附加值产品的对策,认为尽管成本高,只要生产的产品附加值高,企业仍能盈利。正是由于珠钢坚持了生产高附加值产品的方向,加上市场的变化使企业摆脱了困境,取得了显著的经济效益,也坚定了在我国发展薄板坯连铸连轧技术的信心。在珠钢工作的促进下,2002 年 3 月,中国工程院产业科学技术委员会成立了“薄板坯连铸连轧技术交流与开发协会”,引导、促进了中国的薄板坯连铸连轧技术的飞速发展,使我国薄板坯连铸连轧技术进入了国际先进行列。

在目前我国废钢及电力仍然紧缺,电炉钢与转炉钢相比,成本仍然较高的条件下,要使电炉钢厂能够盈利,能够生存和发展,仍然必须坚持生产高附加值钢的方向。

高附加值产品因时、因地具有不同的意义。甲地由于其资源靠近市场等方面的条件与乙地不同,同样市场价格,甲地的附加值比乙地可能有所差别;同样产品某一时期市场价格高,不同时期的市场价格又可能降低。目前电炉高附加值钢包括:

(1)转炉流程不适合生产的高合金钢、高温合金等。在一些高合金钢、高温合金等中,含有大量的合金元素包括难熔的钨、钼、铌、钛等元素,如果它们只能在炉外精炼过程中加入,则会延长炉外精炼的时间,使整个流程从时间上不匹配,另外钢及合金的成分均匀性会受到影响,对于那些不能连铸的钢种,铸锭工序会很困难,是因为转炉的节奏很快。

(2)转炉流程能够生产,但目前在国内产量还不大的一些合金钢种,也就是通常所谓的特钢。在特钢中,例如轴承钢、合金结构钢、合金弹簧钢、不锈钢、优质碳素钢棒材及硬线等,它们能够用转炉生产,在日本这些钢大部分是用转炉生产的,近年来我国转炉流程增加了铁水预处理和钢液炉外精炼,也开始用转炉流程来生产特钢。但目前在国内用转炉流程生产的特钢产量还不大,这就使得用电炉生产特钢尚有较大的市场空间。尤其是一些军工产品,由于定型难,军方花费了大量试车的费用与工作,即使它们用转炉流程已能够生产,但军方不愿意重复试车,仍然采用试车时通过的电炉产品。

(3)过去仅能用转炉生产的,现在电炉流程也能生产的一些品种,例如板材。由于现代电炉冶炼周期大大缩短,电炉流程也能连铸薄板、中板、厚板,例如珠钢电炉 CSP 薄板,安钢的中板,舞阳钢厂的厚板,金属收得率可以与转炉媲美,提高了市场竞争力,尤其对有些钢种,例如含 Cu、Ni、Cr 的集装箱板 SPA-H,用电炉冶炼,以废钢中的残存元素作合金料,更具有优势。但生产实践表明,用电炉流程生产板材比不上用高炉—转炉流程生产。

(4)优质普钢。

目前世界上特钢产量占整个钢产量比例小于 15%(美国、日本特殊钢比例约占 15%),世界主要产钢国家特钢生产及消费情况,列于表 6.1。

表 6.1　世界主要产钢国家特钢生产及消费情况

国家	2003 年钢产量/万短吨①	2000 年特钢表观消费量/万短吨①	2003 年特钢表观消费量/万短吨②	2003 年特钢占总钢产量比例/%①
日本	11054	1557.56	1670.95	15.11
美国	9057	1294.94	1363.05	15.04
韩国	4629	498.41	526.12	11.36
德国	4486	1069.6	1072.06	23.90
意大利	2669	493.74	497.59	18.64
法国	1973	143.44	148.89	7.54
英国	1331	81.11	79.89	6.00
瑞典	572	181.19	188.58	32.96

① 根据国际钢铁协会提供及中国钢铁工业协会 2003 年 China Steel Industry 对外发表数据编制。

② 2003 年特钢表观消费量是根据 2000 年表观消费量,假设特钢增长率与粗钢产量增长率相同的计算值。

中国 2003 年合金弹簧钢、合金结构钢、滚珠轴承钢、合金工具钢、高合金工具钢、不锈钢总产量为 1098 万 t,总钢产量为 22241 万 t。2005 年特钢总产量为 1132 万 t,钢总产量约为 3.5 亿 t,特钢占总钢产量的比例小于 5%。

由上述数据可见,世界上,美国、日本特钢比例约为 15%,一些欧洲国家例如德国、瑞典、意大利等比例更高,而我国特钢只占钢总产量的很小部分,每年进口钢材主要是特钢和优质钢材。世界上和我国特钢主要是由电炉和转炉生产出来的,进一步的生产统计会发现,虽然转炉也能生产特钢,但我国特钢目前主要是由电炉厂生产的,不应从个别国家用转炉生产特钢的比例高于电炉而过多地宣传转炉厂生产特钢的优势。发展特钢有利于我国由钢铁大国变为钢铁强国,重点应发展电炉流程。作者早年曾宣传过应采用转炉流程来生产特钢，特别列举了日本用转炉生产特钢的例子，旨在引起人们对转炉生产特钢的重视[1]。

世界上特钢的产量占钢总产量的比例是15%左右，2006年世界电炉钢比例为32%，这就是说世界上电炉在大量生产普钢，但多为优质普钢，例如使用量很大的螺纹钢，基本上是高强度、高性能的Ⅲ级或Ⅳ级螺纹钢。我国螺纹钢多用转炉小方坯连铸，大多为Ⅱ级螺纹钢，成本比电炉生产的低，如果电炉生产普钢Ⅱ级螺纹钢，显然不会具有高附加值。如果电炉只限于生产特钢，那么现代电炉炼钢在我国难以进一步发展。

下面着重介绍几种优质普钢，即具有高附加值的普钢，电炉可以大量的生产。

6.2 电炉 CSP 集装箱板的生产与研发

我国是世界上最大的集装箱生产国，2000年左右，我国集装箱产量占世界集装箱总产量的70%。广东省是全国最大的集装箱生产基地之一，珠三角地区对集装箱板的需求每年高达100万t左右，约占全国的一半以上。由于集装箱制造业对钢耐大气腐蚀性、钢材韧性和焊接性能、成型性能等方面质量要求严格，过去我国主要靠进口，20世纪90年代末，国内仅宝钢、武钢和鞍钢三个厂家可以生产集装箱板。

珠钢投产以后，由于国内废钢资源不足，需大量进口高价废钢，加上广东地区电费高，氧气也比外地贵，导致生产成本高，企业亏损。面对世界性的钢材降价，电炉生产线举步为艰，珠钢在这种情况下，如何在竞争中求得生存？我国的第一条薄板坯连铸连轧线能否得到发展？珠钢和北科大合作，决定开发高附加值钢，从而使得企业在高生产成本条件下，通过产品货价更高来盈利。集装箱板是第一个要开发的产品。

珠钢的电炉 CSP 生产线是从国外引进的，外国供货公司的专家们认为 CSP 生产线不能生产集装箱板，因此在产品大纲中不同意列入集装箱板用钢，尽管珠钢根据地处广东这一特点希望将集装箱板列入产品大纲，但最终在合同中主要列出了碳素钢等品种。

用电炉 CSP 工艺生产集装箱板在世界上没有先例，为什么珠钢要坚持开发集装箱板呢？这是由于集装箱板是一个高附加值产品。因为：

(1) 市场需求大。图6.1为1995年以来全国集装箱的需求及国内生产量的情况[2]。由图可见，中国集装箱行业的发展，国内对集装箱板的需求不断增长，国内每年都要进口大量的集装箱板，企业能生产集装箱板，一定会有很好的市场，能够盈利，除货价高外，还能得到退税的优惠，当时退税率达10.5%，特别值得指出的是1.6mm厚的薄规格集装箱板的价格比不小于3mm厚的集装箱板的价格高，发展薄规格热轧直供的集装箱板尤为有利。

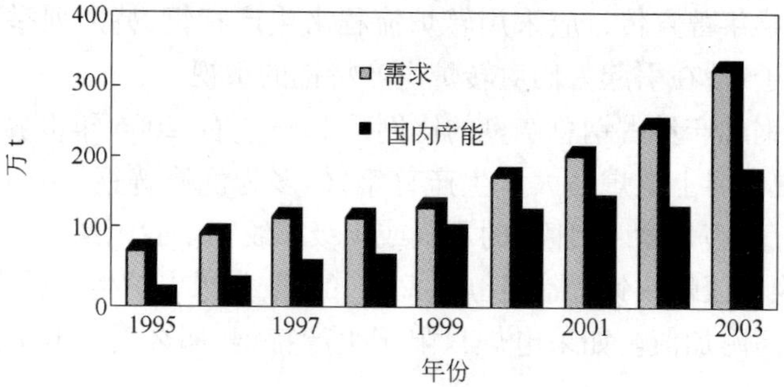

图6.1 中国集装箱板市场的供求情况

(2) 以废钢中的残余元素Cu、Ni、Cr代替合金料,采用价格较便宜的废钢作原料,可以降低成本,在相同的价格条件下,产品附加值高。

(3) 从国外进口集装箱板,从签订合同到产品抵达集装箱厂大约需要3个月,从国内订货大概需要1个月,而用户往往一提供订单,就要求很快供货,集装箱制造厂家为满足用户需要得到订单,只好不惜流动资金周转慢,建立较大的仓库,增加仓储成本。珠钢距集装箱生产厂家近,订货后3~7天即可供货,这就可以加快集装箱生产厂家的资金流动,减少他们的仓储、运输成本,接受较高的定价。

6.2.1 电炉CSP生产线生产集装箱板的难点

在珠钢决定开发用电炉CSP生产集装箱板的时候,首先分析了用电炉CSP生产集装箱板的难度。

欧美国家20世纪20年代开始研发耐大气腐蚀钢,40年代初把Corten钢纳入标量生产,加以系列化,在Cu-P-Cr基础上,出现了Cu-P-Cr-Ni、Cu-P-Cr-Mo等系列。我国从60年代开始结合本国资源条件研发Cu系、Cu-P系、Cu-P-Ti-Re系耐大气腐蚀钢。国家有关技术标准机构制定了两个耐大气腐蚀钢国家标准,一是高耐候性结构钢标准GB4171—84,二是焊接结构用耐候钢标准GB4172—84。目前国内主要执行GB4171。共有3个牌号:09CuPCrNiA,09CuPCrNiB,09CuP。其中09CuPCrNiA用量最大,相当于美国的CortenA,日本的SPA-H。其化学成分标准要求[C]≤0.12%,对从德国、日本引进的SPA-H及国内宝钢及武钢生产的SPA-H实物分析结果得知,他们生产的SPA-H钢板中[C]=0.09%~0.11%,这样成分的碳含量在常规生产流程中没问题,而用CSP工艺时就会产生困难,因为[C]=0.09%~0.11%正处于包晶区。被认为CSP不能生产包晶钢。

浇铸包晶钢容易拉漏,是因为:

(1)当钢中碳含量为0.09%~0.16%时,在钢液凝固过程中,发生包晶反应$\delta_{Fe}+L=\gamma_{Fe}$,$\delta_{Fe}$的密度比$\gamma_{Fe}$小,相同条件下,凝固时由$\delta_{Fe}$转变成$\gamma_{Fe}$时体积收缩大。

(2) CSP 工艺拉速高,结晶器及二冷区冷却强度大,热流密度大。

(3) CSP 技术采用漏斗形结晶器,上部为漏斗形,下部为矩形,过渡区阻力大,铸坯出结晶器要经历变形,加上高温薄坯壳强度低,易破损,导致漏钢。

为了用电炉 CSP 生产集装箱板需要克服的第二个困难就是如何解决电炉钢中氮含量高的问题。美国电炉钢中的氮含量较高,在 20 世纪 80 年代末 90 年代初,平均为 0.0080% ~0.0120%,第 3 章中所述钢中溶解氮含量高,会使低温韧性降低,热脆转变温度升高,焊接性能降低,$\bar{r}$值降低,冲击变形性能变差。珠钢也发现氮含量升高导致冷弯裂纹增加,见图 6.2[3],有关自由氮对钢性能恶化的机理有待进一步研究。

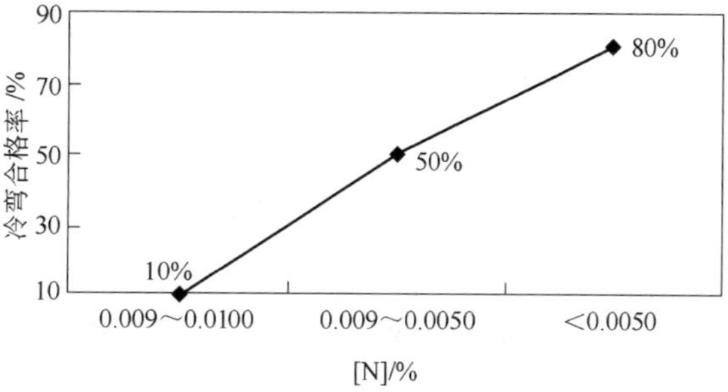

图 6.2 冷弯裂纹出现率与氮含量的关系

6.2.2 生产集装箱板的技术措施

根据上述生产集装箱板的两个难点,采用了以下技术措施:

(1)控制钢中的碳含量,[C]≤0.06%这一措施实质上使钢的成分避开包晶区。之所以不是将[C]控制为小于 0.09%(包晶区的下限)是因为连铸过程中,当钢液处于液固两相区时,液相中的成分会高于固相中的成分及钢的平均成分,[C]=0.07%~0.08%时,液相成分可能大于 0.09%,进入包晶区,引起漏钢。

当时,担心[C]≤0.06%,比国内外生产集装箱板的厂家[C]控制低,是否能达到用户要求的强度。因为用户要求珠钢生产的集装箱板的强度达到国内生产集装箱板的实物水平。考虑到薄板坯连铸连轧热轧薄板具有强度高的特征,认为在[C]低的条件下有可能得到高强度的集装箱板,故大胆地试生产了[C]≤0.06%的集装箱板。结果性能满足了用户的要求,如图 6.3、图 6.4 所示[2]。

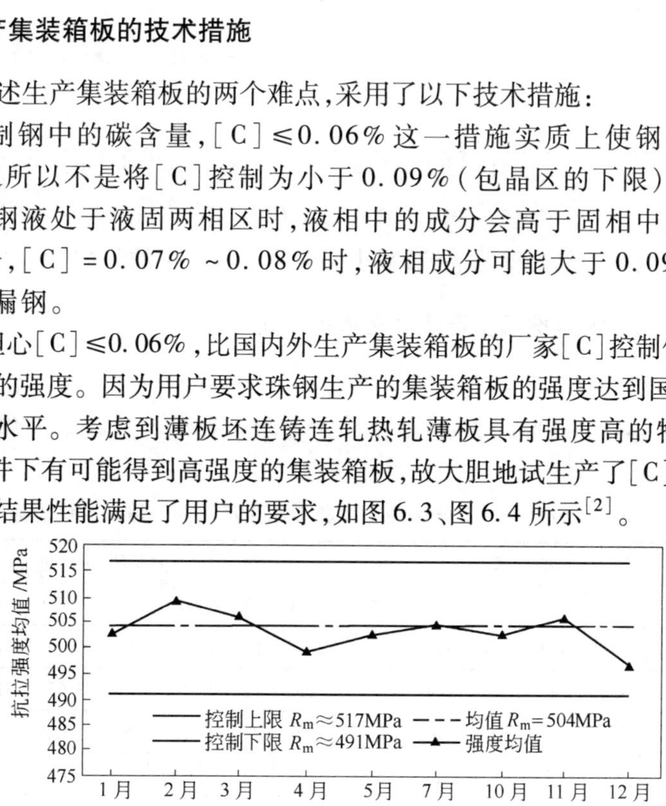

图 6.3 SPA-H 的抗拉强度

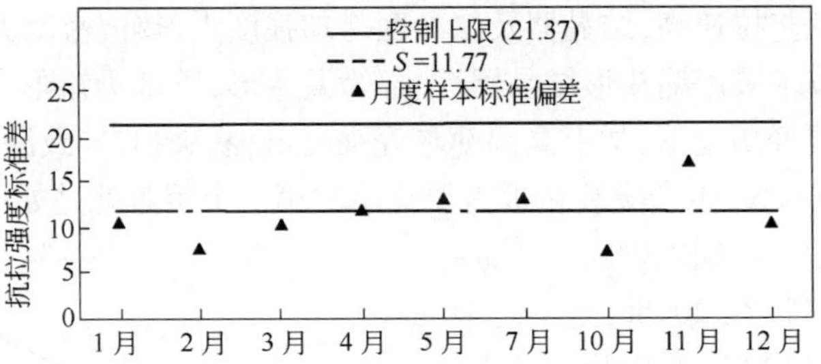

图 6.4 SPA-H 抗拉强度标准差

(2)将[N]控制在 0.005% 以下。在试生产过程中,试验炉号集装箱板的[N]控制在 0.005% 以下,第一炉试验钢材上的[N] = 0.0044%,自由氧 = 0.0006%,大生产中 SPA-H 的氮含量略高,约为 0.0060%,见图 6.5。连铸过程平均增氮约 0.0010%。

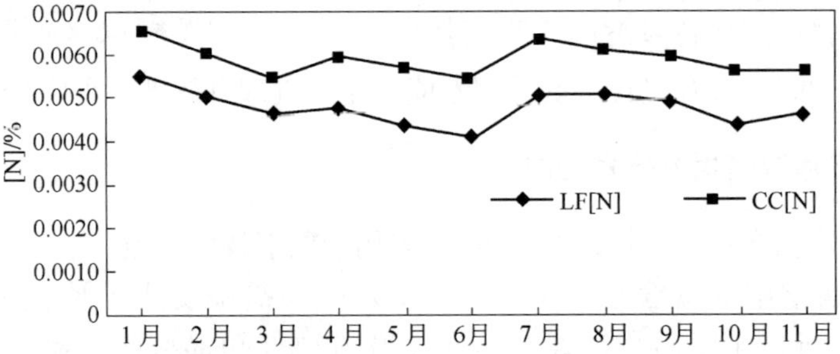

图 6.5 珠钢 2003 年 SPA-H[N]的控制情况

(3)适当减小结晶器壁的热流,减小钢液凝固过程中的收缩量。

6.2.3 2000~2005 年珠钢生产集装箱板的状况

珠钢生产的集装箱板的质量得到了国内外用户的好评,产量与市场份额不断上涨。表 6.2 显示了 2000~2005 年国内主要集装箱生产厂家生产集装箱板的产量与市场份额[2]。

表 6.2 2000~2005 年国内主要集装箱生产厂的产量与市场份额

企业 / 年份	珠钢		鞍钢		宝钢		武钢		国内其他		进口		合计	
	万 t	%	万 t	%	万 t	%	万 t	%	万 t	%	万 t	%	万 t	%
2000	0	0	3.3	1.8	92.7	51.5	24.6	13.7	4	2.2	56	31.1	180	100
2001	0.5	0.2	4	1.9	80	38.1	23	11.0	10	4.8	67	31.9	210	100
2002	30	12.0	26	10.4	42	16.8	17	6.8	13	5.2	122	48.8	250	100
2003	55	16.7	54	16.4	32	9.7	17	5.2	15	4.5	157	47.6	330	100
2004	125	27.1	85	18.4	50	10.8	50	10.8	12	2.6	140	30.3	462	100
2005	84	23.8	65	18.7	45	12.8	45	12.8	20	5.7	93	26.4	352	100

表 6.3 为 2000 ~2005 年薄规格(≤2mm)集装箱板生产比例。

表 6.3　2002 ~2005 年珠钢薄规格(≤2mm)集装箱板生产比例(%)

时间	1 月	2 月	3 月	4 月	5 月	6 月	7 月	8 月	9 月	10 月	11 月	12 月
2002 年	0	0	51.8	41.8	61.7	56.4	36.6	51.5	52.5	65.5	36.6	30.6
2003 年	24.7	28.1	56.5	22.6	37.7	38.4	43.4	40.8	19.1	29.6	31.1	25.8
2004 年	21.1	20.8	24.8	4.1	49.7	50.2	33.4	44.3	44.3	41.6	46.6	51.2
2005 年	31.8	46.6	45.7	46.9	42.9	37.4	21.6	4.6	40.0	37.5	34.4	36.2

由表 6.2、表 6.3 可见:近年来,我国集装箱板的生产不断上涨,珠钢年产集装箱板产量已超过 100 万 t/a,薄规格产品(1.6mm 左右)的比例也比较大,最高达 60% 以上。但是,我国每年仍需大量进口集装箱板,特别是薄规格的集装箱板,因为集装箱制造业需要 50% 左右的集装箱板为薄规格产品。

6.2.4　集装箱用钛微合金化高强耐候钢的研发

为了进一步开发高附加值产品,通过市场调查发现在进口的公路用集装箱上应用了强度更高的集装箱板 Corten700。为此珠钢与北科大合作进行了高强耐候钢的预研。

实验室条件下,试验钢的化学成分为表 6.4 所示,力学性能见表 6.5。

表 6.4　实验钢的化学成分(%)

编号	C	Si	Mn	P	S	Ni	Cr	Mo	Cu	V	Ti	Nb	Al	Al_s	O	N
1	0.043	0.13	2.03	0.010	0.0015	0.03	0.19	<0.01	0.02	0.023	0.021	0.045	<0.005	0.0011	0.0026	0.0008
2	0.049	0.10	2.34	0.009	0.0022	0.03	0.04	<0.01	0.03	0.010	0.046	0.040	<0.005	0.0012	0.0066	0.0014
3	0.050	0.14	1.98	0.010	0.0037	0.03	0.41	<0.01	0.02	0.028	0.069	0.045	0.085	0.0888	0.0012	0.0018
4	0.051	0.10	2.01	0.011	0.0018	0.03	0.06	<0.01	0.03	0.020	0.085	0.041	0.010	0.0034	0.0019	0.0009

表 6.5　实验钢的力学性能

编　号	$\sigma_{0.2}$/MPa	σ_b/MPa	$\sigma_{0.2}/\sigma_b$	伸长率/%
1	574	715	0.80	15.6
2	575	674	0.85	17.9
3	623	770	0.81	10.7
4	648	749	0.90	16.4

由表 6.4 及表 6.5 可见:随试验钢中 Ti 含量的提高,$\sigma_{0.2}$ 升高,当 Ti 含量为 0.07% ~0.085% 时,抗拉强度可达 700MPa 级。考虑到文献[4]指出的:对不含 Ti 的钢种,V 和 V-N 钢中没有发现碳氮化合物;V-Nb 钢中,在基体上观察到了在原始奥氏体晶格上存在立方体颗粒,并且伴随有复合颗粒,其尺寸为 50 ~100nm(平均为 68nm)。这种立方体颗粒既含 V,也含 Nb,V/(V + Nb)原子比为 0.29。复合

颗粒则由 V、Nb、Al、O 等组成，V/(V + Nb)原子比为 0.41。V-Nb-Ti 钢的主要析出物是分布在原始奥氏体晶格上的立方体颗粒，一些立方体颗粒有正在生长中的十字型颗粒的外貌特征。立方体颗粒的尺寸为 10～60nm(平均为 27nm)，V/(V + Nb)原子比为 0.32。Ti/(V + Nb + Ti)原子比为 0.38。十字型颗粒臂长在 10～60nm 之间(平均27nm)。在 V-N 钢中还发现有 AlN + MnS 粒子，尺寸比较大，约为几百至 1000nm。可见：V、V-N、V-Nb 钢中析出的粒子，尺寸均大于 40nm，Ti 使粒子的尺寸变小，可小于 40nm。根据 Asbby-Orowam 公式计算出尺寸为 40nm 以上的纳米析出物的析出强化作用对钢强度的贡献不大。又根据 HSLC 钢力学性能与成分、冶炼、轧制工艺相同的 HSLA 钢的力学性能相当，在生产试验条件下，只加 Ti 不加 V 和 Nb，开发出了低成本、高强度、高附加值的 Ti 微合金化的高强耐候钢集装箱板，并形成了系列[5]。强度性能如图 6.6 所示，与从国外引进的 Corten700 热轧板的强度等力学性能相当，见表 6.6。

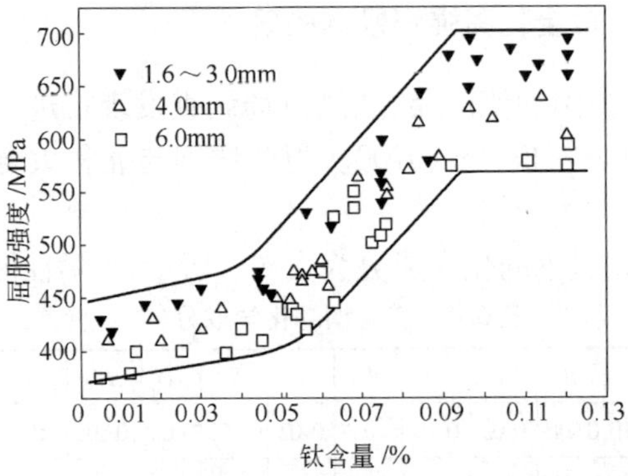

图 6.6　钛含量对高强度集装箱板屈服强度的影响

表 6.6　700MPa 级高强耐候钢的力学性能

力学性能	热轧板厚度/mm	钛含量/%	$\sigma_{0.2}$/MPa	σ_b/MPa	δ/%	$\sigma_{0.2}/\sigma_b$
试验钢	6	0.085	648	749	16.4	0.90
进口钢实物	3	0.125	675	735	19.0	0.92
生产钢 ZJ700N	3	0.100	≥700	≥750	≥12	0.93

6.3　HSLC 钢

6.3.1　HSLC 钢成分设计要点

与集装箱板一样，HSLC 钢要根据电炉 CSP 的特点来设计它的成分：

(1) 钢中碳含量要避开包晶区，与集装箱不同，它的碳含量可高于包晶区的上限，即[C] >0.16%。当钢中碳含量为 0.16% 时，凝固过程中液固两相区的液相碳含量高于 0.16%，已经在包晶区外。

(2) [N]≤0.005%，使钢中自由氮小于0.0010%。

(3) 钢中要有一定的铝含量。

曾研究过 HSLC 钢 ZJ330 中铝对钢组织性能的影响，结果表明：钢中酸熔铝在0.0047%～0.0430%范围内，热轧板的晶粒度及强度差别不大，没有呈现随 Al 含量增高晶粒细化的规律，故铝的作用可能不是生成 AlN 以细化晶粒[6]。

通过几年的生产实践，作者认为薄板坯连铸连轧低碳钢中铝的作用主要是通过与钢中杂质元素的交互作用对钢中氧、硫、氮等进行控制，从而通过对纳米析出物的控制以影响钢的组织性能。

用 V、Nb、Ti 微合金化的 HSLA 钢在过去的40多年中获得了迅速发展，2000年左右，世界总产量约为8000万 t/a，近年来用 V、Nb、Ti 微合金化的 HSLA 钢在我国广泛应用。1998年为280万 t，21世纪我国钢总产量迅猛增加到5亿 t/a 左右，与1998年相较，增加了约400%，估计 HSLA 钢的总产量会超过1000万 t/a，这样每年消耗的 V、Nb、Ti 资源也是相当可观的。

HSLA 钢的一个重要发展方向是低成本、高性能。20世纪90年代以来，薄板坯连铸连轧技术获得了革命性的进展，在降低成本方面，其重要性可以与用转炉取代平炉、用连铸取代模铸媲美，美国用电炉薄板坯连铸连轧工艺生产出了用 V、Nb、Ti 微合金化的 HSLA 钢，其屈服强度为310～550MPa，并开发出了屈服强度为700MPa 的 HSLA 钢种，但其中大部分是用 V 或 Nb 微合金化、屈服强度为310～410MPa 的 HSLA 钢。

珠钢建立的电炉 CSP 线是我国第一条薄板坯连铸连轧线，为生产高附加值钢，降低生产成本，珠钢与北科大合作，开发出了低碳高强度(High Strength Low Carbon)钢，简称 HSLC 钢，它是在普通碳素钢 Q195(SS330)及 Q235(SS400)、低合金钢(16Mn)成分或微合金钢 Q345 成分基础上发展起来的一类钢，其特征是不添加微合金元素 V、Nb、Ti，屈服强度可达到400～450MPa 级[7,8]。

6.3.2 HSLC 钢的力学性能

珠钢用电炉 CSP 工艺生产的 HSLC 钢 ZJ330 的化学成分列于表6.7，室温拉伸性能如图6.7、图6.8所示。

表6.7 CSP 工艺生产的 HSLC 钢 ZJ330 的化学成分(%)

标 准	C	Si	Mn	P	S	Cu	Al
CSP-ZJ330	≤0.06%	≤0.10	≤0.50	≤0.025	≤0.035	≤0.20	0.025～0.040
GB700-SS Q195	0.06～0.12	≤0.30	0.25～0.50	≤0.045	≤0.050	≤0.30	

在 Q235 成分基础上发展起来的 ZJ400 钢的屈服强度可达到400MPa 级，并具有高的伸长率，在低合金钢16Mn 或微合金钢 Q345 成分基础上发展起来的 ZJ510、ZJ550 的屈服强度可达450MPa 以上，见表6.8、表6.9。

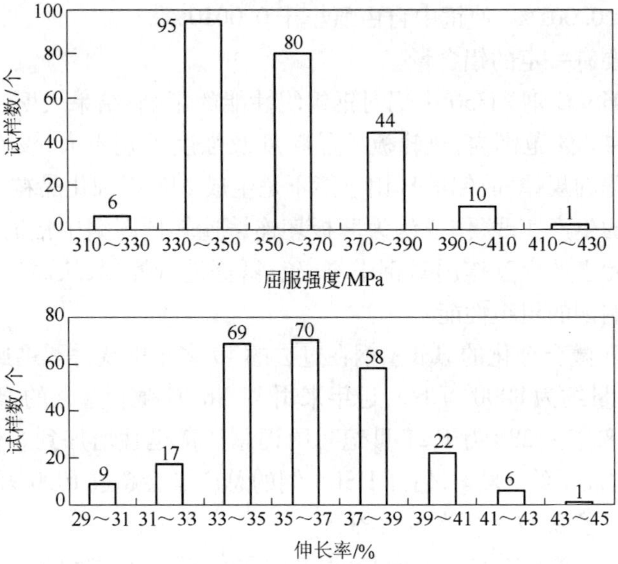

图 6.7　HSLC 钢 ZJ330 的屈服强度和伸长率

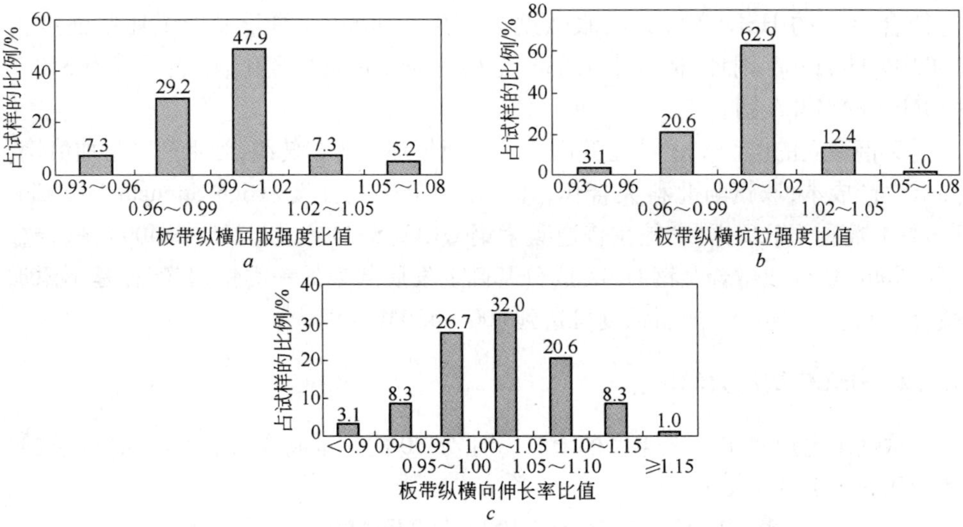

图 6.8　HSLC 钢 ZJ330 热轧板材纵横向 σ_s、σ_b 和 δ 比值

由表 6.8 及表 6.9 可见，HSLC 钢中［C］、［Mn］增加时，钢的强度升高，ZJ330 与 Q195 相较，ZJ400 与 Q235 相较，ZJ550 和 16Mn，Q345 相较，HSLC 钢的强度比 Q195、Q235 或 16Mn、Q345 的标准要求将近提高了一倍，并具有较高的伸长率。

HSLC 钢还具有较高的冲击韧性和较低的韧脆转变温度和良好的成形性能，不同温度下的冲击韧性及韧脆转变温度见表 6.10。

HSLC 钢像 HSLA 钢一样[10]，同一个成分的一块钢板或相近成分的不同钢板，通过不同的轧制冷却工艺可以得到不同级别的力学性能，我们把这种不同的控轧控冷工艺称为柔性控轧控冷（Flexible TMCP 或 F-TMCP）。从表 6.8 可知，对于 HSLA 钢，同成分 5 号、6 号，σ_s 可以是 402MPa，也可以是 456MPa；对于 HSLC 钢，11 号、12 号成分相近，σ_s 可以是 408MPa，也可以是 492MPa。

HSLC 钢的强度与类似成分的 HSLA 钢的强度相当[7]，美国纽柯钢厂 Crawfordsville 和 Berkeley 的 HSLA 钢的强度及成分见表 6.11、表 6.12[10,11]。

表 6.8 CSP 工艺生产的 HSLC 钢与 HSLA 钢性能对比

No.	钢种	厚度/mm	C/%	Mn/%	Si/%	S/%	V/%	Nb/%	Al/%	N/%	$d/\mu m$	σ_s/MPa	σ_b/MPa	δ/%
1	HSLA	3.0	0.05	0.74		0.0070	0.049		0.032	0.0091		378	461	29.2
2		6.3	0.05	0.76		0.0070	0.052		0.032	0.0084		361	461	30.8
3		4.7	0.05	1.07		0.0070	0.060		0.032	0.0083		392	498	26.8
4		2.1	0.05	0.80		0.0070	0.052		0.032	0.0076		393	470	25.2
5		6.3	0.055	1.10				0.045		0.0090		402	486	32.7
6												456	547	32.2
7		7.0	0.074	1.42	0.32	0.0010		0.038	0.037	0.0100	8.02	398	498	34.0
8	HSLC	2.0 ~ 6.0	0.05	0.30	0.06	0.0049			0.02 ~ 0.04	< 0.0050	5 ~ 6	387	433	33.0
9		6.0	0.06	0.61	0.17	0.0060			0.015	< 0.0050	8.22	439	494	31.5
10		6.0	0.18	0.56	0.21	0.0030			0.028	< 0.0050	6.86	437	543	29.4
11		6.0	0.17	1.21	0.28	0.0040			0.024	< 0.0050	5.68	492	597	27.8
12		6.0	0.16	1.22	0.30	0.0030			0.037	< 0.0050	7.87	408	566	34.0

表 6.9 珠钢 ZJ550L 钢板的平均力学性能[9]

厚度/mm	σ_s/MPa	σ_b/MPa	δ/%	屈强比	备 注
4.0	485	600	31.0	0.81	横向
5.0	470	607	26.5	0.77	横向
6.0	455	603	26.5	0.76	横向

表 6.10 HSLC 钢在不同温度下的冲击韧性 a_{KV} 及韧脆转变温度[9]

牌号	厚度/mm	a_{KV}/J·cm^{-2}							韧脆转变温度/℃
		20℃	0℃	-20℃	-40℃	-60℃	-80℃	-100℃	
ZJ510L	6.0	130.0	120.0	130.0	107.5	83.8	83.8	15.0	-81
ZJ550L	5.0	144.4	142.0	139.0	136.0	139.0	79.0	75.0	-90
ZJ550L	6.5	158.8	143.8	140.0	132.5	82.5	42.5	18.8	-77
ZJ550L	8.0	150.0	142.5	137.5	132.5	87.5	58.8	23.8	-60

表 6.11 美国 Crawfordsville 电炉—CSP 厂生产不同强度级别的 HSLA 钢的成分(质量分数/%)

屈服强度级别/MPa	C	Mn	P	S	Si	Al	V	N
275	0.04/0.07	0.30/0.35	≤0.02	≤0.01	≤0.03	0.02/0.05	0.015/0.030	0.009/0.013
310	0.04/0.07	0.50/0.60					0.025/0.035	0.010/0.014
340	0.04/0.07	0.70/0.80					0.045/0.055	0.012/0.016
380	0.04/0.07	1.00/1.15					0.055/0.065	0.013/0.017
410	0.04/0.07	1.20/1.30					0.075/0.085	0.015/0.019

表 6.12 美国纽柯 Berkeley 厂高强度低合金钢的成分(%)

牌 号	C	Mn	Nb	Mo	Ni	N	钢 种
HSLA-Nb-4	0.045	0.5	0.025			0.009	X42
HSLA-Nb-5	0.055	1.10	0.045			0.009	X52
HSLA-Nb-6	0.045	1.30	0.07			0.009	X60
HSLA-Nb-Mo-1	0.045	0.85	0.07	0.15		0.009	X60
HSLA-Nb-Mo-2	0.045	0.85	0.07	0.30		0.009	X65
HSLA-Nb-Mo-3	0.045	1.30	0.07	0.30		0.009	X65/70
HSLA-Nb-Mo-Ni-1	0.045	1.30	0.07	0.35	0.25	0.009	X70

6.3.3 HSLC 钢的基本组织与晶粒尺寸

HSLC 钢的基本组织是铁素体+少量珠钢体,不同的轧制冷却制度有不同的铁素体晶粒尺寸,不同碳含量对铁素体晶粒尺寸影响不大,不同的轧制冷却制度可使同一块热轧板或成分相近的多块热轧板具有不同的晶粒尺寸。通常 HSLC 钢的铁素体晶粒尺寸为 5~10μm,图 6.9 是一个典型的 HSLC 钢的金相照片。HSLC 钢不是那种晶粒尺寸为 1μm 甚至是亚微米级的超细晶钢,只是比常规流程生产的类似成分的钢的晶粒尺寸略小。常规热轧薄板的铁素体晶粒为 14μm 左右[12]。

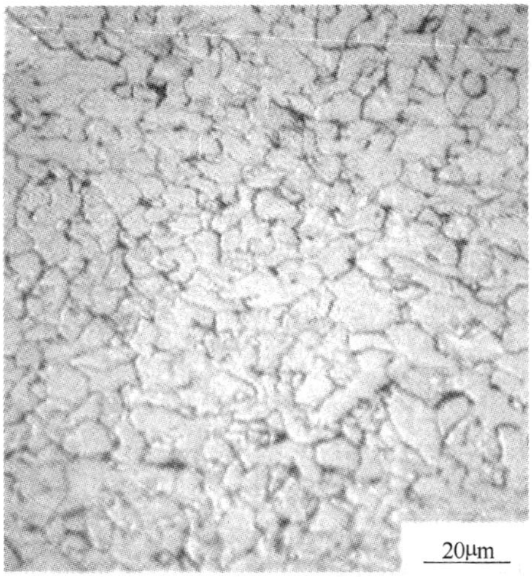

图 6.9 4.0mm 板轧向光学显微组织

6.4 小方坯连铸连轧低成本高强度螺纹钢及线材探讨

热轧带肋钢筋是建筑结构中广泛应用的建筑用钢材，在我国约占长材产量的 30%。长期以来，我国建筑结构中使用的钢筋基本上是 HRB355（Ⅱ级钢筋，相当于美标 40 级钢筋），造成对建筑工程质量要求不高的低水平状态。而国外早在 20 世纪 70 年代就已普遍采用屈服强度 400MPa 以上级别钢筋作为建筑结构的主导受力钢筋。随着我国国民经济的不断发展，冶金、建筑等行业与国际接轨步伐加快。我国有关部门多次下文要求推广建筑用Ⅲ、Ⅳ级高强钢筋（屈服强度分别为 400MPa 和 500MPa，相当于美标 60 级、75 级）。目前，国内钢铁企业生产和使用的主要是 20MnSi 系列的Ⅱ级和添加少量微合金元素的Ⅲ级螺纹钢。而国外钢铁企业主要产品为Ⅳ级螺纹钢。

国内首钢、马钢、安钢、淮钢、莱钢等企业均生产过屈服强度 500MPa 以上的Ⅳ级螺纹钢。采取的技术线路是添加 Nb、V 等微合金元素。这种技术路线由于添加了价格昂贵的微合金元素，生产成本较高，Nb、V 微合金化生产Ⅳ级螺纹钢筋的利润空间越来越小。

另一问题是国内不允许轧制过程中采用穿水工艺，约束了不含微合金元素的高强度螺纹钢的生产。

德国巴登钢厂每年生产 200 万 t 以上不添加微合金元素，屈服强度达到 520MPa 以上的 C-Si-Mn 系螺纹钢筋与线材，采用穿水操作，焊接性能良好。

国外穿水螺纹钢可以使用,我国的穿水 C-Si-Mn 系高强度螺纹钢可以出口,在国外或大陆以外的地区可用,而在大陆地区不能用,其理由需待进一步研究。国内应通过对穿水螺纹钢不能用的机理进行研究,考虑是否可以使用穿水Ⅵ级钢筋,如果可行就应该修改标准。这将大大地提高我国建筑用钢的性能水平,减少我国钢材总用量,促进我国钢铁工业的可持续发展。

关于 C-Si-Mn 系螺纹钢的技术可行性如下。由 HSLC 钢的性能可知:含 C 0.17%、Mn 1.20% 的 HSLC C-Mn 钢,σ_s 可达 500MPa,加入一定的 Si,例如[Si]从 0.30% 增加到 1.0%,0.70% 的 Si 可使钢的固溶强化量增加几十 MPa,即钢的 σ_s 可大于 520MPa。钢中固溶强化元素的质量分数与强度增量的关系见图 6.10。

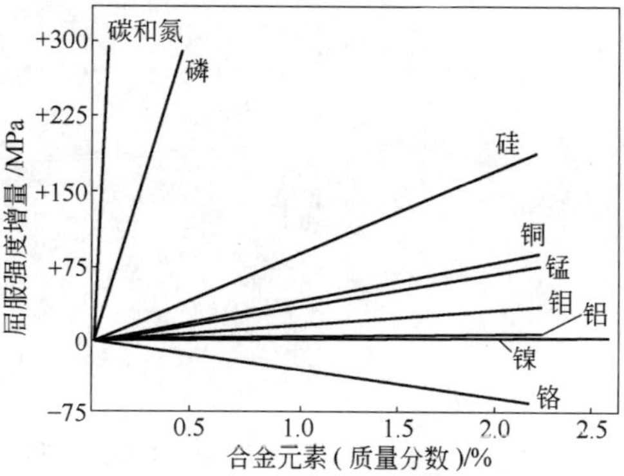

图 6.10　钢中固溶元素质量分数对固溶强化强度的影响

表 6.13 及表 6.14 分别列出了美国螺纹钢标准 ASTMA615 和英国标准 BS4449 及中国螺纹标准 GB1499。

表 6.13　美国螺纹钢标准 ASTMA615 和英国标准 BS4449

标准		化学成分/%					力学性能		
		C	N	P	S	C_{eq}	屈服强度/psi(MPa)	抗拉强度/psi(MPa)	伸长率/%
美国	40级	要求测定钢中的 C、Mn、P、S 的含量,并根据需方要求记录测定的成分,P≤0.06%					≥40000(300)	≥70000(500)	≥11(3号) ≥12(4~6号)
	60级						≥60000(420)	≥90000(620)	≥9
英国	250级	≤0.25	≤0.012	≤0.06	≤0.06	≤0.42	≥250		
	460级	≤0.25	≤0.012	≤0.05	≤0.05	≤0.51	≥460	强屈比≥1.1	≥12

表 6.14　中国螺纹标准 GB1499

标准		化学成分/%						力学性能(不小于)		
		C	Si	Mn	P	S	C_{eq}	屈服强度/MPa	抗拉强度/MPa	伸长率/%
Ⅱ级	HRB 335	0.25	0.80	1.60	0.045	0.045	0.52	335	490	16

续表 6.14

标准		化学成分/%						力学性能(不小于)		
		C	Si	Mn	P	S	C_{eq}	屈服强度/MPa	抗拉强度/MPa	伸长率/%
Ⅲ级	HRB 400	0.25	0.80	1.60	0.045	0.045	0.54	400	470	14
Ⅳ级	HRB 500	0.25	0.80	1.60	0.045	0.045	0.56	500	630	12

采用高强度螺纹钢还可以提高钢材的耐火性能,为了研究 HSLC 钢作为新型建筑用钢的耐火性,作者曾对 HSLC 钢进行了不同温度的拉伸实验,结果表明:ZJ330 钢的抗拉强度在 500℃时可为 245MPa,仍具有较高的强度(耐火钢要求 600℃时,σ_b > 217MPa),见表 6.15。

表 6.15 ZJ330 不同温度时的拉伸实验结果

温度/℃	200	300	400	500	600
抗拉强度/ MPa	500	465	345	245	130

HSLC 钢是一种经济有效的有发展前景的新型建筑用钢,薄规格热轧薄板可以考虑做屋顶材料,特别是开启式屋顶。长型材可以考虑做Ⅲ、Ⅳ级钢筋,中板可以做中低档船板、桥梁板。

关于小方坯连铸连轧流程,作者认为有可能开发出一个新的流程即类似于薄板坯连铸连轧的小方坯连铸连轧流程,对于小方坯连铸连轧搞单流连铸,配隧道式加热炉较困难,因为小方坯单流连铸的产能与棒线材轧机的能力不匹配,宜采用小方坯多流连铸,只要小方坯进步进式加热炉前,冷却时轨道上加盖保温,就有可能使小方坯进入步进式加热炉前温度达到 950 ~ 1000℃。事实上,目前巴登钢厂已做到 850℃(不加盖),如果再紧凑一点,加上采取入炉前保温,入炉温度就有可能达到 950 ~ 1000℃,像薄板坯连铸连轧那样没有 γ→α,α→γ 的热历史过程,具有相同的组织性能特征。

6.5 铁素体+珠光体钢中纳米析出物及其对钢的析出强化作用

铁素体+珠光体钢包括 HSLC 钢、低合金钢和部分 HSLA 钢。SPA-H 集装箱板可作为低合金钢的代表;Ti 微合金化的高强耐候钢是铁素体+珠光体 HSLA 钢。

6.5.1 HSLC 钢中的纳米铁碳析出物及其对钢的强化作用

薄板坯连铸连轧 HSLC 钢不含微合金 V、Nb、Ti,但具有较高的强度。在研究薄板坯连铸连轧 HSLC 钢强度高的原因时,Liu D. L. 等人首先发现钢中存在大量纳米尺寸的氧化物和硫化物,其尺寸一般为几十纳米至几百纳米,并发现钢中存在大量尺寸小于 20nm 的沉淀粒子,它们具有尖晶石结构[13,14]。作者及其项目组研究了用 CSP 工艺生产低碳中纳米铁碳析出物及其对钢力学性能的影响,发现薄板坯连铸连轧低碳钢铸坯，轧卡件和钢材均存在尺寸小于18nm的析出物，并通过化学相分析、X射线小角散射分析及各类纳米析出物的质量衡算，得到铁碳析出物的体积分数，计算了尺寸小于18nm的铁碳析出物析出强化作用对钢屈服强度的贡献。认为在CSP铸坯、轧卡件及热轧材中发现的尺寸小于18nm的粒子主要是纳米铁碳析出物，它们对钢起析出了强化作用，也就是说在没有微合金化元素V、Nb、Ti的碳素钢中也具有析出强化的机制[8,15~17]。翁宇庆等人也证实了ZJ330钢连铸坯、轧卡件及轧材中存在小于20nm的纳米析出物，并在用常规工艺生产出的Q195钢中观察到这类纳米粒子，只是数量比ZJ330钢中的少得多，但他们认为这些析出物是纳米氧化物，结构为尖晶石类型的铁氧体[18]。

对于钢中小于20nm的粒子，特别是几纳米的粒子，用分析电镜进行观察有一定的困难，因为透射电镜电子束斑的直径较大，用来分析细小纳米粒子的成分不能排除基体的干扰。为了查明这些粒子的属性和析出机制，我们用高分辨电镜对电解粉末进行了进一步的观察。

实验过程中，将热轧钢板用有机溶液（RTO方法）电解24h，然后将电解后所得颗粒粉末放入无水酒精溶液中，经超声波震荡后，用吸管吸取含有微小颗粒的上层溶液，滴在Cu质微栅上，等无水酒精挥发干后就制成了透射电镜试样，在高分辨电镜JEM-2010下观察，并用X射线能谱分析颗粒的成分。结果如图6.11、图6.12所示。

在CSP低碳高强度钢中存在几类尺寸在20nm以下的纳米析出物，其中一类是铁氧碳纳米析出物，见图6.11，这类粒子是大量的，许多视场中均有，粒子中含有C，能谱中有明显的C峰和Fe峰，在ZJ330钢中，高分辨条纹勾画出的颗粒尺寸表明，所测为一堆5nm左右的团聚纳米粒子，直接测量的是中间较大的粒子（约10nm）。另一类为Fe、Ti、O、C粒子，见图6.12。

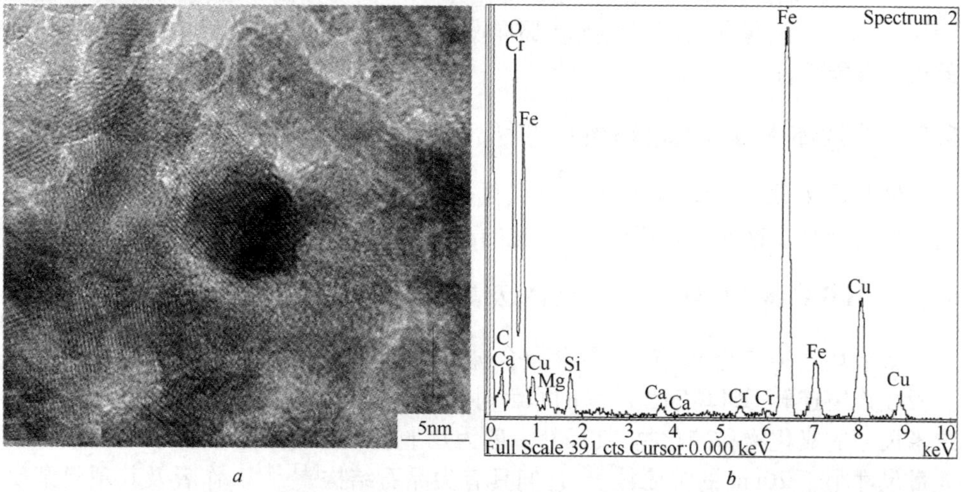

a　　*b*

图6.11　ZJ330电解粉末中纳米Fe-O-C析出物的高分辨条纹像（*a*）和能谱（*b*）

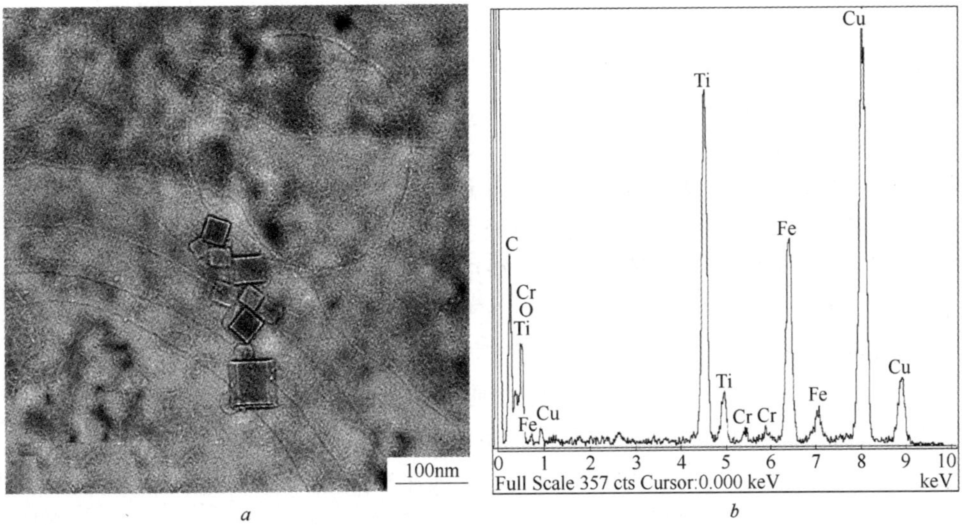

图 6.12 ZJ510 电解粉末中含 Fe、Ti、O、C、的一串粒子(*a*)及其能谱(*b*)

粒子中的 Ti 来自钢中 0.02% 的残余元素 Ti。

从铁碳相图可知,薄板坯连铸连轧低碳钢在 A_1 温度以下,铁素体中的平衡碳含量要由 0.022% 左右降低至室温下的接近于零(ZJ330 实际为 0.001%)。纳米铁碳析出物应该是在 A_{r1} 以下从铁素体中析出来的。

A_1 温度以下进行回火快冷处理,600℃ 左右保温 1 ~ 20min 后水冷可以使 HSLC 钢 ZJ330 的屈服强度进一步大大提高,达到 410MPa 以上,并保持较高的伸长率(30% 左右);A_1 温度以下铁碳析出物的析出行为对其他工艺的制定具有参考意义。

实验条件下,HSLC 钢处理过程中没有发生相变,晶粒没有细化,但 σ_s 大幅度提高。可以认为,强度的增加不是由于相变和晶粒细化的作用,而是纳米铁碳析出物的沉淀强化作用造成的。

在低碳钢连轧过程中,层流冷却与卷取过程的工艺控制,很重要的一个方面是控制铁碳析出物的行为。

HSLA 钢中也存在大量小于 36nm 的铁碳析出物,对 HSLA 钢中微合金元素的作用机理可能需要再认识。

6.5.2 TRC 和 F-TMCP

"反证法"是一种科学研究方法,它是从反方向间接证明某一过程或过程产物客观存在的一种研究方法。当一个过程的产物暂时还不能得到充分的证据来证明它的客观存在,还不能达成共识被人们普遍接受时,用"反证法"可能会得到很好的结果。用"反证法"来证明 TRC 及 F-TMCP 技术的理论基础是

控制 A_{r1} 温度以下钢中碳的析出，即控制铁碳化物的析出行为就是两个成功的例子。

TRC 是亚调质处理即高温回火处理—回火快冷（Tempering Rapid Cooling）的缩写。亚调质处理不同于调质处理即淬火回火处理，也不同于非调质处理。热轧薄板连铸连轧过程中，薄钢板在轧制冷却过程中，用水快速冷却，类似于淬火的过程，但没有等温回火过程。TRC 是对薄板坯连铸连轧的产品进行离线的回火快冷，工艺曲线如图 6.13 所示。该技术已获得中国发明专利。2004 年日本 JFE 开发出来的超级 OLAC 加 HOP 的 DQ-T 技术，实质上是在热轧过程中在线的淬火回火技术，或在线调质技术。他们用在线的感应加热设备，将快速水冷下来的钢材迅速加热到回火温度，进行回火，使淬火得到的硬相（马氏体、奥氏体）、高强度钢的韧性得以改善，原理被认为是通过回火钢中产生一种软相（回火贝氏体）[19]。工艺曲线如图 6.14 所示。本书作者认为，回火主要不是控制相变，而是控制 A_1 温度以下铁素体中纳米碳（氮）化物的溶解析出行为。

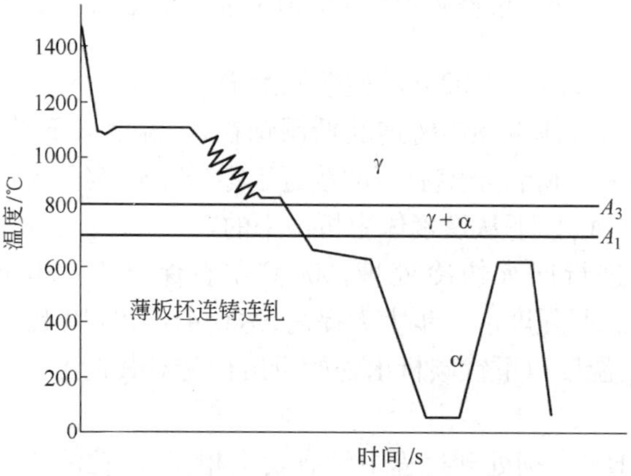

图 6.13　离线升温回火快冷工艺路线图

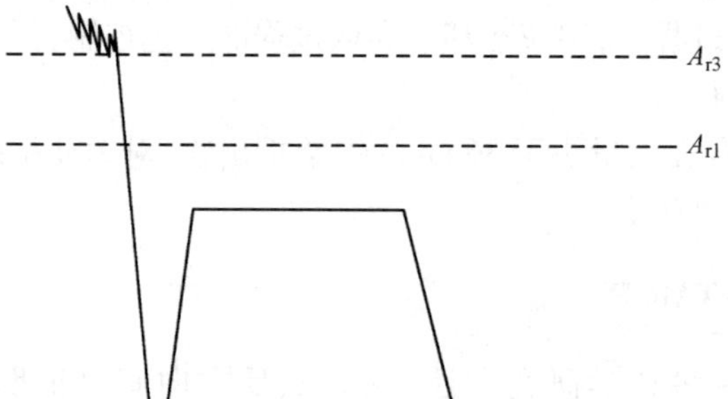

图 6.14　在线升温回火空冷工艺路线图

由于纳米铁碳析出物很小,为几个纳米或十几个纳米的粒子,可能只含有几十个分子与原子。它们的成分组成及结构用常规的研究手段难以确定,因此便难以很快为人们所共识。我们先假设在回火快冷过程中存在钢中纳米铁碳析出物的溶解析出过程,即 A_{r1} 温度以下回火时,在钢材升温和保温过程中,原保温温度以下析出的铁碳析出物颗粒溶解,强度降低,但在回火升温保温过程中,原来未达到平衡时,尚有一部分铁碳析出物要先补充析出,强度升高。接着那些未溶解的原有析出物和补充析出物随保温时间的延长,颗粒要长大,强度降低。在回火时间与钢强度的关系曲线上应出现最高点。因为回火快冷,在回火温度下溶解掉的纳米铁碳析出物的碳要重新析出,但比卷取过程的缓慢冷却条件下得到纳米粒子尺寸应该更小,数量更多,故强度应比薄板坯连铸连轧材更高。

为了进一步确定小于 18nm 铁碳析出物的析出温度、析出、长大、粗化行为及强化作用,设计了三组专门的实验。第一组研究 A_{r1} 温度以下处理温度对力学性能的影响(为检验结果的再现性,做了一次重复实验,重复实验的力学性能用力学性能 2 表示),第二组研究了处理时间对强度的影响,实验原料为 HSLC 钢 ZJ330(卷号 53921),结果见表 6.16 和图 6.15。第三组重复第二组的实验,原料为 ZJ330 的另一卷(卷号 53931),σ_s、σ_b、δ 分别为 351MPa,425MPa 和 42%,结果见图 6.16。

表 6.16 不同回火温度及冷却方式对 ZJ330 力学性能的影响

编号	回火温度/℃	冷却方式	屈服强度 1/MPa	抗拉强度 1/MPa	伸长率 1/%	屈服强度 2/MPa	抗拉强度 2/MPa	伸长率 2/%
1	原始样		339	397	45	344	408	39
2	200	水冷	341	399	48	336	406	44
3	300	水冷	330	405	45	339	414	46
4	400	水冷	335	410	40	330	407	43
5	500	水冷	351	413	43	342	420	41
61	600	水冷	403	480	30	410	490	29
62	600	空冷	329	403	41	345	405	41
63	600	炉冷	320	397	43	322	397	43
7	700	水冷	468	651	13	458	625	16

注:保温时间 20min。

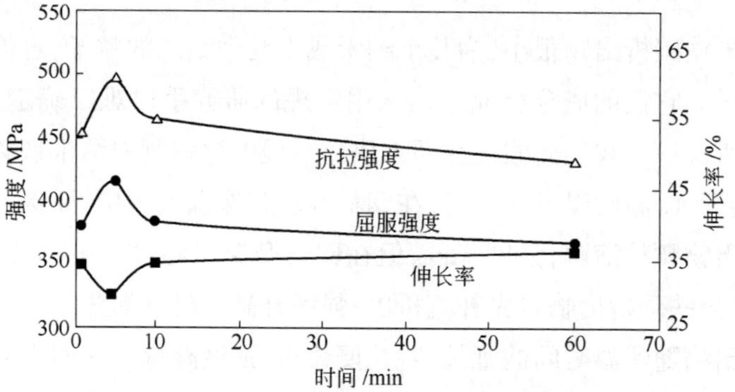

图 6.15　ZJ330 钢 53921 卷 600℃保温时不同时间对 HSLC 钢力学性能的影响

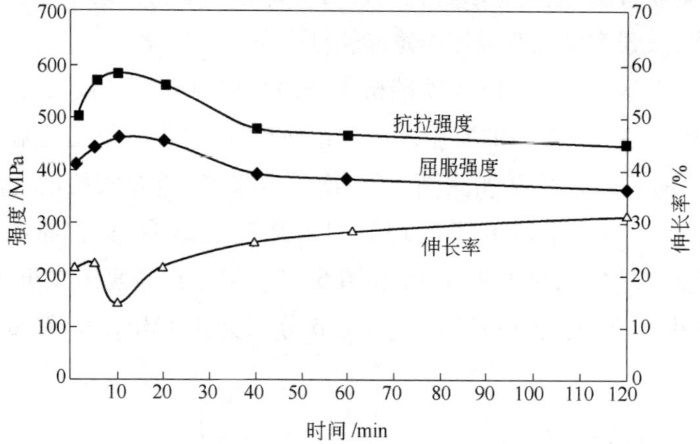

图 6.16　ZJ330 钢 53931 卷 600℃保温时不同时间对 HSLC 钢力学性能的影响

以上结果证明，在回火时间、回火温度与钢强度的关系曲线上，确实存在一个最高点，回火快冷得到的钢材强度比薄板坯连铸连轧的钢材的高。600℃回火快冷得到了最佳的强韧化效果。这就从反方向进一步证明了 A_{r1} 温度以下铁碳析出物析出过程和铁碳析出物的客观存在。虽然我们还没有完全直接地证明这一点。

对低合金钢 SPA-H 集装箱板进行回火快冷试验也证明了这一点。表 6.17 是珠钢电炉—CSP 集装箱板的亚调质处理结果。

表 6.17　珠钢电炉—CSP 集装箱板的亚调质处理结果

试 样 号	试样特点	屈服强度/MPa	抗拉强度/MPa	伸长率/%
SPA1	原始样	410	530	33.8
SPA6	600℃回火 1min 水冷	450	565	32.8
SPA7	700℃回火 1min 水冷	485	740	23.1

由表6.17可见,电炉—CSP集装箱板亚调质处理,在不添加微合金元素的条件下,屈服强度可达到450MPa级,且钢的伸长率能保持在30%以上。这是由于钢加热到600~700℃时,保温过程中原析出的纳米铁碳析出物溶解,水冷时,再析出,由于冷却速度比卷取时大,再析出的纳米铁碳析出物尺寸更小,析出强化贡献更大,故强度提高。

含V、Nb、Ti的高强度HSLA钢也能发挥回火快冷作用。

在实验室条件下,一种高强度HSLA厚6mm钢板轧后(终轧温度850~880℃),水冷至540~600℃保温,90min快冷至室温,工艺路线如图6.17所示(HTR+RC+Tempring+RC),在保温过程中,试样B2b、B3b、B4b的前15min,强度升高,至最高点,然后下降,但最后仍均高于750MPa(750~1000MPa)这也可以用A_{r1}下钢中纳米碳化物的溶解析出粗化来解释,反过来也证明了,在常规工艺生产的HSLA钢中,也存在A_{r1}以下纳米碳化物的析出,否则不可能在回火过程中前15min内强度升高[20]。

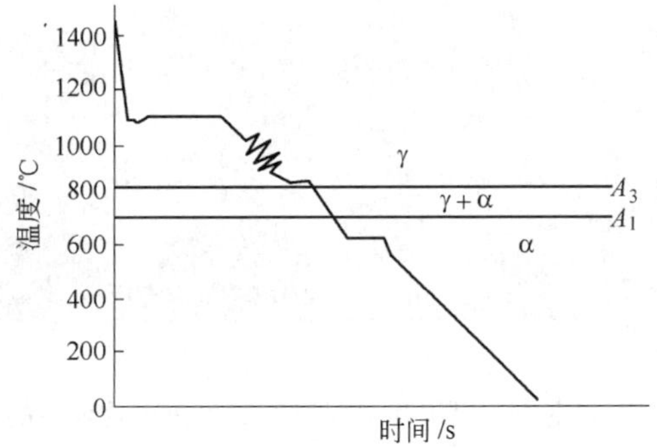

图6.17 在线回火快冷工艺曲线示意图

图6.17是连续冷却条件下,在线回火快冷工艺曲线示意图。当板厚增加时,应采用"973"项目开发的新一代控冷控轧(NG-TMCP)技术及超快冷(UFC)技术。

F-TMCP是柔性控轧控冷Flexibl-TMCP的缩写。传统的控轧控冷理论认为,控制轧制与控制冷却主要是控制相变。即控制轧制过程中奥氏体的再结晶相变和冷却过程中奥氏体到铁素体的相变。我们的观点是在F-TMCP过程中,既包括控制相变,又包括控制析出,而且主要是控制析出。主要根据有两条,一是在回火快冷过程中,没有发生奥氏体到铁素体的相变或逆反应,基体组织仍是铁素体+少量珠光体,也没有晶粒细化,ZJ330钢的性能显著提高,600~700℃,ZJ330的σ_s由原始板材的344MPa分别提高到410MPa及450MPa,σ_b从408MPa分别提高到490MPa及625MPa。但晶粒尺寸在处理前后均在8μm左右,见图6.18。

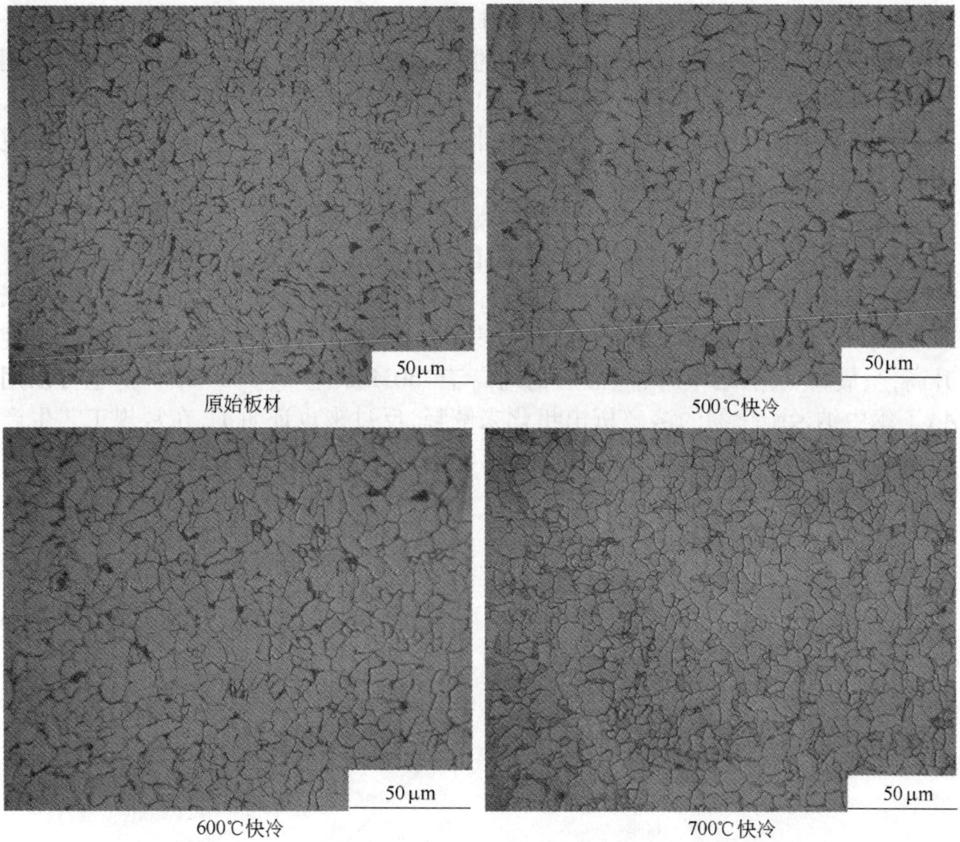

图 6.18 实验钢原始组织和不同温度回火快冷处理后的组织照片

第二例子是，在 Ti 微合金化高强度耐候钢试制过程中，保持冶金工艺及轧制工艺不变，只改变不同的 Ti 含量。结果表明：在相近的组织和晶粒尺寸条件下，即在基体组织为铁素体 + 珠光体、晶粒尺寸相近，表层 6μm，内层 8μm 的条件下，钢的屈服强度随 Ti 含量的提高而提高（见图 6.6）。图 6.19 为不同 Ti 含量钢的基体组织的金相照片，图 6.20 为不同 Ti 含量的晶粒尺寸。

由此可见：控制轧制冷却制度可以使同一成分或成分相近的钢材具有不同的性能的柔性控轧控冷 F-TMCP，既控制相变，又控制析出，更重要的是控制 A_{r1} 温度以下纳米铁碳析出物的析出或微合金化元素 V、Nb、Ti 的碳（氮）化物析出。

6.5.3 铁素体 + 珠光体钢的强化机理

影响钢的强度的因素很多。日本、韩国和我国在 1997 年开始的超级钢研究就是根据 Hall-Petch 公式，想通过用获得超细晶的办法来提高钢的强度，而不降低钢的韧性，强调超细晶强化，认为利用相变可以得到珠光体、贝氏体、马氏体等各种各样的组织和超细晶粒，屈服强度可以高达数千 MPa。

a

b

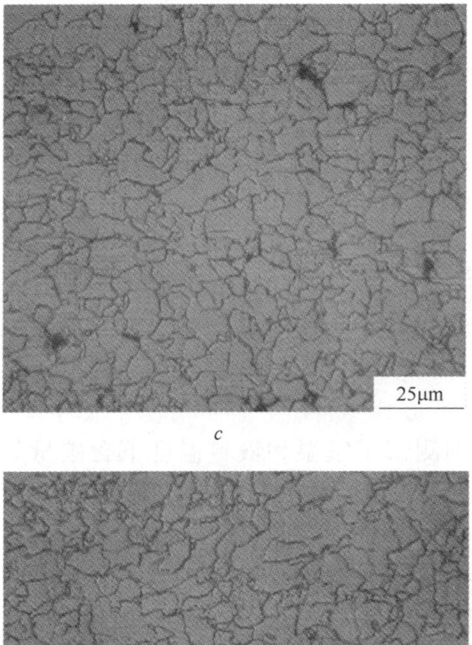

c

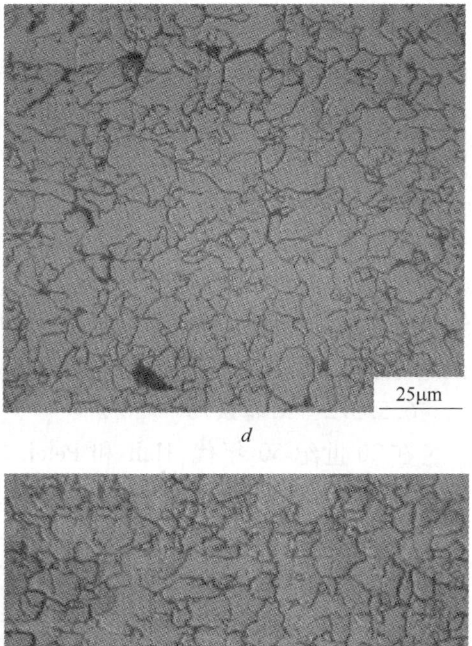

d

e

f

图 6.19 不同 Ti 含量 HSLA 钢的基体组织的金相照片(厚度 4mm)

Ti 含量和伸长率分别为:*a*—0.04%,31%;*b*—0.054%,27%;*c*—0.063%,26%;*d*—0.076%,21%;*e*—0.096%,21%;*f*—0.12%,20%

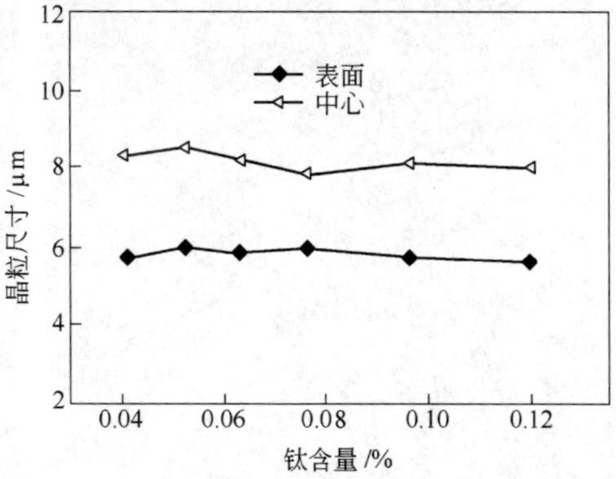

图 6.20　不同钛含量钢的晶粒尺寸

金属的基本强化机理是固溶强化、细晶强化、析出强化和位错强化。钢铁材料除了通过微观组织把这四种强化机制完美结合以获得最佳特征以外没有其他方法。钢铁材料的历史悠久,关于钢的强化机理很久以前就对各种钢的屈服强度和组织结构的关系进行过许多讨论。但是还有许多不清晰的遗留问题。日本从 2003 年 4 月至 2007 年 3 月举办了"屈服强度和显微组织"研讨会。其成果在 191 ~192 回西山纪念讲座上作为教材进行了报告,研究会内的主要话题之一是"强化机理的加和法则"[21]。

本节对钢的强化机理发表一些看法。钢的基本强化机理是固溶强化、细晶强化、析出强化和位错强化。

6.5.3.1　位错强化

位错强化是指基体组织中原有位错对新的位错运动的阻力,取决于原有位错密度,问题是原有位错密度的影响因素是什么?与纳米析出物有何关系?是否与纳米析出物的钉扎作用有关?即存在着位错与析出的交互作用。这大概就是析出强化与细晶强化不能简单地加和的原因。

6.5.3.2　细晶强化

在 20 世纪 50 年代,Hall 和 Petch 仔细测试了室温和液氮温度下含碳量为 0.036% ~0.155% 的低碳钢的断裂强度,建立了铁素体 + 珠光体类型低碳钢中铁素体晶粒尺寸与断裂强度的关系[22]:

$$\sigma_c = \sigma_{c0} + k_y d^{-1/2} \tag{6.1}$$

Petch 用位错理论推导出了这一关于零塑性变形的公式,并预期屈服强度与之类似,有:

$$\sigma_s = \sigma_{s0} + k_y d^{-1/2} \tag{6.2}$$

Petch 还研究了晶粒尺寸对钢韧性的影响[23],指出:对钢的韧脆转变温度有:

$$T_C = a - bd^{-1/2} \tag{6.3}$$

式中　T_C——韧脆转变温度;

d——晶粒平均直径;

a, b——常数。

从 Hall-Petch 公式可知,细晶强化既可提高钢的强度,又可提高钢的韧性。为此,Hall-Petch公式成为了发展超细晶钢的理论基础和指导思想。

但如何理解 Hall-Petch 公式，本书作者认为有两点值得注意：

(1) Hall-Petch 公式的适用范围。对钢这一多晶体，Hall-Petch 公式只考虑晶界面积的影响，即把研究对象简化为单晶体，不涉及晶界及晶内析出物对位错运动的影响，对于低碳钢，在铁素体内部未发现纳米析出物的时候（20 世纪 50 年代的生产水平及文献[22]的试验方法决定试验钢中析出物尺寸较大，不起强化作用），假设钢中碳含量、珠光体对钢的强度影响不大，对钢强度起决定作用的只是晶粒尺寸，这种假定是可以的，以致理论计算与实际相符，几种不同试验材料破断强度与铁素体晶粒尺寸的关系处于同一直线上。这时，σ_{c0} 约为几十兆帕，代表晶内溶质原子对位错运动的影响，即晶格摩擦力。

20 世纪 70 年代以后，为提高钢的强韧性，在国外发展了 HSLA 钢，发现添加的微合金元素 V、Nb、Ti 等在晶界和晶内形成大量的纳米尺寸的微合金元素的碳氮化物 $M(C_xN_y)$，它们具有显著的沉淀强化作用，以 Hall-Petch 公式计算出来的强度理论值明显地低于实际值，但用实际生产数据回归出的屈服强度与铁素体晶粒尺寸的关系仍具有 Hall-Petch 公式的形式，人们从而确认了 Petch 预期的 $\sigma_s=\sigma_{s0}+k_y d^{-1/2}$。但此时，该公式只是一个经验公式，$\sigma_{s0}$ 和 k_y 在不同条件下具有不同的值，σ_{s0} 代表除细晶强化以外其他强化方式对钢强度的贡献，k_y 代表一定条件下晶粒尺寸对强度的影响程度，与原来式 6.1 提出的时候物理意义就有所不同了。

Hall-Petch 公式提出以来，各国学者对钢铁材料屈服强度的 Hall-Petch 关系进行了大量的实验研究，提出了不同条件下不同的关系式。根据文献研究，纯铁、超低碳微合金钢、低碳微合金钢的屈服强度与晶粒尺寸有如式 6.4 ~ 式 6.6 所示关系[18]，按其可以计算出不同条件下，晶粒细化对强度的贡献。

1) 纯铁（晶粒范围 92 ~ 6.2μm）：

$$\sigma_s = 92.4 + 23.1d^{-1/2} \tag{6.4}$$

若晶粒细化程度为 d 从 20 到 8μm，则 $\Delta\sigma_s$ = 94.3MPa。

2) 超低碳微合金钢（晶粒范围 20 ~ 1.4μm）：

$$\sigma_s = 246.1 + 9.3d^{-1/2} \tag{6.5}$$

若晶粒细化程度为 d 从 20 到 2μm，则 $\Delta\sigma_s$ = 142.2MPa。

3) 低碳微合金钢（晶粒范围 10 ~ 1.0μm）：

$$\sigma_s = 376.4 + 7.0d^{-1/2} \tag{6.6}$$

若晶粒细化程度为 d 从 10 到 1μm，$\Delta\sigma_s$ = 151.3MPa。

由上述结果可知，晶粒尺寸对 HSLA 钢屈服强度的影响比纯铁小，表现为 k_y 值小，其他强化方式对 HSLA 钢的屈服强度的贡献比纯铁大，表现为 σ_{s0} 大；在超低碳微合金钢和低碳微合金钢中，晶粒细化导致强度的增量小于 σ_{s0}，表明一定的条件下，晶粒细化的贡献不是影响钢强度的主要因素。实际上，生产条件下晶粒尺寸达不到 1～2μm 超细晶程度。文献[21]也得到类似结果。

(2)应该区别晶粒强化和晶粒细化强化的贡献。根据文献提出的公式可得图 6.21。

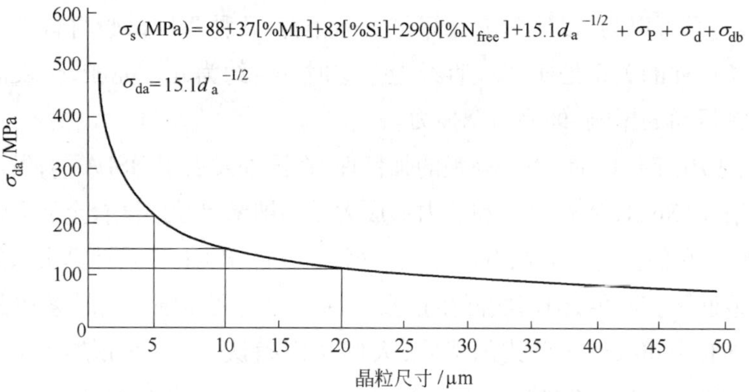

图 6.21　晶粒尺寸与强度的关系

由图可见，平均尺寸为 5μm 的细晶粒对钢屈服强度的贡献约为 220MPa，而铁素体晶粒从 20μm 细化到 5μm 导致的晶粒细化对强度的贡献约为 110MPa。

对于 400MPa 级的铁素体 + 珠光体类型碳素钢，按 Hall-Petch 公式，若 σ_{s0} = 100MPa，则必须 $d \leqslant 3.4$μm。

早在 1989 年以前，文献曾指出：在大生产条件下要得到 1μm 的铁素体晶粒几乎是不可能的，在当时的条件下要得到低于 5μm 的铁素体晶粒在经济上是不合算的[12]。在目前的常规工业生产条件下，使晶粒细化到 5μm 以下仍较困难，在经济上也受限制，但在薄板坯连铸连轧过程中，铁素体晶粒尺寸为 5～10μm，ZJ330 低碳钢的屈服强度可达 400MPa 级，ZJ510 达到 450MPa 级。可以认为，400MPa 级的铁素体 + 珠光体类型低碳钢的高强度主要不是由于超细晶的影响，这类不含微合金元素的碳素钢和低合金钢具有综合强化机制。

看来，对于数以亿吨计的 400MPa 级的碳素钢热轧板卷及钢筋，用追求超细晶的办法来指导生产，值得商榷。

6.5.3.3　析出强化

用化学相分析和 X 射线小角散射分析得到的小于 18nm 颗粒的 HSLC 钢 ZJ330 和 ZJ510 颗粒的质量分数列于表 6.18。

表 6.18 M_3C 相的质量分数

试验材料	$M_3(C_xN_y)$中各元素的质量分数/%					
	Fe	Mn	Ni	C	N	Σ
ZJ330 热轧板	0.823	0.004	0.001	0.059	0.001	0.888
ZJ330 铸坯	0.688	0.008	0.002	0.050	0.001	0.749
ZJ330 第一道轧卡件	0.694	0.008	0.002	0.050	0.001	0.755
ZJ330 第二道轧卡件	0.724	0.009	0.002	0.052	0.001	0.788
ZJ510 热轧板	2.054	0.067	0.002	0.151	0.002	2.278

在 HSLA 钢中，也存在纳米铁碳析出物。表 6.19 为一种试验钢（σ_s 为 700MPa 级的 HSLA 钢）中小于 36nm 的电解颗粒（主要为铁碳析出物和碳化物）与 $M(C_xN_y)$ 的质量分数。

表 6.19 HSLA 钢中不同尺寸颗粒的质量分数

颗粒种类	电解粉末总量	试样中不同尺寸颗粒比例①				18nm 颗粒的质量分数	36nm 颗粒的质量分数
		1~5nm	5~10nm	10~18nm	18~36nm		
电解粉末	0.4865	0.06/0.2	0.19/1.0	0.23/1.8	1.46/26.3	0.0146	0.1425
$M(C_xN_y)$	0.0575	0.30/1.2	0.65/2.2	0.23/1.8	0.47/8.4	0.0036	0.0084

① 分子为 $f(D)$；分母为不同尺寸颗粒质量分数占整个颗粒质量分数的比例。

表 6.20 Ti 微合金化 HSLA 钢中不同尺寸的质量分数

粒子尺寸间隔/nm	质量分数/%					累积质量分数/%				
	试样编号					试样编号				
	1号	2号	4号	5号	6号	1号	2号	4号	5号	6号
1~5	1.1		12.0	17.1	19.2	1.1		12.0	17.1	19.2
5~10	2.8	2.2	21.1	41.3	44.2	3.9	2.2	33.1	58.3	63.4
10~18	1.9	3.9	0.1	2.3	0.7	5.8	6.2	33.2	60.7	64.1
18~36	9.8	11.0	3.5	8.6	5.9	15.6	17.2	36.7	69.2	70.1
36~60	16.5	22.4	9.8	5.9	5.4	32.1	39.5	46.5	75.1	75.4
60~96	13.5	16.1	16.2	6.7	7.3	45.6	55.6	62.7	81.9	82.7
96~140	9.0	9.2	13.4	5.5	5.5	54.6	64.9	76.1	87.4	88.3
140~200	8.4	6.8	8.3	5.0	4.6	63	71.6	84.4	92.3	92.8

续表 6.20

粒子尺寸间隔/nm	质量分数 /%					累积质量分数/%				
	试样编号					试样编号				
	1号	2号	4号	5号	6号	1号	2号	4号	5号	6号
200～300	10.9	7.6	15.6	7.7	7.2	73.9	79.2	100.0	100.0	100.0
300～430	8.6	5.9				82.5	85.1			
430～620	17.5	14.9				100	100			

用图 6.21 所列公式计算出的 ZJ330 和 ZJ510 钢中析出强化对钢的 σ_s 的贡献分别约为 100MPa 和 140MPa，与相应的晶粒细化强化对 σ_s 的贡献相当[16]。

为此，可以得出结论，如同 HSLA 钢一样，不添加微合金元素 V、Nb、Ti 的 HSLC 钢也存在综合强化机理，碳素钢中存在大量的纳米析出物。铁碳析出物是在 A_{r1} 温度下析出的，对钢有显著的析出强化作用。

6.5.4　钢的软化机理

实践表明，通过回火快冷，控制钢中碳的析出，可以提高钢的强度，使我们考虑到从控制钢中碳析出过程出发，能否通过回火缓冷来降低钢的强度。为此，进行了 ZJ330 钢的回火缓冷试验。试验过程中采用了两种方案，一是研究 A_1 附近温度回火缓冷的加热温度对钢力学性能的影响，二是研究不同冷却方式的作用。结果列于表 6.21、图 6.22 和图 6.23。

表 6.21　A_1 附近温度回火缓冷对 ZJ330 钢力学性能的影响

处理工艺	温度/℃		力学性能			
			σ_s/MPa	σ_b/MPa	σ_s/σ_b	δ/%
x℃加热保温 20min，炉冷至室温	x	600	322	397	0.81	43
		700	310	370	0.83	46
		760	265	335	0.79	51
		800	225	310	0.72	50
800℃加热，保温 20min，炉冷至 y℃水冷至室温	y	700	305	400	0.76	34
		600	250	360	0.69	35
		500	245	345	0.71	36
		400	245	340	0.72	40

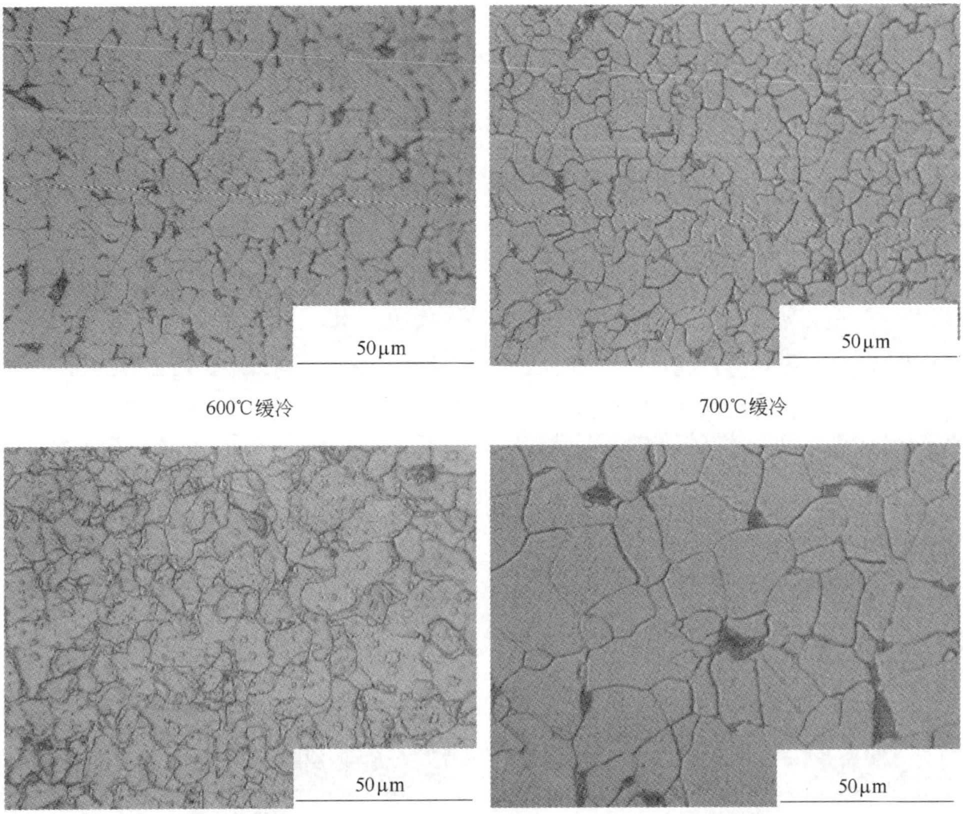

600℃缓冷　700℃缓冷

760℃缓冷　800℃缓冷

图 6.22　ZJ330 不同温度下回火缓冷的金相组织

800℃加热，采用不同的缓冷制度时，晶粒尺寸均较大。缓冷至600℃以下水冷与缓冷至室温的强度差别不大，但均处于较低的水平。

从以上试验结果可知，800～600℃缓冷可以增大铁素体晶粒的尺寸，但从晶粒粗化的幅度（从8μm 粗化到 12μm）看，晶粒粗化对降低钢的屈服强度的贡献只有几十 MPa，而回火缓冷可以使 ZJ330 钢的 σ_s 从 344MPa 降至 225MPa，显然软化不只是由于晶粒粗化而引起的，更重要的可能是与钢中的纳米铁碳析出物的溶解、再析出、粗化等有关。在 600℃以上温度加热保温过程中，钢中原有加热温度以下析出的碳化物溶解、再冷却时，重新析出，由于缓冷，析出物长大，故强度降低，塑性提高。

根据以上研究结果，可以通过改进工艺来改进含碳 0.06% 左右的冷轧板的生产工艺。得到低成本、高附加值的冷轧基板。

铁素体轧制是指粗轧在奥氏体区完成，然后通过精轧机和粗轧机之间的超快

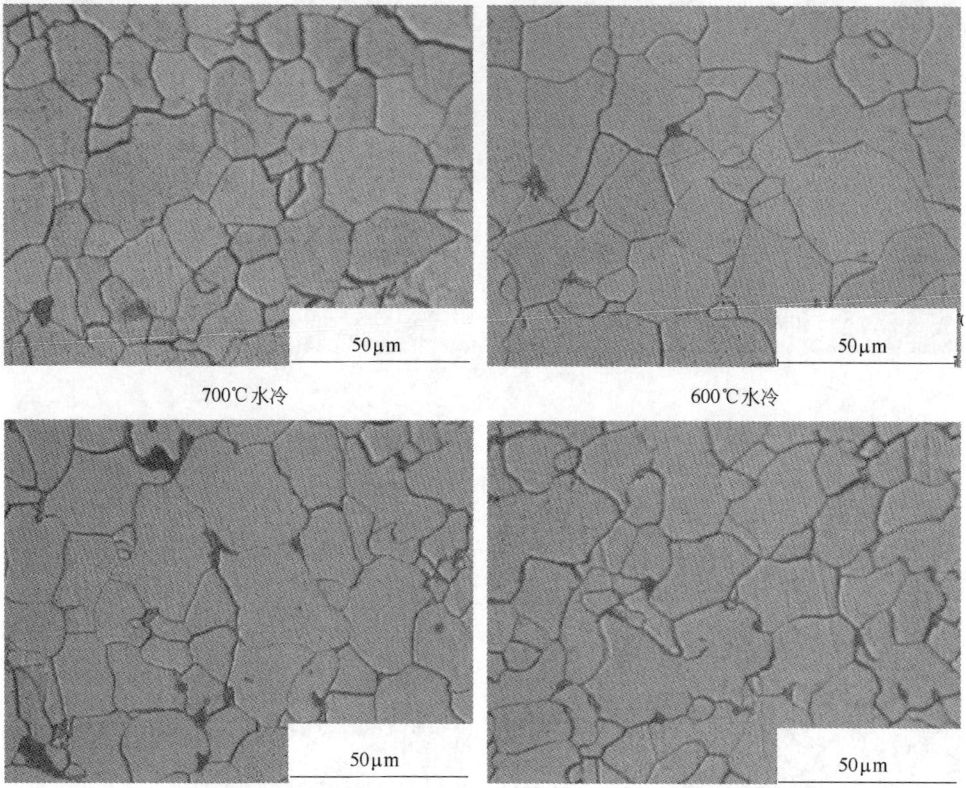

700℃水冷　　600℃水冷
500℃水冷　　400℃水冷

图 6.23　不同冷却方式试样的金相组织

速冷却系统，使带钢温度在进入第一架精轧机前降到 A_{r3} 以下，进行精轧。

只有碳含量为 0.001% 数量级的 IF 钢，精轧才可能完全在铁素体区进行。对于含碳量为 0.03% 左右的低碳钢，A_{r3} 温度以下的精轧，由于碳含量低，组织中铁素体分数大，精轧基本上具有铁素体轧制特征，但实际上是在 $\gamma + \alpha$ 两相区轧制的。铁素体轧制时室温钢的屈服强度较低，可能主要是由于碳含量低、晶粒较粗、析出强化的份额较小。钢的软化从另一角度也证明低碳钢具有综合强化机制。

6.5.5　HSLC 钢中纳米氮化物的析出作用[24]

为降低和消除氮的有害影响，对于低碳钢通常通过向钢中加入一定量的铝来实现，认为除脱氧外，Al 与 N 结合成 AlN，它们可以降低自由氮，钉扎奥氏体晶界，细化奥氏体晶粒，钉扎铁素体晶界，细化铁素体晶粒，提高钢的强度而不降低塑性和韧性。

HSLC 钢是一类不含 Nb、V、Ti 等微合金元素的高强度低碳钢，薄板坯连铸连轧生产的ZJ330(珠钢牌号)和SS330(钢号)是用量较大的HSLC钢,其晶粒较细,强度较高,也是用Al来控N的。但是Al是否能够将N全部变成AlN? AlN与钢晶粒细化,强度较高的关系如何? 为此,研究了薄板坯连铸连轧低碳钢中N、Al的存在形式,AlN析出的热力学和动力学,AlN对钢组织性能的影响。

6.5.5.1 薄板坯连铸连轧低碳钢中N、Al的存在形式

表6.22列出了试验钢的化学成分。

表6.22 试验钢的化学成分(%)

钢号	材料	编号	C	Si	Mn	P	S	Cu	Al_t	Al_s	O	N
ZJ330	热轧板	1	0.053	0.07	0.25	0.012	0.004	0.12	0.046	0.043	0.0026	0.0068
		2	0.047	0.07	0.26	0.013	0.008	0.11	0.023	0.019	0.0042	0.0044
		3	0.062	0.08	0.24	0.017	0.004	0.10	0.013	0.008	0.0046	0.0060
		4	0.059	0.06	0.25	0.010	0.006	0.11	0.006	0.005	0.0054	0.0058
		5	0.060	0.11	0.28	0.012	0.006	0.12	0.020	0.016	0.0028	0.0044
	铸坯	6	0.051	0.04	0.39	0.015	0.012	0.16	0.031	0.031	0.0030	0.0044
SS330	热轧板	7	0.040	0.05	0.18	0.009	0.006		0.022	0.019	0.0037	0.0071
		8	0.050	0.02	0.23	0.013	0.004		0.013	0.012	0.0030	0.0054
	铸坯	9	0.060	0.11	0.29	0.009	0.001		0.032	0.030	0.0046	0.0070

A 薄板坯连铸连轧低碳钢中AlN的质量分数

用化学相分析方法,测定钢中AlN的质量分数。试验时,用测量电解粉末中Al计算AlN或测量电解粉末中N计算AlN,二者结果基本相同,得出AlN的质量分数。对于薄板坯连铸连轧板材及铸坯、AlN的质量分数及AlN中的N占钢中总N的比例N_{AlN}/N_{total}列于表6.23。

表6.23 试验钢中AlN的质量分数(%)

钢号	材料	编号	Al_t	Al_s	N	AlN中各元素占合金的质量分数		AlN占合金的质量分数	N_{AlN}/N_{total}
						Al	N		
ZJ330	热轧板	1	0.046	0.043	0.0068	0.0012	0.0006	0.0018	0.09
		2	0.023	0.019	0.0044	0.0005	0.0003	0.0008	0.07
		3	0.013	0.008	0.0060	0.0008	0.0004	0.0012	0.07
		4	0.006	0.005	0.0058	0.0010	0.0005	0.0015	0.09
		5	0.020	0.016	0.0044	0.0013	0.0007	0.0020	0.16
	铸坯	6	0.031	0.031	0.0044	0.0015	0.0008	0.0023	0.18

续表 6.23

钢号	材料	编号	Al_t	Al_s	N	AlN 中各元素占合金的质量分数 Al	AlN 中各元素占合金的质量分数 N	AlN 占合金的质量分数	N_{AlN}/N_{total}
SS330	热轧板	7	0.022	0.019	0.0071	0.0008	0.0004	0.0012	0.07
		8	0.013	0.012	0.0054	0.0006	0.0004	0.0010	0.07
	铸坯	9	0.032	0.030	0.0070	0.0058	0.0030	0.0088	0.43

由表 6.23 可见，在薄板坯连铸连轧条件下，钢中的 N 只有少部分被 Al 固定，AlN 中各元素占合金的质量分数为 $Al_{AlN}+N_{AlN}$，Al_{AlN} 为 AlN 中的 Al，N_{AlN} 为 AlN 中的 N，实验条件下 $N_{AlN}/N_{total}<20\%$。用透射电镜没有观察到 AlN 粒子。

B　薄板坯连铸连轧钢的热处理试验

考虑到薄板坯连铸连轧过程冷却速度较快，AlN 的析出量较少，尺寸较小，难以用电镜观察到，进行了热处理试验，目的是使 AlN 尺寸变大，以便确定 AlN 析出及尺寸。

文献[2]的结果表明：AlN 的析出 PTT（析出量与温度、时间的关系）曲线，具有 C 曲线特征，AlN 在奥氏体相区可以析出，在铁素体相区也可以析出，某一温度对应着 C 曲线的鼻子点。我们用 9 号铸坯试样，进行了未经热处理和经 1280℃ ×2h 固溶，然后分别在各温度下保持 3h 水淬的对比试验，结果示于表 6.24。

表 6.24 数据证明：经 1280℃ ×2h 固溶处理然后经不同温度保温水淬试样，随保温时间的延长，AlN 占合金的质量分数增加。

表 6.24　SS330 试验钢坯试样中 AlN 的质量分数（%）

试样编号	AlN 占合金的质量分数	固溶处理 + 保温处理	备　注
9	0.0088①	无	铸坯原始样
10	0.0013	1280℃ ×2h→950℃ ×10min 水淬	1280℃→950℃降温用时未测
11	0.0027	1280℃ ×2h→950℃ ×30min 水淬	
12	0.0038	1280℃ ×2h→950℃ ×1h 水淬	
13	0.0135	1280℃ ×2h→950℃ ×3h 水淬	
14	0.0051	1280℃ ×2h→880℃ ×10min 水淬	1280℃→880℃降温用时约 35min
15	0.0161	1280℃ ×2h→880℃ ×30min 水淬	
16	0.0017	1280℃ ×2h 水淬，650℃ ×10min 水淬	630℃装炉
17	0.0077	1280℃ ×2h 水淬，650℃ ×30min 水淬	
18	0.0121	1280℃ ×2h 水淬，650℃ ×1h 水淬	
19	0.0176	1280℃ ×2h 水淬，650℃ ×3h 水淬	

① 连铸坯 AlN 占合金的质量分数大是因为从现场火焰切割的铸坯在空气中自然冷却，冷却时间较长的缘故。

6.5.5.2 AlN 析出的热力学与动力学

低碳钢中很难观察到纯的 AlN 颗粒,热处理条件下可以观察到一些纳米尺寸的氮化物粒子,为简化计算,假设钢中 Al、N 以纯 AlN 形式存在,讨论 AlN 析出的热力学和动力学。

A 热力学

铝与氮在钢中的固溶度积与温度有关,文献[25～29]给出的关于 AlN 在奥氏体中的平衡固溶度积公式有:

$$\lg([\mathrm{Al}][\mathrm{N}])_\gamma = 1.79 - 7184/T \quad \text{[25]} \tag{6.7}$$

$$\lg([\mathrm{Al}][\mathrm{N}])_\gamma = 1.95 - 7400/T \quad \text{[26]} \tag{6.8}$$

$$\lg([\mathrm{Al}][\mathrm{N}])_\gamma = 0.73 - 6180/T \quad \text{[27]} \tag{6.9}$$

$$\lg([\mathrm{Al}][\mathrm{N}])_\gamma = 1.03 - 6770/T \quad \text{[26]} \tag{6.10}$$

$$\lg([\mathrm{Al}][\mathrm{N}])_\gamma = 1.48 - 7500/T \quad \text{[28]} \tag{6.11}$$

$$\lg([\mathrm{Al}][\mathrm{N}])_\gamma = 6.40 - 14356/T \quad \text{[29]} \tag{6.12}$$

式中 $[\mathrm{Al}][\mathrm{N}]_\gamma$——铝与氮在钢中的固溶度积;

T——AlN 的析出温度。

试验钢的溶解析出温度列于表 6.25,由表 6.25 可见,根据不同研究者提出浓度积公式的计算结果,试验钢中 AlN 的溶解析出温度,即降温过程中 AlN 的开始析出温度,加热过程中 AlN 的开始溶解温度为 862～1181℃,波动很大,但均低于 1200℃,1280℃保温 2h,原析出的 AlN 应完全固溶。根据实际析出量与计算析出量差别最小的原则在下面的动力学计算中,我们选用了式 6.9,按式 6.9 计算的平衡析出量与实际值列于表 6.26。

表 6.25 试样钢的溶解析出温度(℃)

钢号	编号	固溶度积公式 6.7～式 6.12						Al_s	N
		式 6.7	式 6.8	式 6.9	式 6.10	式 6.11	式 6.12		
ZJ330	1	1076	1076	1176	1210	1223	1172	0.043	0.0068
	2	951	955	1012	1052	1076	1097	0.019	0.0044
	3	903	907	951	993	1020	1066	0.008	0.0060
	4	862	868	900	943	973	1040	0.005	0.0058
SS330	7	996	998	1070	1109	1128	1124	0.019	0.0071
	8	929	932	984	1024	1050	1083	0.012	0.0054
	9	1041	1041	1129	1165	1181	1152	0.030	0.0070

表 6.26　不同温度时 AlN 在钢中的平衡析出量与实际值

温度/℃	950	880	650
保温时间/h	3	0.5	3
固溶度积	4.752×10^{-5}	2.344×10^{-5}	1.082×10^{-6}
计算的 w_{AlN}/%	0.0138	0.0169	0.0203
实际的 w_{AlN}/%	0.0135	0.0161	0.0176

9 号铸坯中氮含量为 0.007%，最多可以析出 AlN 的量为 41 ×0.0070%/14 = 0.0205%。

由表 6.26 可见，900℃保温 3h、880℃保温 0.5h，钢中 N 几乎全部以 AlN 形式析出；650℃保温 3h，N 以 AlN 形式析出的量与钢中 N 全部以 AlN 形式析出的量的比值 =0.0176/0.0205 =0.87。

根据式 6.9 计算结果，基本与实际结果相符。

B　*动力学*

a　AlN 析出的形核和长大

根据不同形核机制，先确定均匀形核及位错线上形核条件下有关 AlN 沉淀析出的参数，再计算出不同形核条件下的形核速率，求出 AlN 在奥氏体中沉淀析出时的临界形核尺寸和相对形核率，图 6.24 图 6.25 分别示出了 0.06% C-0.003% Al-0.0070% N 钢中 AlN 在奥氏体中沉淀析出的临界核心尺寸及相对形核率与温度的关系。

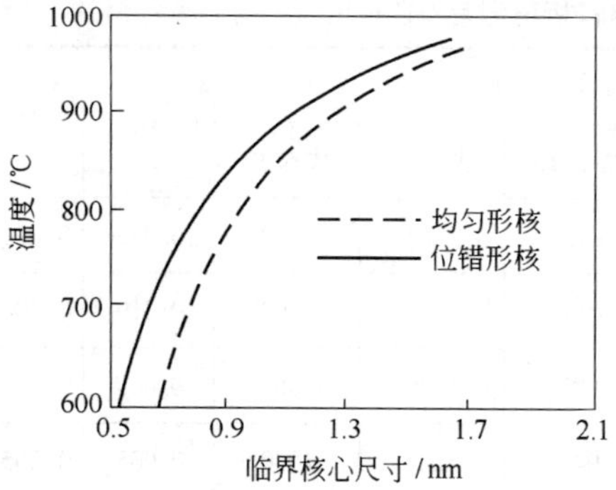

图 6.24　0.06% C-0.030% Al_s-0.0070% N 钢中 AlN 在奥氏体中沉淀析出时的临界核心尺寸

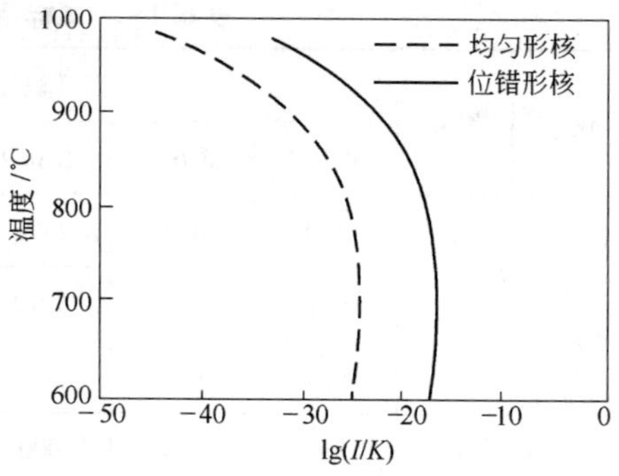

图 6.25　0.06% C-0.030% Al_s-0.0070% N 钢中 AlN 在奥氏体中沉淀析出时的相对形核率与温度的关系曲线

由图 6.24 和图 6.25 可以看出，均匀形核和位错线上形核时临界核心尺寸随着沉淀析出温度的降低而减小，在通常的沉淀温度范围内，AlN 的临界核心尺寸约为0.5~1.5nm。1000℃时临界核心尺寸达2nm，1100℃达到约8nm，这样大尺寸的核心难以形成；相对形核率随温度的降低而增大。薄板坯连铸连轧过程冷却速度大，析出温度低，临界核心尺寸小，相对形核率大。

新相核心一旦形成，就将发生晶核的长大过程，而且将一直持续到析出达到平衡，不同时间沉淀析出的核心最终长大的颗粒尺寸不同。这一过程的驱动力是相变自由能。

b　AlN 析出量—温度—时间(PTT)曲线的理论计算

不同形核机制条件下的 PTT 曲线

不同形核机制条件下 AlN 析出量与温度及时间的关系式为：

均匀形核[30]：$$\lg \frac{t_{0.05}}{t_0} = \frac{2}{3}\left(-1.28994 - 2\lg d^* + \frac{1}{\ln 10} \times \frac{\Delta G^* + 2.5Q}{kT} \right) \quad (6.13)$$

位错线上形核[30]：$$\lg \frac{t_{0.05\mathrm{d}}}{t_{0\mathrm{d}}} = -1.28994 - 2\lg d_{\mathrm{d}}^* + \frac{1}{\ln 10} \times \frac{(1+\beta)^{2/3}\Delta G^* + \frac{5}{3}Q}{kT} \quad (6.14)$$

作者计算出来的 PTT 曲线示于图 6.26 和图 6.27。

从图 6.26 和图 6.27 可以看出，在均匀形核、位错线上形核、形核率迅速衰减为零的条件下，PTT 曲线呈现 C 曲线的形式，C 曲线鼻子点的温度即最快沉淀析出温度对均匀形核为 780℃，对位错线上形核为 760℃。位错线上形核快。

轧制形变对 AlN 沉淀析出动力学的影响

薄板坯连铸连轧板材经过轧制变形，产生形变储能，可能对析出起促进作用。一般认为形变储能主要由形变过程中大量增殖的位错能量组成，文献[30]计算出的形变储能约为 10J/mol，相对于纳米粒子析出的化学自由能(数千至数万 J/mol)，

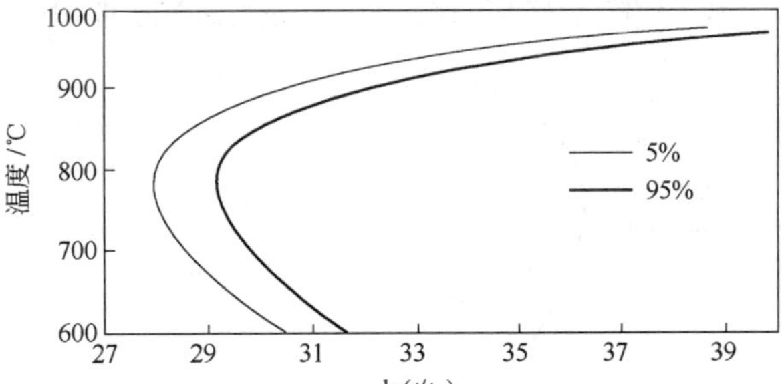

图 6.26　0.06% C-0.030% Al_s-0.0070% N 钢中 AlN 在奥氏体中形核沉淀析出时的理论计算相对 PTT 曲线(均匀形核，形核率迅速衰减为零)

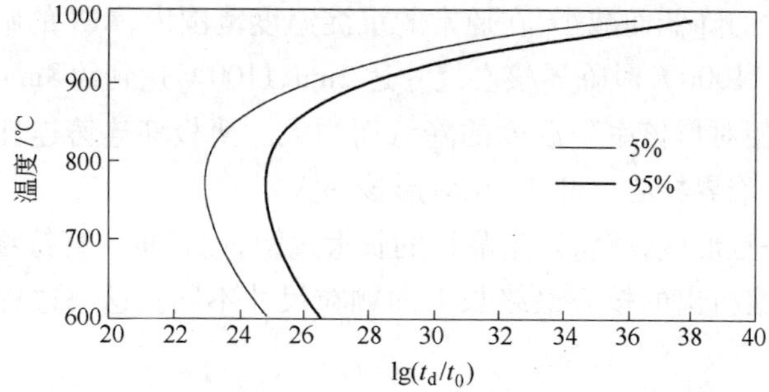

图 6.27　0.06% C-0.030% Al_s-0.0070% N 钢中 AlN 在奥氏体中形核沉淀析出时的理论计算相对 PTT 曲线(位错线上形核,形核率迅速衰减为零)

形变储能的作用是微不足道的。

即使考虑到形变储能分布的微区不均匀性,对那些由于位错的缠结、交割形成胞状亚结构微区内位错分布比较紧密,形变储能增大(微区尺寸 $d=10$nm,形变储能为92J/mol,微区尺寸为1nm,形变储能为3820J/mol)[30]。用形变储能等于3820J/mol进行计算,轧制时也难以发生显著的形变诱导 AlN 析出,计算过程见下节。

形变储能为3820J/mol时,AlN 析出的 PTT 曲线如图 6.28 和图 6.29 所示。

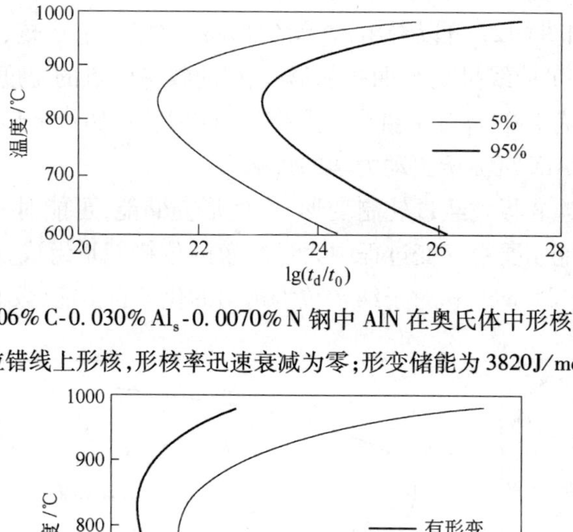

图 6.28　0.06% C-0.030% Al_s-0.0070% N 钢中 AlN 在奥氏体中形核的 PTT 曲线(位错线上形核,形核率迅速衰减为零;形变储能为 3820J/mol)

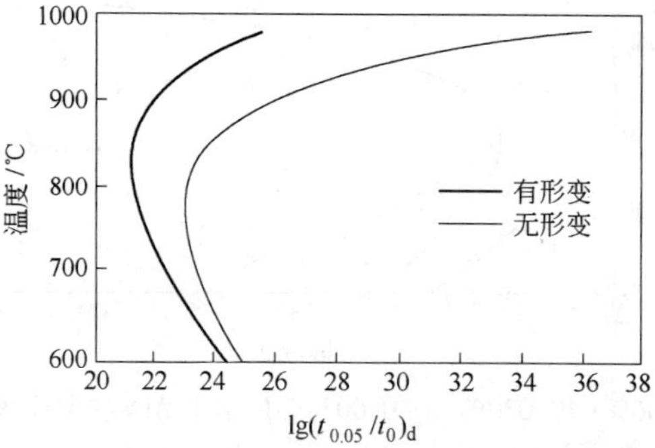

图 6.29　轧制形变对 0.06% C-0.030% Al_s-0.0070% N 钢中 AlN 在奥氏体中开始析出曲线的影响(位错线上形核,形核率迅速衰减为零;形变储能为 3820J/mol)

由图6.28和图6.29可见，轧制形变使PTT曲线左移，使AlN在奥氏体中沉淀析出的PTT曲线鼻子点温度明显提高，最快沉淀析出温度由无轧制形变时的760℃提高到形变储能为3820J/mol时的820℃。

不同温度下$t_{0.05}$的计算

$t_{0.05}$表示AlN的沉淀析出量为最大析出量的5%所需的时间。根据Avrami方程[30]：

$$X = 1 - \exp(-Bt^n) \tag{6.15}$$

可以得出：

$$\lg \ln\left(\frac{1}{1-X}\right) = \lg B + n\lg t$$

式中 X——析出量与最大析出量的比值；

B,n——相应的系数。时间指数n主要取决于相变及析出类型，特别是微观形核机制和长大机制，可以确定；常数B尚不能准确计算。

对$X=0.05\%$和87%，可以分别得到：

$$\lg \ln\left(\frac{1}{1-0.05}\right) = \lg B + n\lg t_{0.05}$$

$$\lg \ln\left(\frac{1}{1-0.87}\right) = \lg B + n\lg t_{0.87}$$

由于系数B不能准确计算，无法计算出$t_{0.05}$、$t_{0.87}$的准确数值。为此作者用两式相减得到$\lg \frac{t_{0.87}}{t_{0.05}} = \frac{1}{n}\lg\left(\frac{\ln 0.13}{\ln 0.95}\right) = \frac{1.5996}{n}$，从而消去$B$。

对于位错线上形核、形核率迅速衰减为零的条件下$n=1$[30]，故$\lg \frac{t_{0.87}}{t_{0.05}} = 1.5996$，即表示沉淀析出为87%的C曲线与5%的C曲线相差1.5996个时间数量级，由试验确定的650℃时$t_{0.87}=3\text{h}$，可以计算出$t_{0.05}=0.075\text{h}=4.5\text{min}$。

同理，可以得到$t_{0.95}=4.38\text{h}$，即0.06% C-0.030Al_s-0.0070% N钢在650℃保温4.38h后钢中沉淀析出0.95%的AlN。

900℃时，$\lg(t_{0.05}/t_0)_d = 21.93738$；

650℃时的$\lg(t_{0.05}/t_0)_d = 23.2807$。

650℃时的$\lg(t_{0.05}/t_0)_d$数值与900℃时的$\lg(t_{0.05}/t_0)_d$数值相差：23.2807 − 21.93738 = 1.34332，即900℃时$t_{0.05} = 4.5\text{min}/10^{1.34332} = 0.204\text{min} = 12.25\text{s}$。

薄板坯连铸连轧过程中，ZJ330的轧制温度范围为1100～900℃，前5道次温度高，临界核心尺寸大，难以形成；终轧道次的轧制温度为900℃，但经过的时间小于12.25s；层流冷却过程中，水冷抑制了AlN的沉淀析出，故AlN不是轧制和层流冷却过程中析出的，而主要在热轧板卷取后的缓慢冷却过程中沉淀析出的。由于薄板坯连铸连轧的冷却特点，析出的纳米氮化物质量分数很小。

6.5.5.3 薄板坯连铸连轧钢中纳米氮化物的作用

A 铝对钢的力学性能及晶粒度的影响

6 炉 ZJ330 钢的化学成分、晶粒尺寸和力学性能分别见表 6.27 ~ 表 6.29。由表 6.29 可见，当钢中 Al_t 为 0.006 ~ 0.046%，Al_s 为 0.005 ~ 0.043% 时，随钢中 Al_s 含量的增加，板材晶粒度及力学性能变化不大，而是上下稍有波动。纳米氮化物不是晶粒细化的主要原因。

表 6.27 6 炉 ZJ330 钢的化学成分（%）

炉号	C	Si	Mn	P	S	Cu	Al_t	Al_s	Ca	O	N
1	0.053	0.07	0.25	0.012	0.004	0.12	0.046	0.043	0.001	0.0026	0.0068
2	0.047	0.07	0.26	0.013	0.008	0.11	0.023	0.019	0.001	0.0042	0.0044
3	0.062	0.08	0.24	0.017	0.004	0.10	0.013	0.008	0.002	0.0046	0.0060
4	0.059	0.06	0.25	0.010	0.006	0.11	0.006	0.005	0.001	0.0054	0.0058
10	0.046	0.06	0.26	0.012	0.012	0.11	0.020	0.016	0.001	0.0033	0.0048
11	0.055	0.08	0.25	0.014	0.008	0.10	0.020	0.016	0.001	0.0050	0.0043

表 6.28 6 炉 ZJ330 钢的晶粒尺寸

编　号	1	2	3	4	10	11
Al_t/%	0.046	0.023	0.013	0.006	0.020	0.020
Al_s/%	0.043	0.019	0.008	0.005	0.016	0.016
Al_{oxy}/%	0.003	0.004	0.005	0.001	0.004	0.004
平均晶粒尺寸/μm	10.86	11.93	8.75	9.78	9.84	8.89

表 6.29 6 炉 ZJ330 钢的力学性能

炉号	厚度/mm	Al_t/%	Al_s/%	σ_s/MPa		σ_b/MPa		δ/%		σ_s/σ_b		冷弯，$d=1.5a$，180°
				纵	横	纵	横	纵	横	纵	横	
1	2.45	0.046	0.043	350	350	421	418	29	32	0.83	0.84	合　格
2	2.00	0.023	0.019	333	344	400	406	34	29	0.83	0.85	合　格
3	1.50	0.013	0.008	363	365	424	424	29	30	0.86	0.86	合　格
4	1.44	0.006	0.005	342	348	403	404	26	29	0.85	0.86	合　格
10	1.88	0.020	0.016	349	357	413	420	31	30	0.84	0.85	合　格
11	1.45	0.020	0.016	360	371	404	422	29	32	0.89	0.88	合　格

B 650℃保温时钢力学性能的变化

表 6.30 列出了 3 炉不同 Al_s ZJ330 钢加热到 650℃时分别保温不同时间后空冷试样的力学性能。

表 6.30 ZJ330 钢加热到 650℃保温处理后的力学性能

编 号	1			2			4		
保温时间/min	σ_s/MPa	σ_b/MPa	δ/%	σ_s/MPa	σ_b/MPa	δ/%	σ_s/MPa	σ_b/MPa	δ/%
10	285	365	45.3	275	365	45.2	260	410	35.2
20	285	365	35.9	300	370	48.7	300	405	40.5
30	300	385	43.8	310	385	41.9	315	395	42.5
60	325	385	44.4	315	375	42.1	340	405	36.0
120	290	380	44.5	320	385	39.5	330	405	38.5
180	325	385	42.6	325	385	41.9	345	405	33.3

由表 6.30 可以看出，不同 Al_s 含量的低碳钢均随保温时间的延长，开始时，σ_s 比原始板材的有所降低，这可以解释为是 650℃以下析出的纳米铁碳析出物溶解和 A_1 温度以下析出的未溶解的铁碳析出物粗化造成的。随后 σ_s 的升高显然是钢中 AlN 的充分析出起到沉淀强化作用造成的。但是由于薄板坯连铸连轧过程中 AlN 的质量分数小，根据质量衡算，AlN 不是沉淀强化的主要纳米析出相[17]。

6.5.5.4 HSLC 钢中纳米氮化物的属性

尽管有一些公式可以计算出不同温度下保温后析出物的尺寸大小，但难以计算出准确结果。作者用实验观察到的氮化物粒子尺寸小于 20nm，大部分为 10nm 左右，最大约 40nm，析出物为纳米级。

对各种制度热处理以后的保温水淬试样进行电镜观察，可以在视场中观察到一些纳米氮化物颗粒，它们的能谱中含有明显的 Al 峰，由于这时用化学相分析测得的 AlN% >> Al_2O_3%，加上析出物形貌特征以及能谱分析结果，可以认为这些纳米颗粒为($Al_xTi_yFe_z$)N 粒子，$x+y+z$ 近似为 1，y 和 z 可以为零。图 6.30 和图 6.31 分别为经 650℃ ×3h 和 950℃ ×3h 保温水淬的 ZJ330 钢板和 SS330 铸坯萃取复型样品中($Al_xTi_yFe_z$)N 粒子的 TEM 照片。图 6.30 中 z 很小，可以视为(Al_xTi_y)N 粒子。

图 6.30a 所示的颗粒尺寸约为 10 ~ 20nm。箭头所示颗粒的 EDAX 能谱见图 6.30b，能谱分析如下：

元 素	counts	质量分数/%	摩尔分数/%
TiK	19	46.01	32.44
SK	0	0.00	0.00
AlK	20	53.99	67.56
合 计		100.00	100.00

能谱分析表明，这类颗粒应为(Al_xTi_y)N 粒子。

经 950℃ ×3h 保温水淬处理后的 SS330 铸坯萃取复型样品中箭头所示长条状

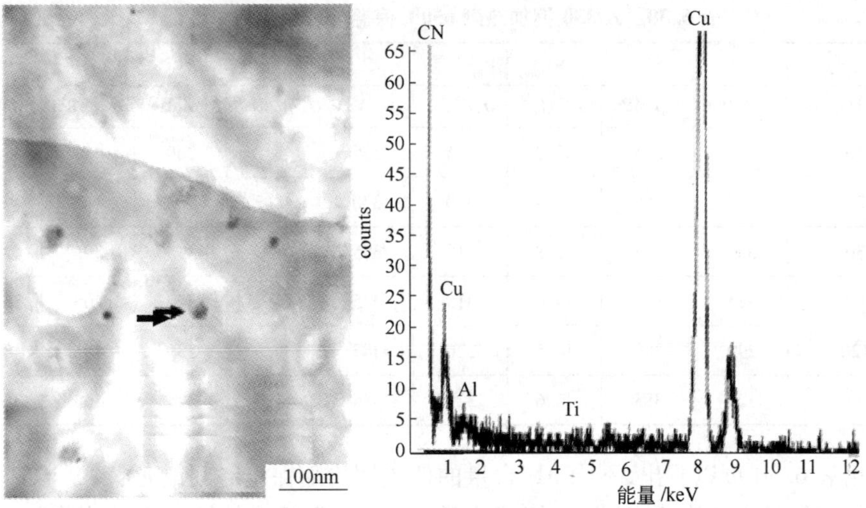

a　　*b*

图 6.30　ZJ330 钢板经 650℃ ×3h 炉冷后析出的(Al_xTi_y)N 颗粒的 TEM 照片

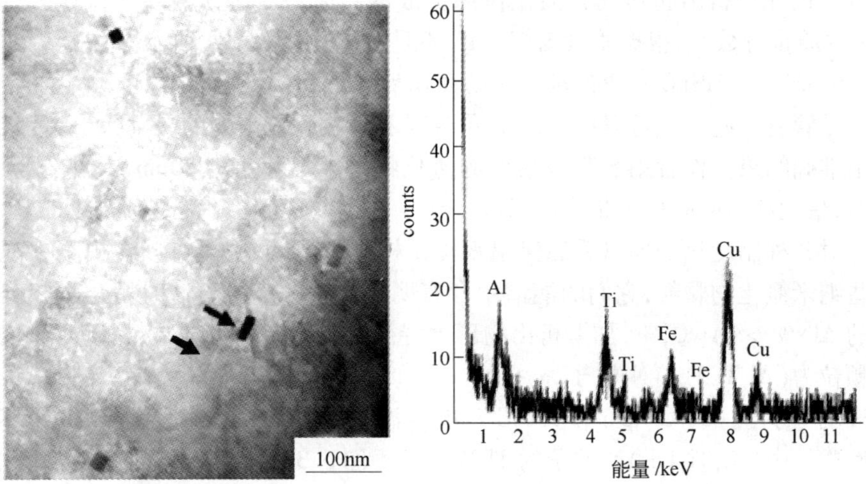

a　　*b*

图 6.31　经 950℃ ×3h 保温水淬处理后的 SS330 铸坯萃取复型样品中($Al_xTi_yFe_z$)N 的 TEM 照片

颗粒的 EDAX 能谱见图 6.31*b*,能谱分析如下:

元　素	counts	质量分数/%	摩尔分数/%
Fe*K*	129	29.14	19.70
Ti*K*	149	30.89	24.35
Al*K*	173	39.97	55.95
合　计		100.00	100.00

这类颗粒应为($Al_xTi_yFe_z$)N 粒子。

从上述结果可知，固溶后重新析出的纳米氮化物颗粒成分比较复杂，除铝元素外主要还含有一定量的 Ti、Fe 原子，Ti 来自于钢中的残 Ti，Fe 原子来自基体。纳米氮化物颗粒中还有其他元素的原子。

由上述工作可知，薄板坯连铸连轧钢中的 N 在 Al_s 为 0.005% ~0.043% 时，大部分处于自由状态，试验条件下结合成 AlN 的 N 只占钢中总氮量的 20% 以下。

试验条件下，酸溶铝对钢板的晶粒尺寸和力学性能影响不大。通过试验和理论计算的 900℃时 AlN 的 $t_{0.05}=12.25s$。在奥氏体区轧制、层流冷却过程中和卷取以前，AlN 析出的动力学条件不好，基本上不能沉淀析出，AlN 不是薄板坯连铸连轧钢中晶粒细化的主要原因。

结果表明：纳米氮化物主要是在热轧板卷缓慢空冷时沉淀析出的，它们的尺寸为纳米级，具有一定的沉淀强化作用，但由于其质量分数较小，不是起沉淀强化作用的主要纳米析出相。

透射电镜观察到热处理后的颗粒的尺寸在 20nm 以下，实际上是不同组成的 $(Al_xTi_yFe_z)N$ 粒子，对纳米氮化物的属性、质量分数及其对钢性能的影响有待进一步研究。

6.6 有待进一步研究的科学问题

尽管对低碳钢中的纳米析出物及其作用进行过较系统的研究，但是由于问题的复杂性，研究的深度不够，还有许多科学问题有待进一步的研究。考虑到作者精力有限，特将这些问题提出来，希望国家组织较年轻的同志继续进一步研究。有待进一步研究的科学问题有：

（1）纳米析出物属性。包括纳米硫化物、氧化物、氮化物的析出温度，析出温度下析出的尺寸范围和作用，纳米铁碳析出物的成分、结构等。

（2）纳米析出物对相变的影响。

（3）常规流程生产钢中的纳米析出物的行为。

（4）对强化、软化作用的理论研究、定量计算，进一步完善钢组织性能的综合控制理论。

（5）纳米析出物对新一代铁素体 + 珠光体类型钢组织性能的影响及新一代不同钢种开发的基础研究：

1）新型高强度螺纹钢的基础研究；

2）耐热钢及铁基高温合金强化机理的再认识；

3）以纳米 W/Mo 碳化物析出为主要强化手段的新一代钢的基础研究；

4）新型高强度中板与钛微合金化的管线钢的研究开发；

5）硅钢中纳米析出物对硅钢取向及硅钢磁性的影响。

参考文献

[1] 王平，傅杰. 转炉流程炉外精炼技术优势和发展[J]. 炼钢，1995，(6).

[2] 王中丙，吴华杰，傅杰. 电炉—CSP 集装箱板的生产与研究[A]. 薄板坯连铸连轧国际研讨会论文集[C]. 2006；钢铁增刊，2006，41:58 -64.

[3] 柴毅忠. EAF—CSP 生产汽车结构用热轧低碳高强钢板冶金工艺及质量研究[D]. 北京：北京科技大学，2007.

[4] Li Y, Wilson J A, Crowther D N, et al. 钒(铌、钛)对薄板坯铸钢微观组织和力学性能的影响[A]. 2002 年薄板坯连铸连轧国际研讨会论文集[C]. 广州，2002：177 -191.

[5] 毛新平，等. 薄板坯连铸连轧微合金化技术[M]. 北京：冶金工业出版社，2008.

[6] 傅杰，王中丙，柳得橹，等. 电炉 CSP 工艺基础研究与技术创新[A]. 薄板坯连铸连轧技术交流与开发协会第一次技术交流会论文集[C]. 广州，2002：13 -28.

[7] 傅杰，王中丙，康永林，等. 电炉—CSP 工艺生产 HSLC 钢的研究与开发[J]. 北京科技大学学报，2003，(5).

[8] 傅杰. 新一代低碳钢——HSLC 钢[A]. 中国有色金属学报，冶金、材料与化工现状及发展策略——中国工程院化工、冶金与材料工程学部第四届学术会议论文集. 北京：科学出版社，2004：82 -90.

[9] 康永林，傅杰，柳得橹，等. 薄板坯连铸连轧钢的组织性能控制[M]. 北京：冶金工业出版社，2006.

[10] Garcia C I, Tokarz C, Vazqurz M, et al. 含铌高强度低合金钢薄板坯连铸工艺的生产：热轧产品的种类、性能和应用[A]. 2002 年薄板坯连铸连轧国际研讨会论文集[C]. 广州，2002：153 -168.

[11] Glodowski R J. Vanadium - nitrogen microalloyed HSLC strip steels produced by thin slab casting[A]. HSLC Steels’2000. Beijing：Metallurgical Industry Press，2000：313 -318.

[12] 雍岐龙，马鸣图，吴宝榕，等. 微合金钢——物理和力学冶金[M]. 北京：机械工业出版社，1989.

[13] Liu D L, Fu J, Kang Y L, et al. Oxide and sulfide dispesive precipitation and effects on microstructure and properties of low carbon steels[J]. J. Mater. Sci. Technol.，2002，18(1)：7 -9.

[14] Liu D L, Huo X D, Wang Y L, et al. Aspects of microstructure in low carbon steels produced by the CSP process[J]. Journal of University of Science and Technology Beijing，2003，10(4)：1 -3.

[15] 傅杰，吴华杰，刘阳春. HSLC 和 HSLA 钢中的纳米铁碳析出物[J]. 中国科学，E 辑，2007，37(1)：43 -52.

[16] 傅杰，吴华杰，刘阳春. 400MPa 级铁素体 + 珠光体类型钢组织性能的综合控制[J]. 钢铁研究学报(2006 北京国际材料周钢铁分会论文集)，2006，18(2)：5 -11.

[17] 傅杰，吴华杰，刘阳春. 薄板坯连铸连轧铁素体 + 珠光体钢的强化与软化[J]. 中国工程科学，2008，10(4)：65 -72.

[18] 翁宇庆. 超细晶钢——钢的组织细化理论与控制技术[M]. 北京：冶金工业出版社，

2003.

[19] 袁文. 借助热机械控制工艺(TMCP)的显微结构控制技术最新进展[J]. 冶金管理, 2009, (9): 54-55.

[20] 柳得橹, 傅杰, 柯俊, 等. 高纯净微合金钢的连续冷却转变与组织细化[J]. 金属学报, 1999, (9).

[21] 高木节雄. 降伏强度こ组织因子[J]. 铁と钢, 2008, 13(5).

[22] Petch N J. The cleavage strength of polycrystals[J]. Journal of the Iron and Steel Institute, 1953, 114: 25-28.

[23] Petch N J. The ductile-brittle transition in the fracture of α-iron: 1[J]. The Philosophical Magazine, 1958, 3: 1089-1097.

[24] 傅杰, 刘阳春, 吴华杰. HSLC 钢中纳米氮化物的析出与作用[J]. 中国科学, E 辑, 2008, 38(5): 797-806.

[25] Küchi Nasita. Physical chemistry of the groups IVa (Ti, Zr) Va (V, Nb, Ta) and the rare earth elements in steel[J]. Trans. ISIJ, 1975, (15): 145-152.

[26] Irvine K J, Pickering F B, Gladman T. Grain refined C-Mn steels[J]. J. Iron Steel Instetute, 1967: 161-182.

[27] Erasmus L A. Effect of aluminum additions on forgeability austenite grain coarsening temperature and impact properties of steel[J]. J. Iron Steel Instetute, 1967: 32-41.

[28] Gladman T, Pickering F B. Grain coarsening of austenite[J]. J. Iron Steel Instetute, 1967: 653-664.

[29] Kong Y L, Yu H, Fu J, et al. Morphology and preapsitation of AlN in hot strip of low carbon steel produced by compact strip production[J]. Mater. Sci. Eng. A-Struct. Mater. Prop., 2003, 351(1-2): 265-271.

[30] 雍岐龙. 钢铁材料中的第二相[M]. 北京: 冶金工业出版社, 2006.

附　录

引言

1996 年，我国钢产量首次超过 1 亿 t/a，在世界钢产量排行中居首位。在满足国民经济各部门（例如机械、钢铁、建筑、交通等）的发展和人民生活水平提高（例如住房、汽车、家电等）对钢材日益增长的需求的推动下，从 1966 年至今，我国钢产量不断高速增长，一直是世界第一。2006 年全国总钢产量为 4.18 亿 t/a，占当年世界总钢产量的 33.9%，钢总产量与当年排名第二位至第七位的六个国家（日本、美国、俄罗斯、韩国、德国、印度）的钢产量总和相当。2007 年我国钢产量为 4.892 亿 t，占世界钢总产量的 36.4%，2008 年估计达 5 亿 t，中国成为了一个名副其实的钢铁大国。

但是，我国目前还不是一个公认的钢铁强国，在钢铁工业界和人们的心目中，日本、美国、韩国是公认的钢铁强国。对于什么是钢铁强国，可以有不同的理解，作者认为，一个钢铁强国可以通过下述八个方面来进行评价：

（1）$W = W_B + W_E$；

（2）$W_r = W/r$；

（3）$W_h = W_u/W$；

（4）$M_s = \dfrac{aW_B + (1-b)W_E}{f_1 W}$；

（5）$M_i = \dfrac{(1-a)W_B + bW_E}{f_2 W_i}$；

（6）$E = \dfrac{C_B W_B + C_E W_E}{W}$；

（7）$V = \dfrac{V_B W_B + V_E W_E}{W}$；

（8）创新能力 K。

式中　W——全国年产钢量；

W_B，W_E ——年转炉钢产量、年电炉钢产量；
W_r ——人均年产量；
W_u ——高质量、高附加值优钢产量；
W_h ——高质量、高附加值优钢比例；
r ——全国总人口；
a ——转炉最佳废钢比；
b ——电炉最佳铁水比；
M_s ——吨钢的废钢消耗量；
M_i ——吨钢的矿石消耗量；
f_1 ——废钢的综合收得率；
f_2 ——矿石与铁水的转换率；
E ——吨钢能耗；
C_B，C_E ——吨转炉钢和吨电炉钢的可比能耗；
V ——吨钢污染物排放量；
V_B，V_E ——吨转炉钢和吨电炉钢的污染物排放量。

在上述钢铁强国的八项综合评价标志中，第（1）、（2）项反映钢产量，钢总产量大，人均占有的钢多，说明国家钢铁实力强，这两项是钢铁强国必须有的基础。第（3）项反映钢的质量，一个国家钢的高质量、高附加值钢的数量越大，高质量、高附加值钢产量占总钢产量的比例越大，这个国家的钢铁生产水平越高。第（4）~（7）项可以用来评价一个国家钢铁工业可持续发展的趋势，显然吨钢的矿石消费量 M_i 越小，废钢消费量 M_s 越大，能耗 E 越小，污染物排放量 V 越少，有利于钢铁工业的可持续发展，这也是自有电炉以来，世界电炉钢比例基本上一直在提高，电炉钢产量不断增长的原因。钢铁工业的可持续发展是一个国家是不是钢铁强国的重要标志。第（8）项很难量化，但十分重要，一个钢铁强国应该在冶金领域具有较强的创新能力，特别是原创能力，中国近代和现代在钢铁领域大的原创性创新不多，但在古代，我国是一个钢铁强国，有很多原创，发明了钢铁冶炼方法。在近代和现代，我国基本上是学外国先进的东西。为了赶超世界先进水平，引进外国先进技术是必要的，因为它可以提高我们赶超的起点，缩短我们达到或领先国际先进水平的时间，但是任何一个先进国家均不会把自己最新的、最先进的技术卖给别人，因为它要保持自己一直居于领先地位。为此，单靠引进或在消化引进的基础上有所创新又是不够的，一个钢铁强国必须有一些重大的原始创新，虽然难度大一些，但必须有，在钢铁工业领域中，诸如不同的炼钢方法（高炉、转炉、电炉等），不同的钢生产流程（薄板坯连铸连轧、未来的小方坯连铸连轧等），不同的关键技术（NG-TMCP

等)属于重大的原始创新,而建立在工程创新基础上的基础理论研究会加深对工程创新的理解,使工程更完善(例如钢中纳米碳化物析出粒子的研究会促进NG-CMCP的发展)。

我国近年来出现了钢铁产能整体过剩问题,但是作者认为作为现代钢生产两条主要流程之一的电炉流程的产能并没有过剩,相反,仍有较大发展空间。电炉钢产量虽然在世界上是名列前茅的,但电炉钢比例却远低于世界平均水平。1993年以前美国有容量为100t以上的电弧炉46座,日本2003年有100t以上的电炉22座,而我国目前仅有100t以上的电炉十几座,如要使我国电炉钢比例有所上升,就必须对发展现代电炉炼钢进行第二轮投资,因为已有第一轮投资建立的容量为50~150t的电炉生产能力的潜力已经挖掘得差不多了,现在的问题是什么时候投资的问题。作者认为现代电炉炼钢的进一步发展是必然的,促进我国现代电炉炼钢的发展,有利于我国钢铁工业的可持续发展,现在就应考虑引导支持企业对发展我国的现代电炉钢生产进行第二轮投资。

在我国发展薄板坯连铸连轧是使我国从一个钢铁大国变为一个钢铁强国的一个重要切入点。作者认为发展现代电炉炼钢是另一个重要的切入点。为了使我国成为一个钢铁强国,作者从20世纪80年代末至今一直从事这两方面的工作,战斗在第一线,也受到了中国工程院的重视,2002年,中国工程院在广州召开了"薄板坯连铸连轧技术交流与开发协会"的成立大会和第一次技术交流会,这次大会是在北京科技大学和珠钢合作积极建议和参与筹备下召开的,由于当时国内首先投产的是珠钢电炉—CSP生产线,故北科大和珠钢总结了这条生产线投产几年来的工作,编辑了一本文集——《电炉CSP工艺与材料研究文集》作为薄板坯连铸连轧技术交流与开发协会第一次技术交流会的交流资料,作者和当时珠钢负责人王中丙为文集写了前言。在会上作者做了关于《工业基础研究与技术创新》的报告,论述了工业基础研究与技术创新的关系,强调了工业基础研究在原始自主创新中的重要作用。2005年由中国工程院发起,在上海召开了中国电炉流程与工程技术研讨会(简称"第二次上海会议"),会议由冶金工业出版社出版了会议论文集——《中国电炉流程与工程技术文集》,作者积极建议并参与筹备了这次会议的召开,负责组织了文集中大部分论文的撰写。薄板坯连铸连轧及电炉炼钢成为了中国工程院产业科学技术委员会与我国钢铁冶金界联系最紧密并直接指导的两个领域。

为了进一步促进我国钢铁工业的可持续发展,促进我国由钢铁大国变为钢铁强国,现将作者在现代电炉炼钢发展和薄板坯连铸连轧这两个方面的主要论文目录(个别未正式发表、读者不便查找的几篇文章列出了全文)以附录的形式汇编在一起,便于读者查阅,希望对读者能有所裨益。

附录 I　我国现代电炉炼钢的发展主要论文目录

[1] 傅杰，马廷温，王平．对我国发展直流电弧炉技术的建议．钢铁研究学报,1992，4(增刊)：61－65.

[2] 傅杰，李京社，王开力，赵沛．直流电弧炉炼钢工艺探讨．见：钢铁工艺当代电炉流程和电炉工程问题研讨会专辑，1993：45－53.

[3] 王开力，马廷温，傅杰．直流钢电炉技术的发展与应用．钢铁，1994，(5).

[4] 傅杰，王平．加强电炉钢短流程生产工艺研究与产品开发的建议．特殊钢，1994，12(2)：16－20.

[5] 王平，傅杰．转炉流程炉外精炼技术优势和发展建议．炼钢，1995，(6).

[6] 倪满森，傅杰．关于开展“电磁技术在连续铸钢生产中应用基础研究”的建议．国家工程与科学攀登项目建议书，1995.

[7] 傅杰，王平．关于开设“钢铁冶金工程”课程的设想．1995 年全国冶金高校教学研讨会资料，1995.

[8] 傅杰，李士琦，王平，马廷温．关于开展降低电弧炉炼钢工序能耗研究的建议．特殊钢，1977，18(6)：31－35.

[9] 傅杰，王平．发展我国钢的二次精炼技术的建议．特殊钢，1999，20(增刊)：43－47.

[10] 傅杰，王中丙，李京社，等．现代电炉炼钢技术的发展、问题及对策．现代电炉炼钢技术文集，广州，2002：1－19.

[11] 傅杰．关于举办第二次“当代电炉流程和电炉工程问题研讨会”的建议．给徐匡迪院长的信,2004.

[12] 傅杰，兰德年．现代电弧炉炼钢技术的发展及我国电炉钢生产的前景．中国电炉流程与工程技术文集，北京：冶金工业出版社,2004：21－41.

[13] 史美伦，傅杰．现代炼钢流程冶炼工序的比较研究——对现代电弧炉冶炼和转炉冶炼的认识．中国电炉流程与工业技术文集. 北京：冶金工业出版社,69－76.

[14] 王新江,傅杰,李晶．现代电弧炉高效生产与流程工程学问题,中国电炉流程与工程技术文集，北京：冶金工业出版社,2004：141－146.

[15] 王秦昌，傅杰．大型电炉和转炉流程炼钢的制造成本分析．中国电炉流程与工业技术文集，北京：冶金工业出版社,2004：161－167.

[16] 傅杰．中国现代电炉炼钢的昨天、今天和明天．冶金管理，2005，(12)：45－50.

[17] 傅杰，史美伦．现代炼钢流程冶炼工序的共性问题．中国冶金，2005，(12).

[18] 傅杰．电弧炉炼钢技术发展“分期”问题．钢铁研究学报，2006，(5).

[19] 傅杰．关于我国特钢发展的思考．冶金管理，2006，(10)：28－31.
[20] 傅杰，柴毅忠，毛新平．中国电炉炼钢问题．钢铁，2007，42(12)：1－6；第十一届中日钢铁冶金技术研讨会文集，武汉，2007：93－101(英文).
[21] 傅杰．发展现代电炉炼钢 促进我国钢铁工业可持续发展．冶金管理，2008，(2)：56－58.
[22] 傅杰．现代电弧炉冶炼周期综合控制理论与应用．北京科技大学学报，2006，(5).
[23] 傅杰．钢液中氮的控制理论及其应用．魏寿昆院士百岁寿辰纪念文集，北京，2006：107－119.
[24] 傅杰．电炉冶炼周期及钢中氮含量综合控制理论与应用．2008 年两岸冶金学术研讨会论文集，高雄，2008：79－94.

附录Ⅱ 薄板坯连铸连轧主要论文目录

[1] 王中丙，傅杰．中国电炉扁平材生产流程的竞争力问题．薄板坯连铸连轧技术交流与开发协会．第一次技术交流会论文集．广州，2002：1－12；2002 年薄板坯连铸连轧国际研讨会论文集，广州，2002：112－120(中文版).
[2] 傅杰，王中丙，柳得橹，康永林，等．电炉 CSP 工艺基础研究与技术创新．薄板坯连铸连轧技术交流与开发协会．第一次技术交流会论文集，广州，2002：13－28.
[3] 傅杰，康永林，王中丙，等．关于薄板坯连铸连轧产品开发的几点思考．薄板坯连铸连轧技术交流与开发协会．第二次交流会论文集，包钢，2004：97－105.
[4] 康永林，傅杰，王中丙，等．薄板坯连铸连轧钢的组织性能综合控制理论与应用．薄板坯连铸连轧技术交流与开发协会．第二次交流会论文集，包钢：106－114.
[5] 傅杰，王中丙，康永林，柳得橹，等．电炉—CSP 工艺生产 HSLC 钢的研究与开发．2002 年薄板坯连铸连轧国际研讨会，广州，2002：238－247.
[6] 康永林，傅杰，柳得橹，王中丙，等．CSP 低碳钢薄板组织演变及强化机理研究．2002 年薄板坯连铸连轧国际研讨会，广州，2002：248－256.
[7] 柳得橹，霍向东，王元立，傅杰，等．EAF—CSP 工艺低碳钢中纳米级沉淀粒子研究．2002 年薄板坯连铸连轧国际研讨会，广州，2002：257－261.
[8] 周德光，傅杰，王中丙，柳得橹，等．CSP 薄板的铸态组织特征．2002 年薄板坯连铸连轧国际研讨会，广州，2002：283－288.
[9] 傅杰．新一代低碳钢——HSLC 钢．中国有色金属学报．冶金、材料与化工现状及发展策略——中国工程院化工、冶金与材料工程学部第四届学术会议论文集，北京：科学出版社，2004：82－90.

[10] 傅杰. 薄板坯连铸连轧钢中氮的控制. 薄板坯连铸连轧技术交流与开发协会. 第三次技术交流会论文集, 唐钢, 2005:94 -99.
[11] 傅杰, 吴华杰, 刘阳春. 薄板坯连铸连轧铁素体 + 珠光体类型钢的强化与软化. 薄板坯连铸连轧技术交流与开发协会. 第四次技术交流会论文集, 马鞍山, 2006:544 -549.
[12] 傅杰. 400MPa 级铁素体 + 珠光体类型钢组织性能的综合控制. 2006 年中国材料研讨会论文摘要集, 北京, 2006:351 -352.
[13] 王中丙, 吴华杰, 傅杰. 电炉—CSP 集装箱板的生产与研究. 2006 薄板坯连铸连轧国际研讨会会议论文集, 钢铁, 2006, 41(增刊):58 -64.
[14] 傅杰, 吴华杰, 刘阳春. HSLC 和 HSLA 钢中的纳米铁碳析出物. 2006 薄板坯连铸连轧国际研讨会会议论文集, 钢铁, 2006, 41(增刊):159 -168.
[15] 傅杰, 吴华杰, 刘阳春. 钢的亚调制处理研究. 2006 薄板坯连铸连轧国际研讨会会议论文集, 钢铁, 2006, 41(增刊):253 -258.
[16] 傅杰, 吴华杰, 刘阳春, 康永林. 薄板坯连铸连轧 HSLC 和 HSLA 钢中的纳米析出物及其作用. 薄板坯连铸连轧技术交流与开发协会. 第五次技术交流会论文集, 长沙, 2007:586 -595.
[17] 刘阳春, 吴华杰, 傅杰. 薄板坯连铸连轧低碳铝镇静钢中 AlN 沉淀析出的实验研究. 薄板坯连铸连轧技术交流与开发协会. 第五次技术交流会论文集 , 长沙, 2007:602 -606.
[18] 傅杰, 吴华杰, 刘阳春, 康永林. HSLC 和 HSLA 钢中的纳米铁碳析出物. 中国科学 E 辑, 技术科学, 2007, 37(1):43 -52;Science in China, Seris E, Technological Sciences, 2007, 50(2):166 -179.
[19] 傅杰, 刘阳春, 吴华杰. HSLC 钢中的纳米氮化物的析出与作用. 中国科学 E 辑, 技术科学, 2008, 38(5):797 -806;Science in China, Series E, Technological Sciences:989 -998.
[20] 傅杰, 吴华杰, 刘阳春. 薄板坯连铸连轧铁素体 + 珠光体类型钢的强化与软化. 中国工程科学, 2008, 10(4):65 -72.

附录Ⅲ 几篇未正式发表、读者不便查找的论文

Ⅲ.1 关于开展“电磁技术在连续铸钢生产中应用基础研究”的建议❶

1 目的和意义

我国是一个幅员辽阔、百业待兴、处于发展中的社会主义国家,由此决定了我国是一个钢铁生产大国。预计到 2000 年,我国钢产量将达到 1.2 亿 t,居世界首位。

❶ 本文系 1995 年由倪满森及傅杰提出的国家工程与科学技术攀登项目建议书。

然而,目前我国是一个钢铁工业生产技术比较落后的国家,总体上与世界先进水平有很大的差距,主要表现在设备陈旧、工艺落后、工人的劳动环境差、生产成本高、品种少,一些关键用材长期依赖于进口,耗费大量外汇和处于被动局面;质量较差,不能完全满足各行业对钢材越来越严格的要求,制约我国制造业和国民经济的发展。我国钢材在国际市场上缺乏竞争能力,因此,加强钢铁工业生产技术研究,提高钢铁生产工艺水平,优化产品结构,改善生产条件和提高技术经济指标,已是当务之急。

通过分析借鉴国外钢铁生产技术发展的历程和总结我国的经验,我国已明确地认识到连续铸钢是联结钢铁冶炼与钢材加工的重要环节,连续铸钢技术水平可以说是一个反映钢铁生产水平的窗口,提高连续铸钢技术水平,必将能带动和促进钢铁生产技术的进步。冶金工业部制订的本世纪末钢铁工业发展决策中,一再强调要投入更大的资金、技术力量和给予优惠的产业政策,力争在下一世纪到来之时,我国的钢铁整体技术水平接近和达到世界先进水平。提高连续铸钢技术水平的工作一方面是完善业已成形的连铸技术,发展连续铸钢生产,另一方面是开发新的连续铸钢工艺技术和进一步改善连铸坯质量,前者是为了巩固和提高我国连续铸钢水平,后者则是争取在世纪之交世界范围内的新一轮技术竞争中,立于世界先进行列中。

目前世界范围内在开展连续铸钢新技术新工艺的应用基础研究方面,电磁技术在连续铸钢中的应用是一个十分活跃的领域。电磁技术以其可调性、易控性、同步性、远程易输送、无公害等优点,被广泛地应用于工农业生产、通讯、能源、交通、国防、电力等部门行业中。电磁技术在冶金中的应用也由来已久,这主要是由于金属是良好的电磁感应体。在较早阶段,电磁技术应用于连续铸钢始于 50 年代,连续铸钢应用电磁搅拌,控制钢液的凝固过程,提高连铸坯的表面和内部质量,取得很好的效果,很快成为连续铸钢的主要相关技术。近几年陆续成功开发出了结晶器电磁制动技术、薄带坯连铸电磁侧封技术、连铸钢液非金属夹杂物上浮技术、钢液浇入钢包时下渣检测技术、中间包水口流量电磁调节控制技术、结晶器液面检测技术、伸入式水口流量电磁搅拌防止结瘤技术等,广泛地应用于连续铸钢生产中。电磁技术具有功率大、设备紧凑耐用、工作时无惯性、可调范围宽、可控性能好、可靠度高、维护成本低、高效稳定、无污染、设备本体与作用对象(高温熔体及固体)不接触、易于实行远程操作和自动控制等优点,其在连续铸钢中的应用是非常鼓舞人心的。因此开展电磁技术在连续铸钢中的应用基础研究,已成为世界钢铁生产技术先进国家的一个研究热点,不久的将来一些新的连续铸钢电磁应用技术将面世,连续铸钢技术又会发生一次跃进。我国依靠自己的财力和技术力量,不失时机地加快电磁技术在连续铸钢中的应用基础研究,并尽快地形成成熟的技术,必将有力地推动我国连续铸钢技术的进步和生产的发展。近几年电磁技术在连续铸钢过程中又开辟了一些新的应用途径，从取得的一些成果看是十分可喜的苗头。可以预言新世纪的冶金工业技术发展中，电磁技术应用是关键技术之一。

2　国内外研究工作现状和发展趋势

2.1　国外研究工作现状、发展趋势及存在问题

目前国外正在开展的电磁技术在连续铸钢生产中的应用基础研究，主要包括这样几个方面：软接触结晶器连铸技术、带电磁分离水口的中间包—结晶器直接连铸技术、结晶器内电磁振荡连铸技术等。其研究的目的和意义、研究工作现状、发展趋势和存在的问题如下。

2.1.1　软接触结晶器连铸技术

金属无结晶器电磁连铸技术是从50年代开始发展的，早期的技术用于铝坯生产，取得了大大提高铸坯表面质量的良好效果，其技术经济优势明显，因而广泛用于铝坯生产中。但在钢的电磁连铸技术开发中，由于钢的密度大、熔点高、导热率、导电率较小，研究工作遇到很大困难，直到80年代开发出软接触结晶以后，才取得突破性进展。

这项技术的主要目的是改善铸坯表面质量、减少修磨量和热装热送及直接轧制的温度损失，减少漏钢率、提高拉坯速度、增加产量。

1984年，美国通用电器公司的一项电磁连铸技术专利中提出了组合式软接触结晶器的雏形；1985年法国VIVES发表了关于组合式软接触结晶器连铸技术的研究结果，该研究结果指出组合式软接触结晶器连铸坯质量明显优于普通连铸坯，所用电磁力远小于无结晶器电磁连铸，确定了该技术的优势；1991年日本大同特殊钢进行了ϕ40mm Ni、Ti合金的软接触结晶器连铸；1992年NKK连铸ϕ65mm、0.2% C钢成功；1993年神户制钢进行了ϕ150mm、0.12% C钢的软接触结晶器连铸，新日铁连铸ϕ80mm Ni不锈钢和ϕ80mm、0.8% C钢成功；1994年住友金属和新日铁分别连铸了ϕ100～180mm、0.14%～0.45% C钢和ϕ190mm Ni不锈钢，进行了进一步的规律研究。

从已掌握的资料来看，发达国家的钢铁业已制定了长远和系统的研究规划，投入了大量的人力、物力和财力，计划从数值模拟、热模拟到生产试验，从小方坯、圆坯到大方坯、大圆坯、板坯、薄板坯，逐步发展。国外冶金工作者认为该技术在下一世纪的连铸中将是关键技术之一，因而把它作为有战略意义的技术研究。目前尚处于研究阶段，工作不全面，不够深入，例如，软接触结晶器不振动，对于电磁力作用如何来代替机械振动的作用尚未见报道。

2.1.2　带电磁分离水口的中间包—结晶器直接连铸技术

带电磁分离水口的中间包—结晶器直接连铸亦即中间包与结晶器直接连接（类似于水平连铸，但钢包铸流方向与结晶器轴向平行），在其三重点处外加交变磁

场，借助电磁感应对初期凝固区的钢液实施磁约束，使其与器壁脱离，凝固成坯并连续拉出。这一技术除不需要机械振动装置外，既节省了水口、保护渣和类似水平连铸的分离环，又可防止二次氧化和钢液吸氮，减少铸坯表面缺陷，同时，电磁力对凝固前沿溶质分布的影响，使组织形态发生很大的变化，例如：对柱状晶生长的作用，有利于细化晶粒，获得高的等轴晶率，改善铸坯内部质量。1993 年，日本住友金属报道了他们进行 ϕ100mm、0.45%C 钢坯中间包—结晶器直接连铸技术的试验结果，给出了试验确定的工艺参数与结晶器结构参数，并指出铸坯表面只有轻微的纵向狭缝条纹和深 0.5mm 左右的横向褶皱。

2.1.3 电磁振荡结晶器技术

近年来在连铸结晶器上口使用电磁振荡对弯月面处的初始凝壳产生与机械振动相同的作用，从而改善铸坯表面质量，并有规律地使保护渣进入坯壳与结晶器壁之间的缝隙。这一技术的发展，目的是取代结晶器机械振动装置和提高表面质量。

2.2 国内研究工作基础

国内冶金部钢铁研究总院、中科院力学研究所，北京科技大学、东北大学、上海大学、北方工业大学、山东大学、大连理工大学等单位的研究工作者对连铸过程中的电磁搅拌、冷坩埚熔炼过程中的电磁悬浮、板坯连铸结晶器内的电磁制动、铝的无结晶器电磁连铸、钢的软接触结晶器连铸过程的数值模拟、带直流加热的熔炼系统中自身磁场对金属流动及传热的影响等方面曾进行过一定的研究，取得了一定的成果，有的单位已建立了有关的实验设备和中试基础设备，对于开展“电磁技术在连续铸钢生产中应用基础研究”，从研究队伍、研究能力、试验设备条件方面已具有一定基础。

3 研究内容、方案和目标

3.1 研究内容

（1）电场、磁场在连铸坯内各部位（液面、液心、固液界面）磁流体及电流的分布规律、受力研究和数值模拟。

（2）受电场和磁场作用后液态金属及其凝固过程中结晶间隔、柱状晶、枝晶、等轴晶、溶质及夹杂物分布规律的研究及其对铸坯质量的影响。

（3）电磁场作用下液态金属界面张力、黏度及其他物理特性的变化情况及其对连铸坯凝固过程和铸坯质量的影响。

（4）电磁场对结晶器内液柱形状的影响。

（5）电磁场对金属流动及传热的影响，流场和温度场的数值模拟。

（6）电磁场作用下弯月面形成过程的数值模拟及试验研究。

（7）软接触结晶器内初生坯壳形成机理及连铸坯表面质量及内在质量热模拟研究。

(8)反向凝固入口电磁封闭过程中电磁力、传热、工艺参数的实验研究。

3.2 研究方案

以方坯、圆坯为对象,进行软接触结晶器、磁分离水口、中间包—结晶器直连技术和电磁振荡结晶器、电磁封闭技术等项目研究工作,提供坚实的理论基础、工艺设计参数和工业设备设计参数。

3.3 目标

(1)采用电磁铸造工艺技术改善铸坯表面及内部质量。

(2)建立系统电磁铸造工艺设计计算软件。

(3)通过电磁铸造工艺改进连铸工艺装备。

4 项目组织方式、承担单位及研究人员

“电磁技术在连续铸钢生产工程中应用基础研究”是难度较大、理论性强、涉及多学科的综合研究项目。该项目乃是具有战略意义的、跨世纪的、获得工业规模应用的基础研究。要使该项目能赶上和超过国际水平并尽快地转变为生产力,不仅要耗大量人力物力,而且要在冶金部科技司领导下,选择研究基础较好的单位,集中优势科研力量,协同研究,合作攻关。研究基础较好的单位包括:

(1) 冶金部钢铁研究总院。院内建有连铸技术国家工程研究中心,该中心已建成超小断面中间包—结晶器直连的直弧式连铸机,单、双辊薄带连铸机以及电磁冶金热模拟试验装置,并对连铸过程的电磁搅拌、冷坩埚熔炼过程的电磁悬浮、薄板坯连铸机直壁式结晶器的电磁制动技术进行过研究,取得了一定成果。

(2) 北京科技大学。对带直流加热的熔炼与精炼系统中自身磁场对金属流动及传热进行过数值模拟与实验研究,取得了较好成果,并与中科院力学研究所及北方工业大学合作,在热模拟装置上进行过电磁搅拌、电磁制动及铝坯电磁连铸研究。

(3) 上海大学。进行过软接触结晶器连铸过程的数值模拟,取得一定成果,并建立了热模拟试验装置。

(4) 东北大学。已进行过电磁作用对金属凝固理论及电磁作用基础的研究,在该领域已获得国家发明及实用专利4项,与钢铁研究总院合作先后进行过电磁搅拌及电磁制动设备及热模拟实验研究,建立了温度场、流场的数学模型和国内外仅有的二维热模拟测试装置。

建议本项目由冶金部钢铁研究总院、北京科技大学、中科院力学研究所、上海大学和东北大学承担,主持单位为冶金部钢铁研究总院及北京科技大学,主持人及研究人员待定,实行老、中、青三结合,以中、青年研究骨干为主。

5 经费及完成期限

估算经费建议为拨款200万。

软接触结晶器连铸技术	60 万
带电磁分离水口中间包—结晶器直连连铸技术	50 万
电磁振荡结晶器技术	50 万
电磁密封技术	40 万

研究期限 3 年。

6 建议人

倪满森:冶金部钢铁研究总院,教授级高工,连铸工程中心主任,62 岁。

傅 杰:北京科技大学,教授,博士生导师,国家级有突出贡献专家,电冶金教研室主任,58 岁。

Ⅲ.2 关于开设“钢铁冶金工程”课程的设想[1]

1 钢铁冶金发展现状及特点

自 1855 年亨利 · 贝塞麦发明酸性空气底吹转炉,使钢铁的生产转变为现代工艺以来,已经有 140 年的历史。在这 100 多年的历史中,钢铁工业经历了辉煌的规模上的发展年代,对人类生活产生了巨大的影响。进入 20 世纪 70 年代,一部分人根据材料科学的发展以及一些发达国家钢铁产量增长停滞不前或有所下降的形势,认为钢铁工业已经是夕阳工业。然而,实际情况是并非如此。

目前,世界年产钢量约 7 亿 t,自进入 70 年代以来,美国、日本以及西欧的一些发达国家,年产钢量一直稳定在某一水平,但是,它们每年却投入了巨额资金以改进钢铁工业的设备与工艺,进行研究开发,提高产品质量,以质量的提高来满足国民经济对钢材产量不断增长的要求,同时也降低了社会总能耗和有利于节约资源及环境保护。中国、韩国及东南亚的一些发展中国家,钢铁产量却一直在增长。我国目前生铁产量居世界首位,钢产量占世界第二。1994 年,我国生产了超过 9000 万 t 钢,到 2000 年,预计将超过 1.2 亿 t。按照国际钢铁学会的估计,1995 年,我国钢材消耗量为 1.113 亿 t,到 2000 年为 1.543 亿 t,年平均增长 6.7%,我国将成为世界上年钢消耗量最大的国家。

近年来,钢铁生产技术有了很大进步,使钢铁工业以崭新的面貌展现在人们的面前。

在炼铁方面,喷煤、富氧、自动化控制大大提高了高炉冶炼的生产技术经济指标,以熔融还原为代表的非高炉炼铁获得了迅速发展,熔融还原炼铁技术,不仅是

[1] 本文系 1995 年全国冶金高校教学研讨会资料,作者是傅杰,王平。

当代国际冶金界的重大前沿技术，而且是今后的一个技术方向。熔融还原与近终型连铸—连轧技术相结合，将成为跨世纪的钢铁工业新一代的短流程。

在钢生产方面，就冶炼方法而言，目前主要是转炉冶炼与电炉冶炼，电炉钢比例不断上升。日本于二十年前，平炉即已被淘汰，目前电炉钢与转炉钢的比例约为1:2。美国电炉钢产量约占总钢量的40%。至1993年，我国平炉钢已降到16.31%。电炉钢则上升到23.17%。平炉的消失已成为历史的必然。

在近代钢生产技术中，炉外处理（包括铁水预处理及钢的炉外精炼）技术的发展有着极其深远的影响和重大的推动作用。60年代以后，炉外处理技术的发展，使转炉及电炉功能发生了根本性的变化。转炉的主要任务只是脱碳、提温。脱硅、脱磷、脱硫由铁水预处理过程完成，电炉则变成了一个熔化器。脱氧、合金化、去夹杂、去气的任务，无论是转炉还是电炉均是通过炉外精炼来完成。由于转炉的原料（铁水）含有害金属杂质元素少，且没有像电炉那样的电弧增氮作用，转炉成了特殊钢，特别是清洁钢生产的重要手段，日本1971年用转炉生产了528万t特殊钢，占特殊钢总产量的51%，1985年达1200万t，近年来一直保持在1000万t以上的水平，占特殊钢总产量的70%左右。由于电炉还原期的任务均可以放到炉外精炼过程中去完成，电炉主要的任务是熔化废钢，快速熔化是关键，现代电炉冶炼的特征是生产节奏转炉化，由于采用超高功率供电及充分利用辅助的化学热和物理热（强化供氧、氧燃烧嘴、二次燃烧、废钢预热、加铁水冶炼等），目前电炉冶炼周期（出钢—出钢时间）已可达40min水平，即一天可生产36炉钢，生产率已可与转炉冶炼媲美。由于其成本较低，电炉已大量用于普通钢的生产。

连铸，特别是近终形连铸技术的开发与应用，使钢的生产工艺发生了革命性的变化，它大大提高了金属收得率，降低了生产成本，它以冶炼周期短和炉外处理适当为前提也促进熔炼炉冶炼技术及炉外处理技术的发展。

热送热装、连续轧制，大大缩短了钢材生产周期，节约过程能耗，它以能生产无缺陷连铸坯为前提，要求系统优化熔炼、炉外处理及连铸工艺。计算机自动控制技术的发展，保证了无缺陷连铸坯的获得及在线检测的实现。

综上所述，可以看出现代钢铁生产流程具有以下特征：

（1）高效、节能、降耗、优质和减少对环境的污染；

（2）紧凑：熔炼、精炼、铸造、成材一环扣一环，一气呵成，任何一环出问题均将中断生产；

（3）过程控制自动化，离开计算机，生产将无法进行。

2 冶金学的发展

冶金曾是一项古老的技艺，现代的冶金学诞生于20世纪20年代，当时申克和启普曼等人为代表的学者将物理化学的概念和方法用来解释和讨论冶金过程，这就是冶金反应热力学（将物理化学中的化学反应动力学原理用来讨论冶金过程）。

由于工程应用中较少遇到纯粹的化学反应速度占绝对统治地位的冶金问题，

钢铁冶金过程中发生的反应多为高温多相反应,在绝大多数条件下化学反应速度是很快的,与之相比传质速度较慢,常是限制性环节。引入了冶金过程动力学或宏观反应动力学,即不仅考虑冶金反应本身,还考虑质量在空间上的传输过程。

宏观反应动力学单独存在的时间很短,几乎同时出现了化学反应工程的定义。应用化学反应工程的原理和方法来研究和处理冶金工程问题,形成了冶金反应工程。冶金反应工程的特点是在宏观反应动力学基础上更多地考虑操作条件和反应器——设备。

冶金反应工程本身是一类客观存在的工程实体,是一类过程系统。这样的体系具有众多的变量,变量之间的关系又非常复杂,无论是用化学的方法、物理化学的方法、或物理的方法均难给出适当的描述,而采用系统工程的方法可能更接近本来的面目。应用系统工程的观点、原理和方法来阐述和处理冶金工程问题,这就是冶金系统工程。计算技术和计算机的发展为冶金系统工程的发展与完善提供了必要的基础条件。

3 培养工程能力对现代钢铁冶金技术人才的重要性

培养工程能力,确切地说是培养分析和解决冶金工程问题的能力,对于现代钢铁冶金技术人才具有十分重要的意义。

要使自己能够正确分析和妥善解决现代钢铁工业中存在的冶金工程问题,根据前述钢铁冶金发展的现状与特点以及冶金学的发展状况,必须具备以下知识与技能,这也是所谓"工程能力"的内容。

钢铁冶金工程问题,大体上可以分为两类,一类是带全局性的,一类是局部性的。作为一个钢铁企业的总体发展规划(包括规模、产品结构、生产工艺流程及其相应的内部条件和配套设施投资强度及方向),一种产品的生产过程等属于第一类;一项专门技术,例如电炉的二次燃烧技术,或一个冶金质量问题,例如不锈钢连铸坯表面质量问题,属于第二类。要解决第一类冶金工程问题,首先必须掌握整个钢铁工业发展的动向,市场需求、生产工艺流程(长流程、或短流程、或长短结合的流程)的特点,这样才能保证企业的装备及工艺技术不致落后,产品具有高的市场竞争能力;要解决第二类冶金工程问题,必须了解有关专门技术的原理、设备及操作,例如电炉二次燃烧技术的原理——产生的 CO 与专门供给的氧作用产生化学热、氧枪的结构及布置、炉气成分的取样和在线分析及氧流量控制;或有关冶金质量问题产生背景、原因及解决办法,例如不锈钢连铸坯表面质量问题的产生背景——熔炼炉及精炼炉中氮的控制、钢液成分特点、连铸过程中钢液的二次氧化及吸氮、中间包及结晶器用保护渣的特性等影响表面质量的主要因素及解决办法。显然,培养工程能力,必须掌握冶金反应工程和冶金系统工程的知识,掌握计算机应用技术。

如前所述,近年来,钢铁生产技术有了很大进步,钢铁工业面貌焕然一新,为了适应新的钢铁生产流程的特点,现代钢铁冶金技术人才必须加强自身工程能力的培养。

4 《钢铁冶金学》的成功与不足

《钢铁冶金学》是根据1987年全国11所高等院校钢铁冶金专业第一次教学讨论会拟定的钢铁冶金教学大纲编写的，是高等院校钢铁冶金专业的教学用书及有关工程技术人员的参考书。

多年的教学实践表明，《钢铁冶金学》是一本好的教材，对培养钢铁冶金专业学生的专业能力发挥了良好的作用。《钢铁冶金学》以阐述对生产有指导意义的原则、观点为重点，理论联系实际，加强理论计算与数量分析，注意论述工艺参数的确定方法以及工艺中各环节、步骤的连续性，以利于学生对生产过程的掌握和分析，这些都是成功的经验。

由于《钢铁冶金学》成书于1989年，而近年来钢铁生产技术发展迅速，面貌日新月异，这就使得《钢铁冶金学》一书的内容和教学安排等方面难免存在不足之处。主要有以下几点：

(1)教材未能反映钢铁生产新流程的特点，对炉外精炼及连铸的作用不够突出，电弧炉冶炼基本上还是熔化、氧化、还原三期操作体系；

(2)从理论体系上，主要还是以冶金反应热力学和冶金过程动力学作指导，未涉及冶金反应工程及冶金系统工程，至少未有意识地以其作为分析和解决冶金工程问题的指导思想；

(3)在教学安排上，炼钢部分主要讲转炉、电炉及其他炼钢方法，炉外精炼及连铸另设选修课，由不同教师、在不同时期开设，结果使学生对现代钢生产过程及其特点可能缺乏系统的、全面的了解；

(4)在理论计算上，未能包括计算机应用内容。

5 开设“钢铁冶金工程”课程的设想

考虑到当前国内外钢铁工业发展的状况及冶金学的发展特点，为了加强对学生工程能力的培养，设想将原钢铁冶金专业的专业课程“钢铁冶金学”改为“钢铁冶金工程”。

“钢铁冶金工程”课程在理论体系上以冶金反应热力学、冶金过程动力学、冶金反应工程及冶金系统工程作为指导思想。

在内容上力求反映当代钢铁工业生产的技术进步特点及发展方向，在突出讲解钢铁生产过程的基本原理的同时，将原理设备及操作有机地结合成一个整体，即在原理指导下，如何来设计设备，优化操作。在炼铁方面，要反映当代高炉及非高炉冶炼的最新成果，包括喷煤、富氧、计算机控制、长寿高炉、熔融还原等；在炼钢方面，以熔炼、炉外处理及连铸三位一体的钢生产流程为核心，将有关冶金过程的理论结合到转炉熔炼、电炉熔炼、炉外处理(铁水预处理及钢的炉外精炼)及连铸部分去讲解，不单独设理论基础章节，这有利于从冶金反应工程观点将原理与设备及操作有机地结合起来。此外要通过习题等来加强计算机在教学中的应用。

在课程安排上将原有的“钢铁冶金学”(Ⅰ)及“钢铁冶金学”(Ⅱ),改为“钢铁冶金工程”(1)—炼铁部分、“钢铁冶金工程”(2)—钢冶炼、及“钢铁冶金工程”(3)—炉外处理与连铸。

在教材上,分上下两册,《钢铁冶金工程(上)》讲炼铁,《钢铁冶金工程(下)》讲钢生产。

“钢铁冶金工程”课程与实习及研究生课程衔接:结合实习讲“钢铁冶金工程概论”,其指导思想及内容框架与“钢铁冶金工程”一致,内容简单一些,重点结合实习工厂的实际情况。结合研究生学位课,开设“现代钢铁冶金工程”讲座,分别由有关专家来讲授现代钢铁冶金领域的一些热点专题,作为“钢铁冶金工程”课程的加深与拓宽。

以上是我们关于开设“钢铁冶金工程”课程的一些设想,结合95届本科生的教学及研究生教学,我系制定了“钢铁冶金工程”(1)、(2)、(3)教学大纲及“现代钢铁冶金工程”教学大纲,希望在交流中能够听取兄弟院校提出的宝贵意见。

Ⅲ.3 关于举办第二次“当代电炉流程和电炉工程问题研讨会”的建议❶

徐院长:

考虑到我国电炉钢生产的发展,我写了这个建议,供参考,不当之处请指正。

1 第一次“当代电炉流程与电炉工程问题研讨会”(以下简称研讨会)**以来,我国现代电弧炉炼钢技术和电炉钢生产的发展**

1993年6月您和殷瑞钰院士在上海举办了“当代电炉流程和电炉工程问题研讨会”,会上你们分别做了题为“现代电弧炉炼钢的发展趋势”和“当代电炉流程的工程进展评价”的学术报告,介绍了国外近期现代电弧炉冶炼的先进技术,指出了中国现代电弧炉炼钢的发展方向。这次会议对我国现代电炉流程的发展起了指导和推动作用。10年来,我国在现代电弧炉炼钢技术和电炉钢生产方面取得了长足进步,主要体现在:

(1)实现了炉子容量大型化,形成了电炉冶炼—炉外精炼—连铸“三位一体”或电炉冶炼—炉外精炼—连铸—连轧“四位一体”的现代化电炉流程群体。1992年我国电炉基本上是小炉子,平均炉容量为4.6t/台。1995年全国共有电炉1561台。2000年全国电炉总数为179台,淘汰了大批小炉子。目前我国有容量为60~150t的大电炉34台,大于100t的14台。电炉钢主要是靠这些大电炉来生产的。2000年,我国共产电炉钢2020万t,其中由50t以上电炉生产的为1241万t,占电炉总产钢量的61%。

(2)电炉生产技术经济指标大幅度提高,不少钢厂在冶炼周期、电耗、电炉利用系数、生产率等方面已进入国际先进甚至国际领先行列,60~150t炉子生产率超过

❶ 本文系2004年作者写给中国工程院徐匡迪院长的信。

8000t/(t·a)的已有16座，其中7座超过10000 t/(t·a)，与同容量转炉水平相当，见附表1～附表3。

电炉炼钢的技术进步，促进了我国电炉钢生产的发展，这两年我国钢产量增长很快，2000～2003年我国钢产量及其增长速率示于附表4，由表可见，2000～2003年，我国电炉钢在废钢及电力资源紧缺、价格高、成本比转炉钢高很多的不利条件下，产量大幅度增长，电炉钢比例有所回升，从1993～2000年电炉钢比例从23.18%降至15.7%，但从2000～2003年回升了约2个百分点，电炉钢增长速率高于转炉钢增长速率。

(3)在消化吸收引进国外先进技术的基础上有所创新，这些创新推动了我国现代电炉炼钢技术及电炉钢生产的快速发展。

2 第二次研讨会的目的、意义和内容

(1)总结第一次研讨会以来的成绩；

(2)现代电炉流程与工程问题研讨，包括电炉流程对扁平钢材生产的适应性；

(3)2020年以前我国电炉钢生产的发展趋势探讨及产量预测；

(4)进一步开发具有自主知识产权的现代电弧炉炼钢技术问题的研讨；

(5)促进我国成为现代化电弧炉炼钢的世界强国。

3 会议的组织、时间及地点

建议第二次研讨会由中国工程院产业委员会主持，围绕上述研讨会的目的意义，组织国内有关专家在会上做重点报告并邀请先进的电炉厂代表介绍其经验。

会议时间:2005年；

会议地点:两个方案供选择:(1)南京，由兴澄、沙钢、南钢协办；(2)郑州，由安钢协办。

4 关于成立“现代电弧炉炼钢技术交流与开发协会”的思考

目前我国钢生产主要由现代转炉流程和现代电炉流程来完成，这两个流程从技术和产品质量上具备同样的功能。现代转炉流程基于炉外处理及连铸技术的发展，解决了钢材质量问题；现代电炉流程基于冶炼周期的缩短，解决了适应高效连铸节奏要求的问题。今后炼钢方法的选择主要取决于资源能源的供应、价格及对环保的影响。电炉钢产量还将不断增长，现代电弧炉炼钢技术的交流与开发急需高层次的指导，为此是否可考虑在适当的时候成立在中国工程院产业委员会领导下的“现代电弧炉炼钢技术交流与开发协会”。

致礼。

北京科技大学

傅 杰

2004.9.24

附表1 我国60t以上电炉2003年钢产量及采用加铁水操作情况

序号	企业名称	电炉容量/t	投产时间	2003年产量/万t	加铁水冶炼
1	沙钢集团永新公司	1×70	1991	72	√
2	舞阳公司电炉厂	1×90	1991	100	√
3	成都无缝电炉厂	1×100	1992		
4	天津钢管公司	1×150	1992	120	√
5	江苏淮阴炼钢厂	1×70	1995	68	√
6	沙钢集团润忠公司	1×90	1995	96	√
7	上海浦东电炉厂	2×100	1995	搬迁	√
8	宝钢电炉厂	1×150	1996		√
9	江苏兴澄滨江钢厂	1×100	1997	90	√
10	大冶钢厂	2×60	1997		√
11	广钢集团电炉厂	1×60	1997		
12	上钢五厂大电炉	1×100	1997		
13	江苏苏钢电炉厂	1×100	1998		√
14	南钢电炉厂	1×100	1999	83	√
15	西宁特钢	1×60	1999		
16	杭钢昌兴电炉公司	1×80	1999	72	√
17	安阳三炼钢	1×100	1999	108	√
18	珠　钢	1×150	1999		
19	新疆电炉厂	1×70	1999	70	√
20	西宁特钢	1×60	2000		
21	沙钢集团沙景	1×100	2000	103	√
22	贵阳钢厂	1×60	2000		
23	广东韶关大电炉	1×90	2000	72	√
24	抚顺特钢四炼钢	1×60	2001		
25	江苏雪丰	1×70	2002	60	√
26	北满特钢	1×90	2002		
27	沙钢集团沙景	1×100	2002	103	√
28	江苏武进	1×100	2002	90	√
29	山东石横	1×65	2002	54	√
30	鄂城钢厂	1×70	2002		
31	通化钢铁公司	1×65	2003		
32	珠　钢	1×150	2003		

注:部分数据系电话调查资料。

附表 2　安钢与德国巴登钢厂电炉技术经济指标对比①

电　炉	巴登钢厂 1 号	巴登钢厂 2 号	安钢一炼轧
公称容量/t	90	90	100
变压器额定功率/MV·A	74	82	72
氧气消耗(标态)/$m^3 \cdot t^{-1}$	43	38	40~42
电极消耗/$kg \cdot t^{-1}$	1.8	1.8	1.50
电耗/$kW \cdot h \cdot t^{-1}$	355	370	222
金属收得率/%	88	88	90
2001 年产量/t	1754700		752155
2001 年生产率/$t \cdot (t \cdot a)^{-1}$	9748		7522
2002 年产量/t			900567
2002 年生产率/$t \cdot (t \cdot a)^{-1}$			9006
2003 年产量/t	1910000		1081278
2003 年生产率/$t \cdot (t \cdot a)^{-1}$	10611		10813

① 巴登钢厂氧气消耗、电极消耗、电耗、金属收得率数据系 2002 年资料；巴登钢厂无废钢预热，无铁水添加；安钢电炉采用废钢预热，2003 年铁水加入比平均为 25% 左右。

附表 3　安钢 100t 电炉与我国同容量转炉技术经济指标对比

工　厂	类型	炉容量/t	台数	氧耗(标态)/$m^3 \cdot t^{-1}$	冶炼周期/min	利用系数/$t \cdot (t \cdot d)^{-1}$	日历作业率/%
武钢二炼	转炉	80	3	53	36	40.5	70
武钢一炼	转炉	100	2	52	36	25.8	95
鞍钢一炼	转炉	90	3	54	36	40	96
包钢一炼	转炉	80	4	59	38	32.8	54
攀枝花钢厂	转炉	120	3	54	33	30.4	81
太钢二炼	转炉	80	3	66	30	36.6	85
重　钢	转炉	80	3	61	35	37.4	66
马钢一炼	转炉	120	2	54	35	21.1	56
涟　源	转炉	100	2	59	32	31.8	84
平　均				57	31	32.9	76
安　钢	电炉	100	1	41	41	32.2	92

附表 4　21 世纪头 4 年我国钢产量及其增长速率

年　代	粗钢产量/万 t	钢增长速率①/%	电炉钢产量/万 t	电炉钢比例/%	电炉钢增长速率①/%
2000	12849		2020	15.7%	
2001	15163	18.0	2401	15.8%	18.9
2002	18225	20.2	3049	16.7%	27.0
2003	22241	22.0	3906	17.6%	28.1

① 钢增长速率 =（当年钢产量 − 前一年钢产量）/前一年钢产量 ×100%。

Ⅲ.4 《电炉 CSP 工艺与材料研究文集》前言

薄板坯连铸连轧技术是钢铁工业流程现代化的最新成就,是当代冶金领域的一项前沿技术。这项技术从概念提出到工业应用再到成熟只用了不到 10 年的时间。这个速度是目前为止任何一项冶金技术都不可比拟的。目前以 CSP 技术为代表的各种形式的薄板坯连铸连轧技术发展争相斗艳,总产量已超过了 6000 万 t/a。

我国从 20 世纪 80 年代末就开始跟踪薄板坯连铸连轧技术的发展。当时,冶金部制定了以大力发展连铸为中心的战略,小方坯连铸技术成为了当时优先发展的重点技术。十年来,我国在连铸技术进步方面取得了举世瞩目的成就,从 1999 年开始,我国钢铁行业连铸比一直高于世界行业平均值。与此同时,我国老一辈的冶金科技工作者包括当时国家冶金部部领导,高瞻远瞩,积极向国务院推荐这项技术。在大量调查研究的基础上做出了一系列正确的决策,并于 1996 年 4 月在北京与德国西马克财团(SMS,SIEMEMS,LOI)签订了三家捆绑引进 CSP 技术设备合同。三家公司分别是:广州珠江钢铁有限责任公司、邯郸钢铁公司和包头钢铁公司(以下分别简称:珠钢、邯钢、包钢)。1999 年 8 月和 11 月,珠钢与邯钢 CSP 生产线相继投产,包钢也于 2001 年 8 月建成投产。在此期间,我国唐钢、涟钢和马钢也分别与意大利 DANIELI、日本 MITSBUSHI 及德国 SMS-DEMAG 公司签订了薄板坯连铸连轧技术设备引进合同。我国鞍钢在自主消化吸收的基础上自力更生,依靠国内技术集成,于 2000 年底成功地建成了一条中厚坯(130mm)连铸连轧生产线(ASP 技术)。至此我国薄板坯连铸连轧技术装备的产能已达到 1500 万 t/a,成为了继美国之后的又一个薄板坯连铸连轧技术应用大国。

回顾我国薄板坯连铸连轧技术发展的历程,大致经历以下四个阶段:一是跟踪考察阶段。1988~1992 年期间,我国政府和有关企业组织专门技术力量进行研究跟踪考察。广州市政府积极推动这项工作向前开展,早于 1988 年就成立了广州珠江钢厂筹建指挥部(珠钢公司的前身)。二是技术谈判及选型阶段。从 1992~1996 年间,珠钢公司分别与德国 SMS 公司和 DEMAG 公司进行了长达近 5 年的艰苦谈判。国家冶金部直接领导了这次漫长的技术谈判工作,并最终决定采用 CSP 技术。三是建设与试产、达产阶段。从 1997~2000 年珠钢、邯钢、包钢分别开始了 CSP 工程建设,珠钢工程是国内唯一完整的全新的电炉 CSP(mini-mill)生产线,只用 24 个月建成并在试产后第 15 个月实现了产钢量月达产,18 个月实现了热轧板材月达产,并实现了月产厚度小于 2mm 薄规格板比例大于 80%,达到了国际同类生产线的领先水平,2001 年人均产钢量

2100t,劳动生产率居国内首位。邯郸CSP生产线(转炉流程)在试产后7个月单流产量超过了10万t,实现了月达产,创造了世界CSP工序达产的最快速度。四是从2001年开始,国内薄板坯连铸技术进入高速发展阶段,预计至2010年,全国薄板坯连铸连轧产能将超过2000万t/a。

正如宝钢的建成与投产推动了我国冶金工业技术与管理全面进步一样,薄板坯连铸连轧技术的引进也将并正在进一步推动着我国钢铁企业的技术进步与管理进步,成为又一个具有里程碑意义的重大事件。珠钢积极实践工程建设项目法人制,实现了高速度、高质量、低成本的工程控制目标;积极推行"专业化经营,社会化协作"的管理方针,勇于探索技术创新的新路子,用不到400人生产100万t钢,人均产钢量达到2500t/a,最终达到3000t/a,这一事实为我国新建或改造的工程项目提供了一个成功的范例,为推动我国钢铁工业的技术与管理结构调整、缩小与工业发达国家的差距起到了积极作用。

珠钢是一个年轻的企业。这不仅表现在企业年轻的历史,还表现在员工的队伍结构上。2002年,珠钢员工平均年龄不到31岁,大多数员工没有钢铁企业工作的经验背景,更没有薄板坯连铸连轧技术的实践基础。这样的一个年轻企业为什么在市场与技术双重压力面前仍能呈现出勃勃生机呢?除了各级政府领导和社会各界的广泛支持外,很重要的是坚持走持续创新之路,坚持开放竞争的方向。珠钢没有自己的研究所,但从企业投产之前就广泛与北京科技大学等高校和科研院所开展全面的技术与管理合作,充分利用社会雄厚的科研资源,高效率实现产学研结合,用最低的开发成本、最快的研发速度、最佳的科研资源组合、研究出最适用的科研成果、创造最好的经济效益。在这种结合中,珠钢受益是多方面的,不仅仅是企业创新与创效收到良好效果,提高了企业的竞争力和知名度,更重要的是培养了一大批科技人才,这些人才将成为珠钢做大做强的主要力量。与此同时,北京科技大学也受益匪浅,北京科技大学的科研人员以珠钢这样一个生机勃勃、敢于创新的先进企业为依托,深入实际,积极开展基础理论及工程技术的研究与开发,获得了许多创新成果,在培养人才方面也做了一些有益的工作,为我国钢铁工业做出了贡献。

中国工程院对我国薄板坯连铸连轧技术的发展给予了高度的重视与支持。殷瑞钰院士和陈先霖院士先后多次来珠钢讲学和指导,2002年3月由中国工程院发起成立了"薄板坯连铸连轧技术交流和开发协会",以相对稳定的组织形式经常就薄板坯连铸连轧技术发展中的一些重大技术与工程问题进行交流与讨论,并积极开发我国具有自主知识产权的薄板坯连铸连轧创新技术,从而引导这项技术在全国得以健康发展,使之成为主导我国钢铁工业发展的主要流程之一,并通过这项技术的发展为推动我国的钢铁工业的全面进步做出贡献。

中国科学院资深院士柯俊教授作为北京科技大学珠钢项目组的顾问，一直对于珠钢薄板坯连铸连轧技术的进步和企业的发展给予了极大的关注、具体的指导和充分的肯定，特别是对我们在关于低碳钢中纳米级粒子的析出机理及其对钢组织性能影响的研究中给我们指明了方向，提出了许多有益的意见，在项目取得了一点初步的成果时，便给予了我们很高的评价和鼓励，从而更坚定了我们不断探索、勇于创新的信念。

国家"973""新一代钢铁材料的重大基础研究"项目首席科学家翁宇庆教授对珠钢电炉 CSP 技术的发展也给予了支持，2000 年 10 月在上述"973"项目中增设了"新一代钢的薄板坯连铸连轧工艺基础研究及材料性能特征"专题，并亲临珠钢指导，确定研究内容。

今年 7 月，将在广州召开"薄板坯连铸连轧技术交流和开发协会第一次会议"，中国工程院徐匡迪院长、王淀佐副院长、殷瑞钰学部主任、张寿荣院士、陈先霖院士、刘玠院士、干勇院士和国内的有关专家，广东省、广州市及广钢集团有关领导将出席会议，这是一次学术盛会，也将是一次对我国薄板坯连铸连轧技术发展具有深远历史意义的会议。为了积极支持这次会议的召开，我们编辑了这本论文集作为会上交流资料。本文集将珠钢与北京科技大学四年来在薄板坯连铸连轧技术方面的部分论文，汇编成册，以便于系统查阅，内容包括电炉及 CSP 技术的发展、洁净钢生产、冶炼及加工工艺优化、产品开发、材料研究、质量改进及生产管理等，希望能对同行有所裨益。为了表示我们在技术交流方面的积极态度，在文集中也介绍了一些我们最新的研究成果。

由于时间仓促，文集中缺点错误在所难免，恳请批评指正。

傅 杰 王中丙

2002 年 7 月 8 日

Ⅲ.5 电炉 CSP 工艺基础研究与技术创新

傅 杰[1] 王中丙[2] 柳得橹[1] 康永林[1] 周德光[1] 李 晶[1] 李烈军[3]

(1 北京科技大学;2 广州珠江钢铁有限责任公司;3 广钢集团技术中心)

广州珠江钢铁股份有限责任公司(珠钢)薄板坯连铸连轧生产线是我国第一条 CSP 生产线，也是我国目前唯一的一条电炉 CSP 生产线。由于我国经营环境的特殊性，电炉流程生产的钢成本高，为使企业具有高的市场竞争能力，珠钢必须依托技术创新和管理创新，生产高附加值产品，降低产品的成本[1]。投产两年多来，珠钢在这方面取得了显著成果，而其中一个重要的原因是走产学研结合的道路，通过对工艺进行深入基础研究,实现了一系列技术创新。

1 铁碳选择性氧化与电炉钢终点控制技术[2]

珠钢电炉 CSP 生产线,采用漏斗形结晶器,难以生产碳含量为 0.09% ~ 0.16% 的包晶钢,考虑到液固两相区内由于选分结晶导致的碳偏析,低碳钢中碳含量应控制在 0.06% 以下或 0.16% 以上。

由于用电炉 CSP 工艺生产的热轧钢板具有强度高的特点,并考虑到提高板材的焊接性能和抗腐蚀性能,对于屈服强度要求低于 400MPa 的钢种,珠钢通常采用低碳控制,80% 以上的产品碳含量不大于 0.06%。

实践表明,对于含碳量低于 0.06% 的钢种,电炉出钢后的脱氧、合金化、包衬、中间包覆盖剂、连铸保护渣等导致钢液增碳量一般为 0.005% 左右,这就要求出钢碳含量(终点碳含量)不大于 0.055%。

热力学研究结果指出[1]:在电炉吹氧条件下:

$$\lg[\%\mathrm{O}] = -\frac{5170}{T} + 4.736 - \lg[\%\mathrm{C}] - \lg f_{\mathrm{C}} - \lg L_{\mathrm{O}} \tag{1}$$

$$\lg\frac{a_{\mathrm{FeO}}}{[\%\mathrm{O}]} = \frac{6317}{T} - 2.739 \tag{2}$$

从式(1)和式(2)及实际的钢渣成分可以得出 1600℃ 时[C]和[Fe]选择氧化的平衡点为[C] = 0.035%,也就是说,[C]高于 0.035% 时,先氧化碳后氧化铁,[C]低于 0.035% 时,先氧化铁后氧化碳,实测的[C]-[O]关系曲线如图 1 所示。

$$[\mathrm{O}] = 0.0032[\mathrm{C}]^{-0.9441} \tag{3}$$

实际操作中可用[C]来控制[O],防止钢液过氧化,减少铁损,预报[O]以指导出钢过程脱氧,减少脱氧用铝量和降低精炼成本或根据测定[O]来预报[C]。珠钢根据这一原理开发了电炉终点碳控制技术,使[C]要求不大于 0.06% 的低碳钢,电炉终点碳等于 0.04% ~ 0.05% 的命中率大于 95%,仅节铝和降低铁损就使冶炼成本降低 18.5 元/t(钢)。

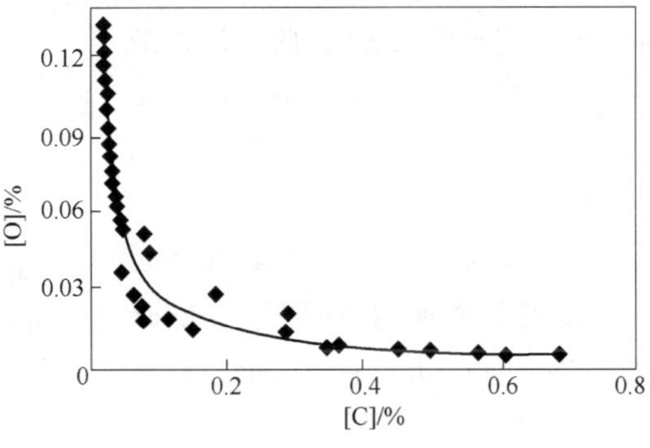

图 1 实测[C]-[O]关系

2 钢液吸氮脱氮动力学与低氮电炉钢生产[3~5]

电炉炼钢与转炉炼钢相比较,由于废钢原料含氮高及电弧区钢液易吸氮,钢中氮含量较高,这是电炉流程的先天性缺陷之一。

电炉钢液最终氮含量由下式决定:

$$[N]=[N]_0+\Delta[N]_1+\Delta[N]_2+\Delta[N]_3+\Delta[N]_4+\Delta[N]_5+\Delta[N]_6 \tag{4}$$

式中 $[N]$——最终钢液中的氮含量；

$[N]_0$——炉料中的氮含量；

$\Delta[N]_1$——电炉冶炼过程中的净脱氮量，等于脱氮量与增氮量的差；

$\Delta[N]_2$——电炉出钢至 LF 精炼开始钢液增氮量；

$\Delta[N]_3$——LF 精炼过程增氮量；

$\Delta[N]_4$——LF 结束至 VD 精炼结束钢液脱氮量；

$\Delta[N]_5$——VD 精炼结束至连铸开始钢液增氮量；

$\Delta[N]_6$——连铸过程增氮量，包括钢包至中间包至结晶器整个连铸过程钢液增氮量。

由式(4)可见：为生产低氮钢，首先必须降低炉料中的氮含量（降低$[N]_0$），通常通过采用废钢代用品（包括铁水、生铁、DRI、HBI 及 Fe_3C）来解决，其次是要增加电炉冶炼及 VD 精炼过程的脱氮量（$\Delta[N]_1$ 及 $\Delta[N]_4$）和防止过程中钢液增氮（减少 $\Delta[N]_2$、$\Delta[N]_3$、$\Delta[N]_5$ 和 $\Delta[N]_6$）。

为了保证成品钢中氮含量符合要求，且冶炼和精炼周期能满足连铸节奏要求，必须控制钢液吸氮及脱氮速度，为此，需要研究钢液吸氮及脱氮的动力学。

2.1 不同脱氧条件下钢液的吸氮

实验研究了 82B、35K、20MnSi 等钢种用铝脱氧后的吸氮，ZrO_2 固体电解质定氧结果表明，脱氧后钢液平均氧含量控制在小于 $20\times10^{-4}\%$ 的水平。图 2 为脱氧条件下钢液的吸氮状况。从图可见，钢液脱氧后将从气相大量吸氮。82B、35K、20MnSi 基本代表了高碳钢、中碳钢及低碳钢，图中显示这几个钢种在钢液脱氧后具有相似的吸氮特征。

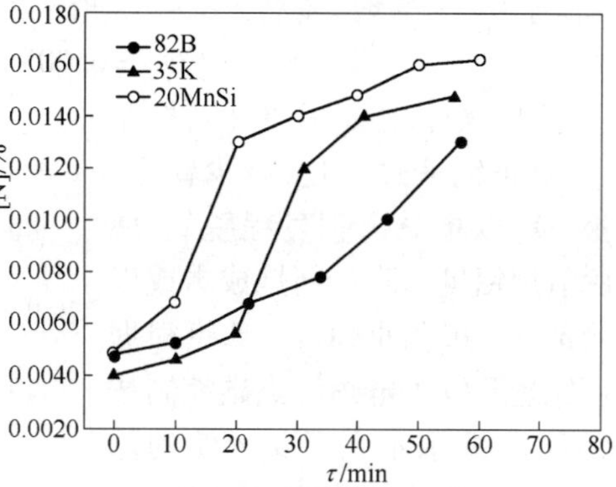

图 2 脱氧钢液的吸氮

图 3 为不脱氧条件下钢液的吸氮特性。实验时，钢液熔清后保持过程中，不加脱氧剂脱氧。固体电解质定氧结果显示，钢液溶解氧含量在 $200\sim300\times10^{-4}\%$ 范围内波动。从图可见，20MnSi 钢液不脱氧条件下，当初始氮含量 $40\times10^{-4}\%$ 时，在 60min 内钢液氮含量几乎没有增加，终点氮含量与初始氮含量仅相差 $(3\sim5)\times10^{-4}\%$，过程基本不吸氮。不同炉次的实验结果一致，钢液不增氮的规律非常明显。与此相比，如果钢液充分脱氧，则其吸氮量可达 $120\times10^{-4}\%$ 左右。

钢液溶解氧很高情况下，吸氮过程的控制环节为界面化学反应，20MnSi 和

82B 的界面反应吸氮速度常数 k_c 分别为 1.51×10^{-4}cm/s 和 1.67×10^{-4}cm/s，可见其界面反应速度常数非常小，在气-液界面吸氮反应几乎不能进行。这可以解释为氧的表面活性对钢液吸氮的阻碍作用。

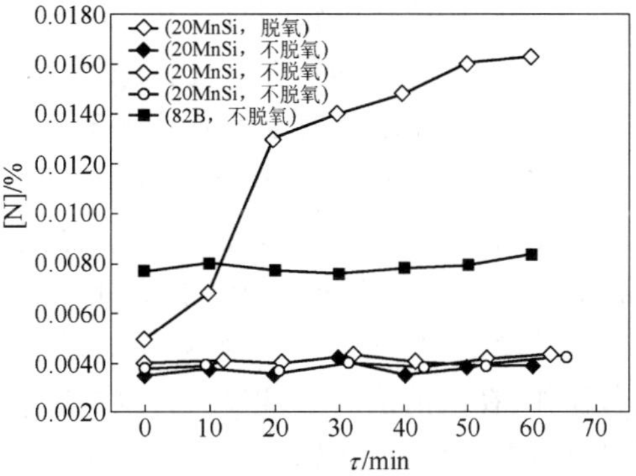

图 3　不脱氧条件下钢液的吸氮特性

根据以上研究结果，得到了两个重要认识：

(1) 现代电炉冶炼过程钢中溶解氧大于 200×10^{-4}%，吹氮过程中可能不会导致钢液增氮，据此，开发了电炉底吹以氮代氩技术，将珠钢引进的 150t 竖炉的底吹氩改为全程底吹氮，没有增加出钢氮含量。

(2) 钢液出钢脱氧后精炼及连铸过程中溶解氧低，必须严格防止钢液与大气接触增氮。

2.2　电炉冶炼过程的钢液脱氮

实践证明电炉冶炼过程中向钢液吹氧和转炉冶炼过程一样，钢液可有效脱氮，为什么在钢液溶解氧高于 200×10^{-4}% 的条件下，氧的表面活性作用不阻碍钢液脱氮呢？这是由冶炼过程中碳氧反应脱氮机理决定的。研究氧、硫、温度对钢液速度常数的影响，得到如图 4 和图 5 所示结果。

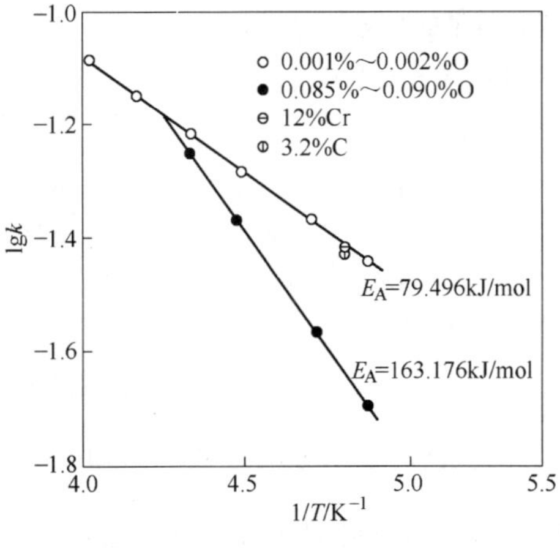

图 4　氧和温度对脱氮速度常数的影响

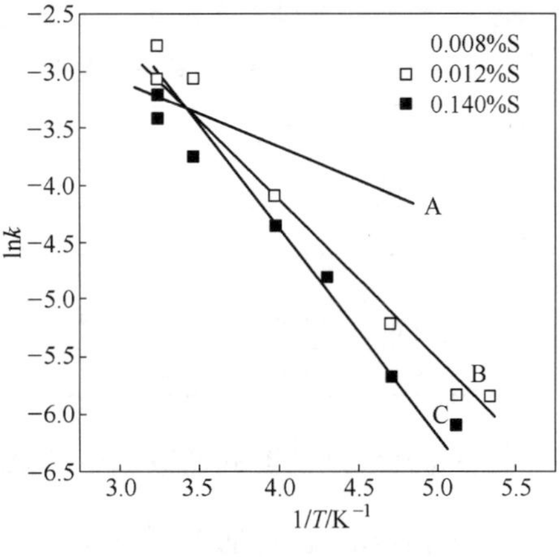

图 5　硫和温度对脱氮速度常数的影响

由图可见：随温度升高，氧、硫表面活性对钢液脱氮的阻碍作用减小，2600℃时阻碍作用消失，理论计算与试验结果表明碳氧反应区温度可达 2600℃以上，为此，钢液中氮向碳氧反应产物 CO 气泡中扩散，不受氧硫的阻碍，即钢液中氮可通过

CO 气泡携带脱除。珠钢通过工艺优化充分发挥电炉冶炼过程中碳氧反应脱氮作用,在全程底吹氮时的条件下,出钢氮含量可达 $30\times10^{-4}\%$。

2.3 中间包保护在低氮生产中的重要作用

研究了从电炉出钢到连铸过程中钢液氮的变化规律,得到如图 6 所示的结果,由图可见,在珠钢条件下通过工艺优化可使从电炉出钢到钢水上连铸台钢液增氮量约为 $3\times10^{-4}\%$,但第一个中间包钢水的增氮十分严重(见图 6),连浇过程换包时也显著增氮(见表 1)。为此必须加强中间包保护,珠钢二期工程将采用氩封中间包操作,在目前条件下,连浇过程中通过工艺优化,可有效减少换包过程中的增氮量,使钢材氮含量达到 $40\times10^{-4}\%$ 左右,见表 1。

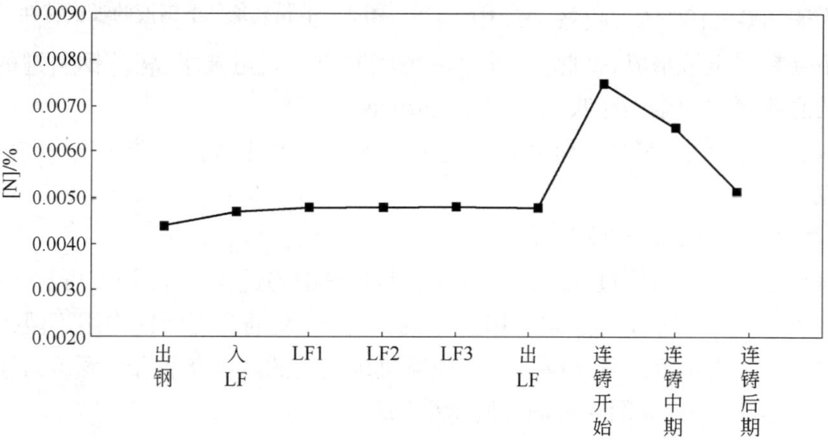

图 6 生产过程中钢液氮含量的变化

表 1 同一浇次 5 个连浇试验炉号氮含量的变化 (%)

炉次	出钢至 LF	LF1	LF2	中间包 1	中间包 2	中间包 3	板 材
1	25×10^{-4}			58×10^{-4}	42×10^{-4}	44×10^{-4}	48×10^{-4}
2	29×10^{-4}			49×10^{-4}	48×10^{-4}	38×10^{-4}	44×10^{-4}
3				42×10^{-4}	39×10^{-4}	44×10^{-4}	43×10^{-4}
4	29×10^{-4}	38×10^{-4}	57×10^{-4}	54×10^{-4}	60×10^{-4}	56×10^{-4}	60×10^{-4}
5	39×10^{-4}	46×10^{-4}	54×10^{-4}	56×10^{-4}	56×10^{-4}	58×10^{-4}	58×10^{-4}

3 电炉薄板坯连铸连轧低碳钢中纳米级析出物及其对钢组织与性能的影响[6~13]

通过扫描电镜、透射电镜以及化学相分析等,我们在电炉薄板坯连铸连轧低碳钢中发现大量纳米级弥散析出物,包括纳米级硫化物、氮化物、氧化物和碳化物,对这些纳米级粒子的析出机理及其对钢组织性能影响进行了研究。

3.1 薄板坯连铸连轧低碳钢的力学性能

ZJ330 低碳钢的化学成分及力学性能见表 2 和图 7 ~ 图 9。

表 2　CSP 工艺生产的低碳钢 ZJ330 的化学成分　　　(%)

标　准	C	Si	Mn	P	S	Cu	Al
珠钢 CSP-ZJ330	≤0.06	≤0.10	≤0.50	≤0.025	≤0.035	≤0.20	0.025～0.040
国标 GB700-88Q195	0.06～0.12	≤0.30	≤0.25～0.50	≤0.045	≤0.05	≤0.30	

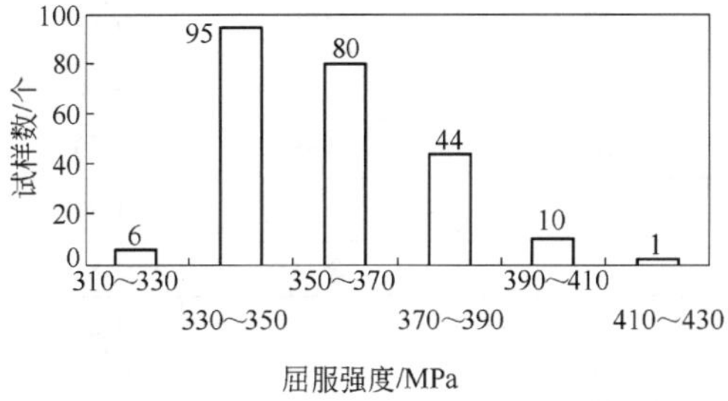

图 7　CSP 低碳钢 ZJ330 的屈服强度的统计

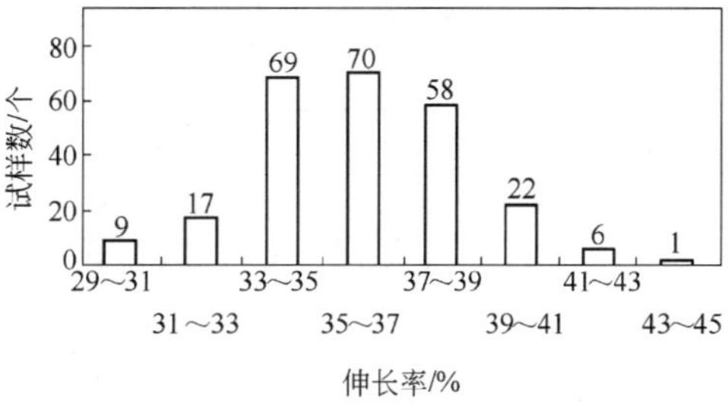

图 8　CSP 低碳钢 ZJ330 的伸长率的统计

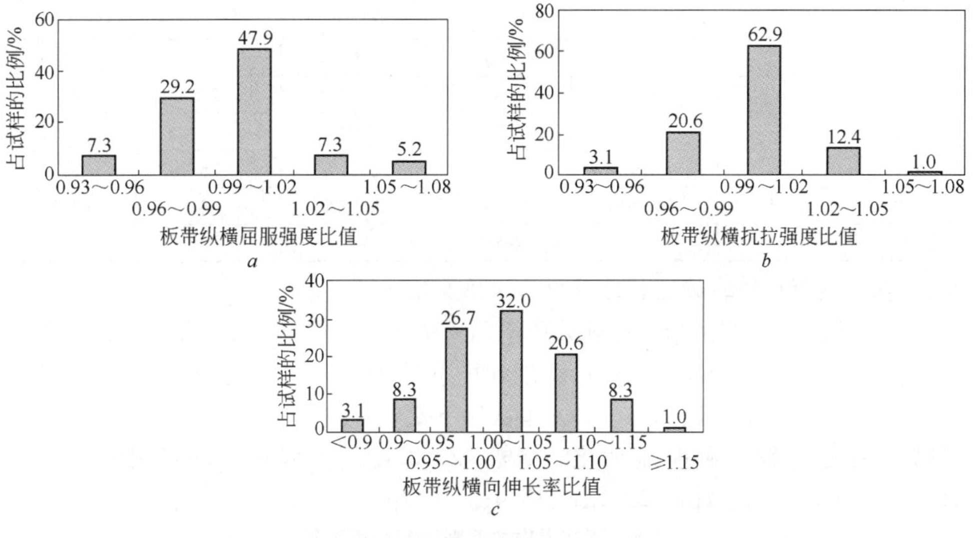

图 9　CSP 工艺生产的低碳钢 ZJ330 板材纵横向 σ_s、σ_b、δ 比值

由表、图可以看出，珠钢生产的 ZJ330 低碳高强度普通碳素热轧板屈服强度 σ_s 可以稳定的高于 330MPa，伸长率 δ 可以稳定的大于 28%。对珠钢生产的 121 炉约 18000t ZJ330 低碳钢热轧板的统计分析结果表明：平均含 0.05% C、0.30% Mn、< 0.10% Si，平均 $\sigma_s = 387$MPa、$\delta = 33\%$。对一卷 ZJ330 钢板从头至尾等间距取 99 个试样分析结果表明，钢板的纵横向力学性能差异很小，差值在 ±5% 以内。也就是说，ZJ330 的化学成分处于 Q195 的中下限，而屈服强度提高一倍，并且有很高的塑性。可以认为珠钢生产的低碳钢 ZJ330 热轧板完全符合国家“973”项目规定的 400MPa 级超级钢的要求，是节约资源、能源、利于环保，符合可持续发展的新一代热轧板。

为了满足高强度汽车板的需要，珠钢还研制了含碳0.17%、锰1.17%，σ_b 为600MPa级低碳高强度热轧板，其力学性能见表3。珠钢生产的SPA-H集装箱板也具有力学性能各向同性的特征，见表4。

表3 600MPa级低碳高强度热轧板的力学性能

卷 号	σ_s/MPa	σ_b/MPa	δ/%	宽冷弯 $d=0.5$	σ_s/σ_b
54309	486.4	590.7	27	合格	0.82
54040	495.5	603.0	30	合格	0.82
54041	502.3	608.0	29	合格	0.83
54042	489.6	600.6	29	合格	0.82
54043	507.5	607.3	26	合格	0.84
54045	505.7	602.6	26	合格	0.84
54046	500.3	600.9	28	合格	0.83

表4 集装箱板的性能

编 号	σ_s/MPa		σ_b/MPa		δ/%	
	横 向	纵 向	横 向	纵 向	横 向	纵 向
121710	416	412	503	505	29	27
121712	404	395	489	490	27	28
121713	406	416	505	503	28	27
121717	420	414	536	537	28	28
平均	411.5	409.25	508.25	508.75	28	27.5
JISG3125	≥345		≥480		≥22	

3.2 低碳钢薄板坯连铸连轧过程中的组织变化

研究了同一轧件在CSP连轧阶段不同道次变形后空冷到室温得到的组织变化情况，表5列出了不同道次的变形温度和压下量，图10是不同道次变形后的显微组织照片。由图可见：经第一至第六道次压下变形后板坯中的珠光体尺寸变小，数量减少，晶粒组织得到明显细化。钢板1/2厚度附近区域的晶粒尺寸分别为41.6μm，25.2μm，21.4μm，20.2μm，13.4μm，6.7μm左右。

表5 不同道次的变形温度和压下量

道 次		1	2	3	4	5	6
温度/℃	进口	1071	1035	1010	980	948	895
	出口	1035	1005	983	952	925	892
压下量/%		55	54	46	34	32	20

图11为轧制变形过程中位错密度的增加情况，图12为CSP工艺生产ZJ330热轧成品板的金相组织照片。

由图12可见，ZJ330热轧板材的组织为等轴的铁素体加少量的珠光体，晶粒细小，平均尺寸5μm左右，分布均匀，没有带状组织。

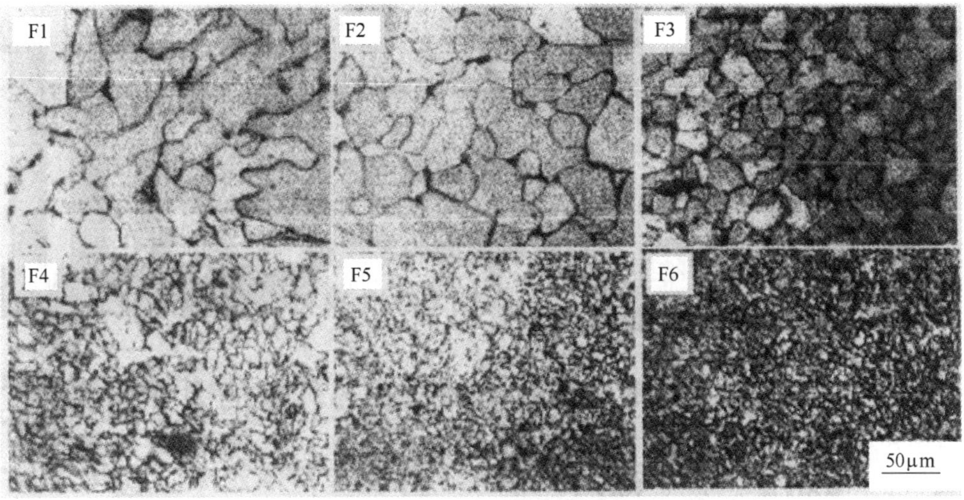

图 10 不同道次变形后的显微组织照片

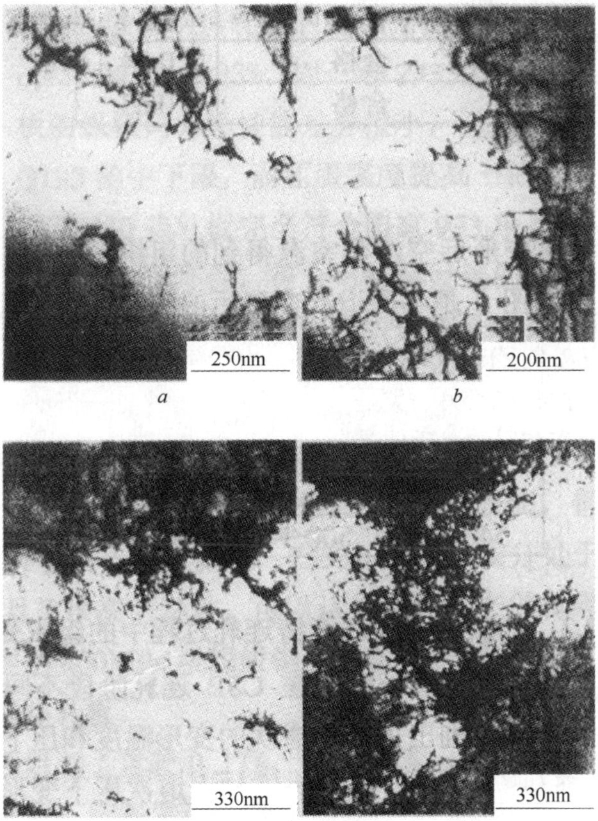

图 11 轧制变形过程中位错密度的增加情况

a—*e* = 10% ; *b*—*e* = 30% ; *c*—*e* = 79% ; *d*—*e* = 96%

3.3 电炉薄板坯连铸连轧 ZJ330 钢中的纳米级析出物

3.3.1 硫化物

对 ZJ330 钢进行了扫描电镜、薄晶体和萃取复型试样透射电镜(TEM)和 X 射线能谱(XEDS)研究，并进行了化学相分析。结果表明:试样中没有观察到尺寸大于 1μm 硫化物，钢中存在两类硫化物粒子，一类的线度为 30～700nm，主要分布在晶界；另一类尺寸为 40～60nm，主要分布在晶内，硫化物为($Mn_{0.878}Fe_{0.122}$)S。表 6 是硫化物的化学相分析结果，图 13 是硫化物的形貌。

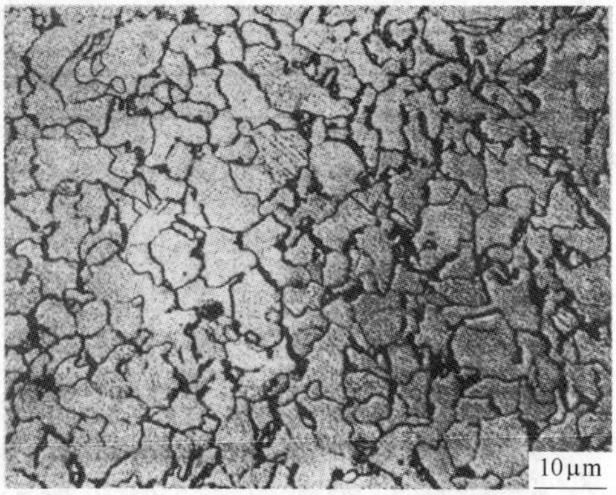

图 12　CSP 工艺生产 ZJ330 热轧成品板的金相组织照片

表 6　ZJ330 热轧薄板中硫化物的化学相分析结果(质量分数/%)①

成　分	Mn	Fe	S	Σ(MnFe)S
($Mn_{0.878}Fe_{0.122}$)	0.0071	0.0010	0.0047	0.013

① 钢中硫含量为 0.0050%。

3.3.2 氧化物

ZJ330 钢中的氧主要以两种形式存在，一类是氧化物夹杂，金相观察结果表明，氧化物夹杂物的尺寸主要为 2～5μm，表 7 是 ZJ330 钢中的氧化物夹杂的成分与数量；另一类是氧化物析出物，分布在原始奥氏体晶界的氧化物尺寸较大，为 100～200nm，晶内的氧化物弥散分布，尺寸小于 20nm(见图 14)，这类氧化物属尖晶石类型的 Fe_3O_4，晶格常数是 0.83nm，此外，也发现有纳米级的 Al_2O_3 析出物，如图 15 所示。从图 15 还可以看出，随累计压下量增大，硫化物尺寸减小。

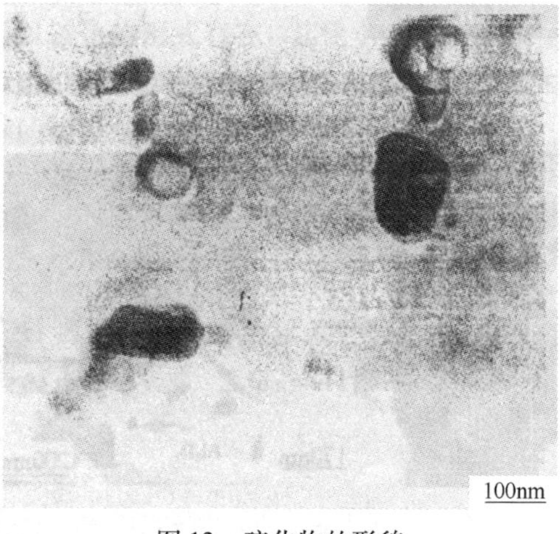

图 13　硫化物的形貌

表 7　ZJ330 热轧薄板中氧化物夹杂化学相分析结果①

成分	Al_2O_3	SiO_2	CaO	FeO	MgO	TiO_2	MnO_2	NiC	Cr_2O_3	共计
含量/%	0.00178	0.00257	0.00096	0.00066	0.00030	0.00002	0.00003	0.00001	0.00003	0.00636

① 钢中全氧含量为 0.0030%。

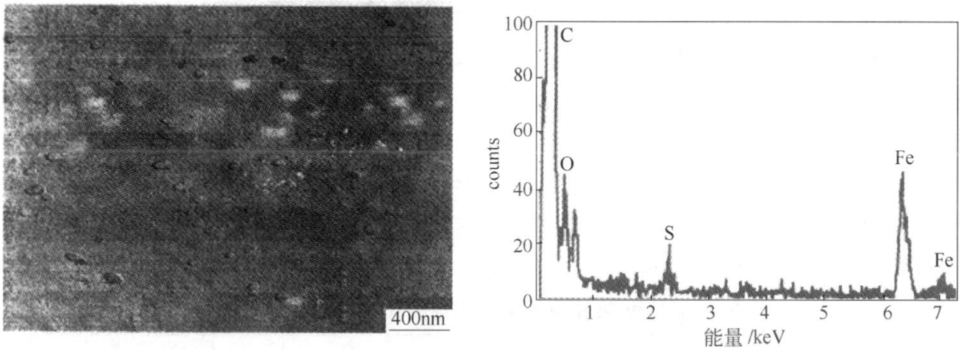

图 14　复型试样观察到的氧化物的形貌像及其 XEDS 谱

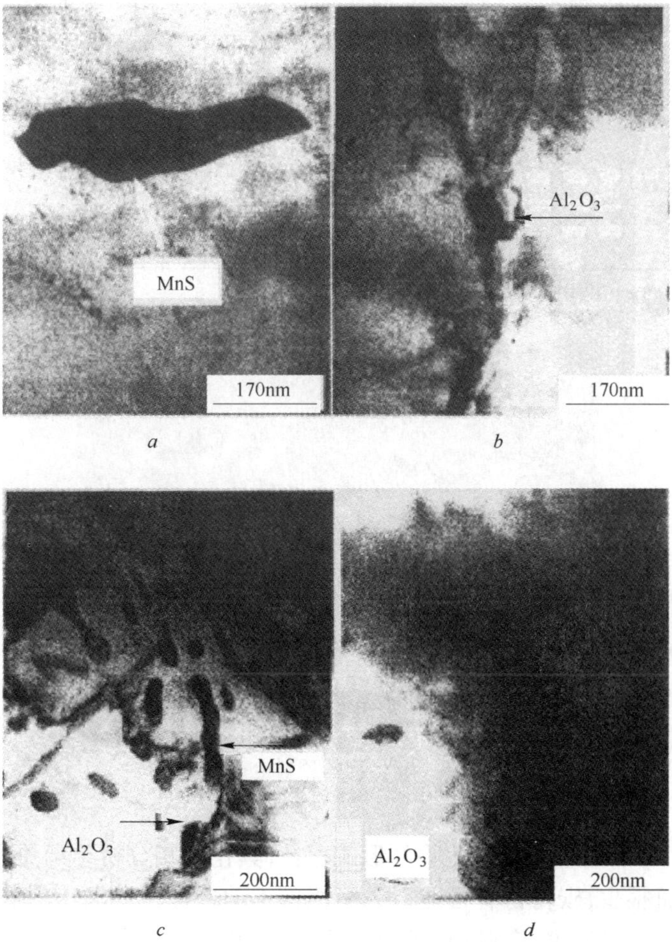

图 15　氧化物与硫化物析出物的透射电镜薄膜照片

a—F1 变形区（累计压下量 10%）；*b*—F1 形变区（累计压下量 30%）；

c—F2（累计压下量 79%）；*d*—F5（累计压下量 95%）

晶界氧化物可能是在固相线温度以下由于晶界氧硫的偏聚而形成的，晶内弥散分布的纳米级尖晶石类型的 Fe_3O_4，应在转变温度（560℃）以下形成。由于这时钢中溶解氧已很低，故氧化物析出量应很小，仅为几百万分之一。

3.3.3 氮化物

ZJ330 热轧板材中氮主要以化合物的形式存在，含氮的化合物有三类，其化学相分析结果见表 8 。第二类实质上是含氮的碳化物。根据对氮化物析出相的透射电镜分析，其尺寸小于 10mm（见图 16 ，放大倍数为 15 万倍）。

表 8 ZJ330 热轧薄板中氮化物的化学相分析结果①

成 分	Al	Ti	V	Cr	Mn	Ni	Mo	Fe	Nb	C	N
AlN	0.0042										0.0022
$(Fe_{0.994}Mn_{0.002}Cr_{0.003}Ni_{0.001})_3(C_{0.979}N_{0.021})$				0.002	0.001	0.0005		0.638		0.045	0.0011
$(Ti_{0.644}V_{0.133}Nb_{0.044}M_{0.078})(C_{0.200}N_{0.800})$		0.0014	0.0003				0.0008		0.0002	0.0001	0.0005
共 计	0.0042	0.0014	0.0003	0.002	0.0001	0.0005	0.0008	0.638	0.0002	0.0451	0.0038

① 钢中碳含量为 0.054%，氮含量为 0.0044%。

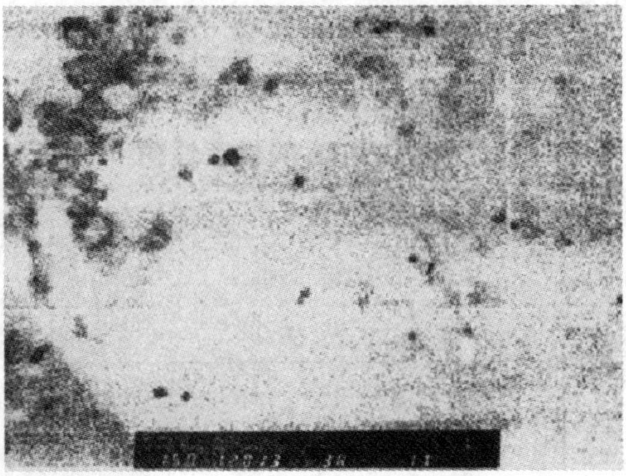

图 16 氮化物的透射电镜照片

3.3.4 碳化物

ZJ330 钢中的碳主要以碳化物的形式存在，其化学相分析结果见表 8。由于钢中珠光体数量很少，碳化物有可能以纳米级的 Fe_3C 存在，属脱溶产物。在纳米级析出物中其质量分数大，应对钢的强度起重要影响。

3.4 ZJ330 钢中的纳米级氧化物、硫化物及氮化物的析出机理

CSP 工艺生产低碳铝镇静钢过程中存在以下几个化学反应[7~10]：

$$2[Al]+3[O]=Al_2O_3 \qquad \Delta G_1^{\Theta}=-296900+94.40T \tag{5}$$

$$[Fe]+[O]=FeO \qquad \Delta G_2^{\Theta}=-121000+52.35T \tag{6}$$

$$2[Al]+4[O]+[Fe]=Al_2FeO_4 \qquad \Delta G_3^{\Theta}=-417900+146.75T \tag{7}$$

$$[Mn]+[S]=MS \tag{8}$$

$$[Ti]+[N]=TiN \tag{9}$$

$$[Al]+[N]=AlN \tag{10}$$

$$FeO+Fe_2O_3=Fe_3O_4 \tag{11}$$

CSP 工艺生产低碳铝镇静钢过程中氧化物、硫化物及氮化物的稳定性分别如图 17 ~ 图 20 所示。

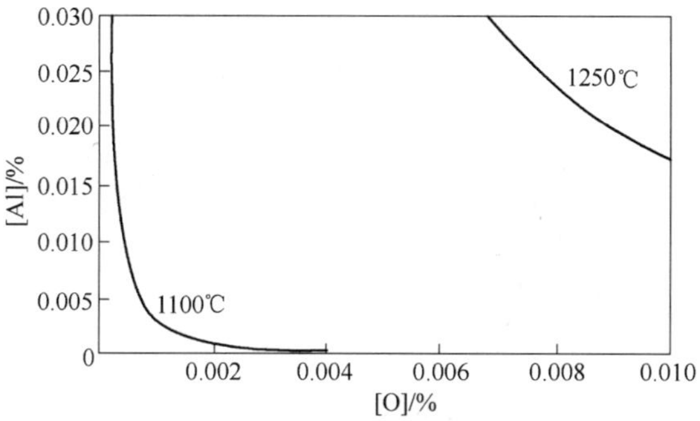

图 17 钢中 Al_2O_3 的稳定性

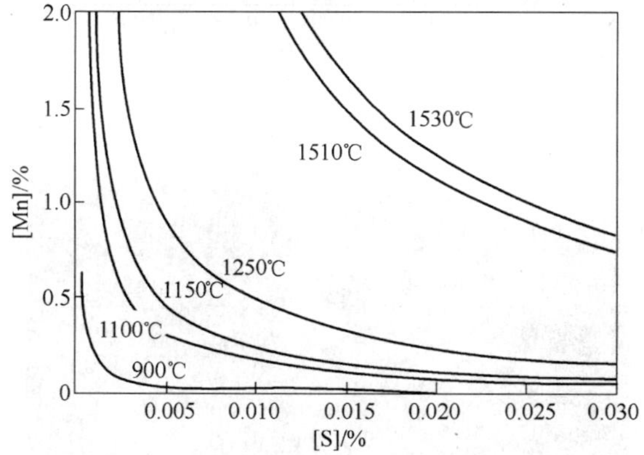

图 18 钢中 MnS 的稳定性

由图可见，在 CSP 薄板坯连铸连轧过程中，ZJ330 钢从炼钢温度至室温，Al_2O_3 的形成均为自发过程，TiN 开始析出温度在 1200℃附近，MnS 开始析出温度在 900℃左右，由于固态扩散速度慢，实际开始析出温度要低一些，但是形变可使晶界增加、位错密度增加，改善析出的动力学条件，从而加速析出过程。从图 21 可见沿晶粒边界和位错线析出的纳米级粒子。

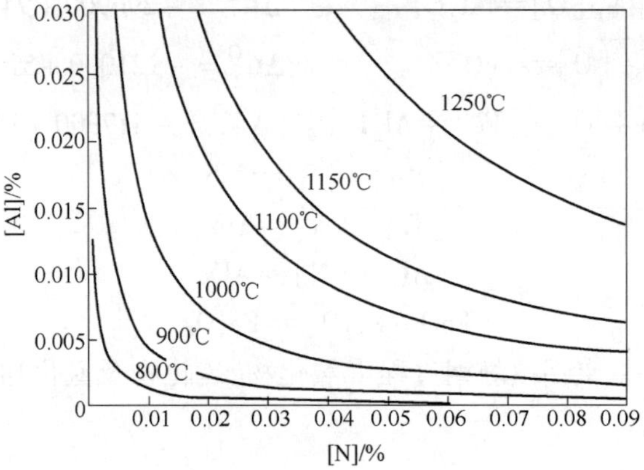

图19　钢中AlN的稳定性

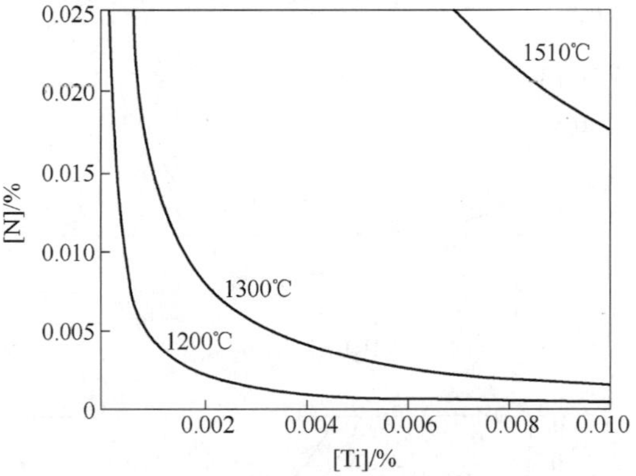

图20　钢中TiN的稳定性

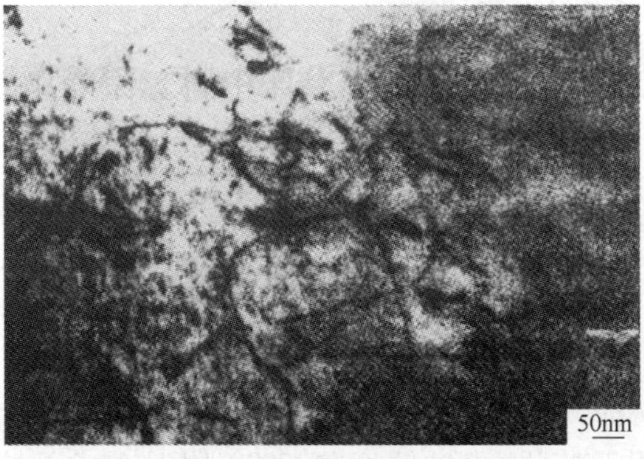

图21　在晶界和位错线上析出的纳米级粒子

3.5　ZJ330钢中的纳米级粒子对钢组织性能的影响

纳米级TiN、MnS、氧化物可以细化再结晶的奥氏体晶粒，并作为铁素体的非自发形核的核心，细化铁素体晶粒，起强化作用，本身也可能具有沉淀强化作用。试验条件下钛含量很低，即细化晶粒作用的主要是纳米级的硫化物和氧化物。AlN的体积分数较大，尺寸较小，但由于开始析出温度低，其作用可能主要是细化铁素体晶粒和起沉淀强化的作用。图22是CSP工艺生产低碳钢的强化机理(忽略珠光体的影响)示意图。

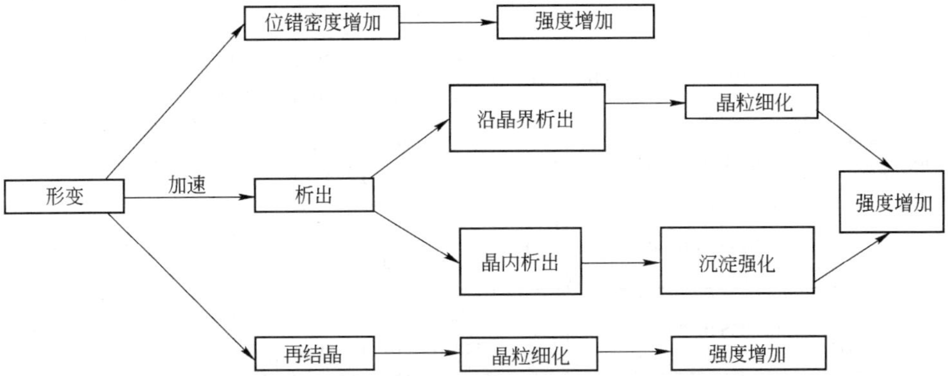

图22　CSP工艺生产低碳钢的强化机理示意图

钢中各向异性与钢在不同方向上存在组织差异有关，CSP低碳钢具有均匀分布的等轴晶组织，没发现带状组织，特别是没有大尺寸的成条状分布的硫化物夹杂，应是其力学性能各向同性的原因，在传统工艺中，钢中硫含量较高，MnS的析出温度高，高于均热温度，硫化物夹杂析出，尺寸大，在加工过程中变形，成为平行于轧材加工方向的大尺寸条状夹杂物，从而降低了钢的横向性能。

4　电炉CSP工艺生产低碳钢中铝的作用与控制

表9给出了ZJ330低碳钢中铝对钢组织性能的影响，由表可见，钢中总铝含量在0.0464%～0.0055%、酸溶铝在0.0430%～0.0047%范围内，热轧板材的晶粒度及力学性能基本相同。看来规定CSP低碳铝镇静钢的含铝量为0.02%～0.06%是值得商榷的。要求铝含量控制在0.02%～0.06%之间的目的是为了在奥氏体变形区析出AlN，防止晶粒长大，但由于实际起细化奥氏体晶粒作用的因素是形变和小颗粒硫化物、氧化物的析出，故铝含量可低于0.02%。事实上炉号为53710的钢中的铝与氮比较低，其AlN的开始析出温度约820℃，低于终轧温度(876℃)，纳米级的AlN主要是起沉淀强化作用。

表 9 ZJ330 低碳钢中铝对钢组织性能的影响

炉号	卷 号	Al_t/%	Al_s/%	Ti/%	V/%	σ_s/MPa	σ_b/MPa	δ/%	σ_s/σ_b	冷弯 d = 1.5a(180°)	晶粒尺寸 /μm
53660	53890-1①	0.0464	0.0430	0	0	350.3	420.9	29.0	0.83	合格	4.83
	53890-2②					349.8	418.0	31.7	0.83		
53680	53900-1①	0.0230	0.0190	0	0	333.0	400.0	34.0	0.83	合格	3.53
	53900-2②					344.0	406.0	29.0	0.85		
53670	53911-1①	0.0198	0.0160	0.001	0	348.0	413.3	30.9	0.84	合格	5.05
	53911-2②					356.5	420.1	30.3	0.85		
53690	53921-1①	0.0200	0.0160	0	0.001	360.0	404.4	28.6	0.89	合格	5.50
	53921-2②					371.1	422.4	31.7	0.88		
53700	53931-1①	0.0130	0.0080	0	0	362.8	423.7	28.8	0.86	合格	5.00
	53931-2②					364.9	424.4	29.8	0.86		
53710	53941-1①	0.0055	0.0047	0.001	0	342.0	403.0	26.0	0.85	合格	6.35
	53941-2②					348.0	404.0	29.0	0.86		
63220	63985	0.0115	0.0106	0	0	339.0	402.1	30.0	0.84	合格	
53230	63996	0.0094	0.0066	0	0	344.8	400.6	28.7	0.86	合格	
63240	64007	0.0100	0.0089	0	0	341.8	403.0	27.7	0.85	合格	
63250	64017	0.0111	0.0099	0	0	351.4	405.8	28.9	0.87	合格	
63260	64028	0.0161	0.0149	0.001	0	353.3	407.6	28.6	0.87	合格	
63270	64038	0.0128	0.0116	0.001	0	358.0	412.3	28.1	0.87	合格	

①—纵向；②—横向。

5 结束语

以上简单介绍了我们几年来开展工艺基础研究，促进技术创新，提高产品质量，降低生产成本方面所作的一些工作，虽然取得了一定进展，但工作只是初步的，还有很多问题需进一步研究，例如，我们发现细小铁素体内有大量弥散析出的纳米级粒子，它们除尖晶石类型的 Fe_3O_4 外，尚未用电镜观察到应该大量存在的 AlN 和 Fe_3C 型的纳米级粒子；对纳米级粒子析出动力学还缺乏细致的研究；还未能确定晶界氧硫等元素的偏析系数及形变后奥氏体到铁素体相变前的奥氏体晶粒尺寸；对位错强化、沉淀强化及细晶强化对材料强度的贡献各占多大比例和 CSP 热轧板材的细晶形成机理还不太清楚等，需要我们坚持持续创新的方向继续努力，也希望得到同行专家和政府的帮助和支持。

参考文献

[1] 王中丙,傅杰. 中国电炉扁平材生产流程的竞争力问题. 薄板坯连铸连轧技术交流与开发协会第一次会议,广州,2002.

[2] 傅杰,李晶, 徐晓达, 周德光,王中丙. 电弧炉冶炼终点碳的控制. 钢铁,2001,36(6):18-20.

[3] 傅杰. 钢冶金过程动力学. 北京:冶金工业出版社,2001.

[4] Koin Ito, Kazuo Amano, Hiroshi Sakao. Kinetic Study on Nitorgen Absorption and Desorption of Molten Iron. Transaction ISIJ, 1988, 28: 42.

[5] Fu Jie, Zhou Shixiang, Di Lin, Wang Ping. Effects of Temperature and [S] on the Kinetics of Nitrogen Removal from Liquid Steel. Journal of Materials Science and Technology, 2001, 17(2): 233-236.

[6] 王中丙,李烈军,康永林,柳得橹,傅杰. 薄板坯连铸连轧 CSP 线生产低碳钢板的力学性能特征. 钢铁,2001,36(10):33-36.

[7] 傅杰,周德光,李晶,柳得橹,康永林,王中丙,李烈军,陈贵江. 低碳超级钢中氧硫氮的控制及其对钢组织性能的影响. 云南大学学报(自然科学版),2002,24(1A): 158-162.

[8] Huo Xiangdong, Liu Delu, Chen Nanjing, Kang Yonglin, Fu Jie, Zhou Deguang. Microstructure Evolution of Low Carbon steel Produced by Compact Strip Production. Proceedings of First International Conference on Advanced Structural Steels. Tsukuba, Japan, May 22-24, 2002: 217-218.

[9] Kang Yonglin, Wang Kelu, Yu Hao, Fu Jie, Liu Delu, Wang Zhongbing, Chen Xuewen. Research on Microstructures Evolution and Precipitation Behavior of Hot Strip of Low Carbon Steel Produced by CSP. Proceedings of first international Conference on Advanced Structural Steels. Tsukuba, Japan, May 22-24, 2002: 27-28.

[10] Liu Delu, Huo Xiangdong, Wang Yuanli, Fu Jie, Kang Yonglin, Chen Nanjing. Oxide and Sulfide Dispersive Precipitation in Ultra-low Carbon Steel. J. of University of Sci. & Tech. Beijing, 2001, 8(4): 314-315.

[11] Liu Delu, Fu Jie, Kang Yonglin, Huo Xiangdong, Wang Yuanli, Chen Nanjing. Oxide and Sulfide Dispersive Precipitation and Effects on Microstructure and Properties of Low Carbon Steels. J. Mat. Sci. Tech., 2002, 38(6).

[12] 柳得橹,王元立,霍向东,陈南京,邵伟然,傅杰,康永林. CSP 线生产低碳钢热轧薄板的组织演变研究. 新一代钢铁材料研讨会文集,北京,2001:291-294.

[13] 康永林,于浩,傅杰,柳得橹,李晶,王中丙,李烈军. CSP 线生产低碳热轧薄板的组织演变研究. 新一代钢铁材料研讨会文集,北京,2001:291-294.

冶金工业出版社部分图书推荐

书名	定价(元)
中国电炉流程与工程技术文集	60.00
现代电炉炼钢生产技术手册	98.00
电炉炼钢 500 问(第 2 版)	25.00
电弧炉炼钢工艺与设备(第 2 版)	35.00
电炉炼钢原理及工艺	40.00
现代电炉炼钢实用操作技术	即将出版
电炉炼钢除尘	45.00
电炉炼钢除尘与节能问答	29.00
电炉炼锌	75.00
现代电炉—薄板坯连铸连轧	98.00
薄板坯连铸连轧(第 2 版)	45.00
薄板坯连铸连轧微合金化技术	58.00
薄板坯连铸连轧钢的组织性能控制	79.00
薄板坯连铸连轧工艺技术实践	56.00
薄板坯连铸装备及生产技术	50.00
炼钢氧枪技术	58.00
LF 精炼技术	35.00
炉外精炼及铁水预处理实用技术手册	146.00
炉外精炼的理论与实践	48.00
铁水预处理与钢水炉外精炼	39.00
新编连续铸钢工艺及设备(第 2 版)	40.00
连续铸钢原理与工艺	30.00
钢铁冶金概论	30.00
钢铁冶金学(炼钢部分)	35.00
钢铁冶金原理(第 3 版)	40.00
现代冶金学(钢铁冶金卷)	36.00
炼钢学	40.00
冶金流程工程学	65.00
洁净钢——洁净钢生产工艺技术	65.00
洁净钢生产的中间包技术	39.00
超细晶钢——钢的组织细化理论与控制技术	188.00
2006 年 – 2020 年中国钢铁工业科学与技术发展指南	50.00